ASSOCIATION

FRANÇAISE

POUR

L'AVANCEMENT DES SCIENCES

Une table des matières et une table analytique, par ordre alphabétique, terminent chaque Tome des Comptes rendus de l'Association en 1911.

Dans les tables analytiques les nombres qui sont placés après la lettre p se rapportent aux pages de la brochure des Procès-Verbaux, ceux placés après l'astérisque (*) se rapportent aux pages du Volume des Comptes rendus.

47720 — Paris. — Imprimerie GAUTHIER-VILLARS, 55, quai des Grands-Augustins.

ASSOCIATION FRANÇAISE

POUR

L'AVANCEMENT DES SCIENCES

FUSIONNÉE AVEC

L'ASSOCIATION SCIENTIFIQUE DE FRANCE

(Fondée par Le Verrier en 1864).

Reconnues d'utilité publique.

COMPTE RENDU DE LA 40ME SESSION.

DIJON
— 1911 —

NOTES ET MÉMOIRES

TOME I

MATHÉMATIQUES, ASTRONOMIE, GÉODÉSIE ET MÉCANIQUE;
NAVIGATION, GÉNIE CIVIL ET MILITAIRE;
PHYSIQUE, CHIMIE, MÉTÉOROLOGIE ET PHYSIQUE DU GLOBE;

PARIS,
AU SECRÉTARIAT DE L'ASSOCIATION
Rue Serpente, 28
CHEZ MM. MASSON ET Cie, LIBRAIRES DE L'ACADÉMIE DE MÉDECINE
Boulevard Saint-Germain, 120.

1912

LISTE DES CONGRÈS ET DE LEURS PRÉSIDENTS.
— VOLUMES —

ANNÉES.		VILLES.		PRÉSIDENTS.	
1872	1re Session.	Bordeaux.......	1 volume.	Claude BERNARD	(*Décédé.*)
1873	2e —	Lyon...........	1 —	DE QUATREFAGES...........	(*Décédé.*)
1874	3e —	Lille	1 —	Adolphe WURTZ...........	(*Décédé.*)
1875	4e —	Nantes	1 —	Adolphe D'EICHTAL........	(*Décédé.*)
1876	5e —	Clermont-Ferrand.	1 —	J.-B. DUMAS	(*Décédé.*)
1877	6e —	Le Havre........	1 —	Paul BROCA...............	(*Décédé.*)
1878	7e —	Paris...........	1 —	Edmond FRÉMY...........	(*Décédé.*)
1879	8e —	Montpellier	1 —	Agénor BARDOUX	(*Décédé.*)
1880	9e —	Reims...........	1 —	J.-B. KRANTZ...........	(*Décédé.*)
1881	10e —	Alger	1 —	Auguste CHAUVEAU.	
1882	11e —	La Rochelle	1 —	Jules JANSSEN.............	(*Décédé.*)
1883	12e —	Rouen...........	1 —	Frédéric PASSY.	
1884	13e —	Blois...........	2 volumes (¹).	Anatole BOUQUET DE LA GRYE.	(*Décédé.*)
1885	14e —	Grenoble........	2 — (²).	Aristide VERNEUIL..........	(*Décédé.*)
1886	15e —	Nancy...........	2 —	Charles FRIEDEL	(*Décédé.*)
1887	16e —	Toulouse	2 —	Jules ROCHARD............	(*Décédé.*)
1888	17e —	Oran...........	2 —	Aimé LAUSSEDAT...........	(*Décédé.*)
1889	18e —	Paris...........	2 —	Henri DE LACAZE-DUTHIERS..	(*Décédé.*)
1890	19e —	Limoges.........	2 —	Alfred CORNU	(*Décédé.*)
189'	20e —	Marseille	2 —	P.-P. DEHÉRAIN...........	(*Décédé.*)
1892	21e —	Pau............	2 —	Édouard COLLIGNON.	
1893	22e —	Besançon........	2 —	Charles BOUCHARD.	
1894	23e —	Caen...........	2 —	É. MASCART	(*Décédé.*)
1895	24e —	Bordeaux........	2 —	Émile TRÉLAT............	(*Décédé.*)
1896	25e —	Tunis	2 —	Paul DISLÈRE.	
1897	26e —	Saint-Étienne....	2 —	J.-E. MAREY..............	(*Décédé.*)
1898	27e —	Nantes	2 —	Édouard GRIMAUX	(*Décédé.*)
1899	28e —	Boulogne-sur-Mer.	2 —	Paul BROUARDEL...........	(*Décédé.*)
1900	29e —	Paris...........	2 —	Hippolyte SEBERT.	
1901	30e —	Ajaccio.........	2 —	E.-T. HAMY	(*Décédé.*)
1902	31e —	Montauban.......	2 —	Jules CARPENTIER.	
1903	32e —	Angers..........	2 —	Émile LEVASSEUR.	(*Décédé.*)
1904	33e —	Grenoble........	1 volume (³).	C.-A. LAISANT.	
1905	34e —	Cherbourg.......	1 — (³).	Alfred GIARD	(*Décédé.*)
1906	35e —	Lyon...........	2 volumes.	Gabriel LIPPMANN.	
1907	36e —	Reims..........	2 —	Henri HENROT.	
1908	37e —	Clermont-Ferrand.	1 volume (⁴).	Paul APPELL.	
1909	38e —	Lille...........	1 — (⁵).	Louis LANDOUZY.	
1910	39e —	Toulouse........	1 — (⁶).	C.-M. GARIEL.	
1911	40e —	Dijon	1 — (⁶).	S. ARLOING.	(*Décédé.*)

(¹) Reliés ensemble ou séparément.
(²) A partir de la 14e Session, les Tomes I et II sont reliés séparément.
(³) Pour le 33e Congrès de Grenoble, 1904, et le 34e, Cherbourg, 1905, le Tome I a été remplacé par un Bulletin mensuel dont les numéros 8 et 9 de chaque année ont été consacrés aux comptes rendus des séances générales et aux procès-verbaux des Sections.
(⁴) Le Tome I a été remplacé par deux brochures parues en septembre 1908.
(⁵) Le Tome I a été remplacé par une brochure parue en septembre 1909.
(⁶) Le Tome I a été remplacé par une brochure parue en septembre 1910. Le volume des Notes et Mémoires existe divisé en quatre Tomes, dont chacun comprend sa Table des matières et sa Table analytique par ordre alphabétique.

ASSOCIATION FRANÇAISE

POUR

L'AVANCEMENT DES SCIENCES

MATHÉMATIQUES, ASTRONOMIE ET GÉODÉSIE.
MÉCANIQUE.

M. Émile BELOT,

Ancien Élève de l'École Polytechnique,
Directeur des Manufactures de l'État (Paris).

LA GENÈSE DE L'ATOME ET LA DISTRIBUTION DES RAIES SPECTRALES.

52.311 : 55.33

31 *Juillet.*

J'ai montré dans mon *Essai de Cosmogonie tourbillonnaire* (p. 112)(*) que la distribution des planètes rétrogrades (Uranus, Neptune) et au delà de Neptune, des aphélies de comètes périodiques obéit à la formule

(1) $$x_n = 15,6 + 3,6\,n^2,$$

où en unités astronomiques, 15,6 est la distance limite séparant les planètes à rotation directe des planètes à rotation rétrograde et où les distances x_n s'obtiennent en donnant à n successivement les valeurs 1, 2, 3... On obtient aussi des distances aphélies de comètes périodiques en remplaçant n par $n + \dfrac{1}{2}$.

Par la troisième loi de Képler, les x_n sont liés aux durées T de révolution des astres considérés. Substituons à ces astres des électrons : les longueurs d'onde λ correspondront dans l'atome aux durées T, car on a $\lambda = \mathrm{VT}$ (V vitesse de la lumière). On aura donc dans ce cas général

---

(*) Gauthier-Villars, 1911.

*1

déduit de la formule (1)

$$(2) \qquad \frac{1}{\lambda} = \left[A + B \left(n + \frac{1}{p} \right)^2 \right]^m ,$$

en supposant aux électrons dans l'atome la même forme pour la loi de distribution en distance que celle des planètes rétrogrades dans le système solaire. La formule (2) est du type des lois de distribution de Deslandres groupant les raies des spectres de bandes (*Comptes rendus, passim*, 1886-1887).

Il paraît donc naturel de chercher si la loi de distribution des spectres à série convergente (type I de Rydberg) ne correspondrait pas, ainsi que j'en ai émis l'idée en janvier 1909 (*Revue du Mois*, t. VII, p. 148), à la loi de distribution des planètes directes que j'ai démontrée en 1905 (*Comptes rendus*, 4 décembre 1905) et qui correspond à l'ancienne loi empirique de Bode (*).

Il suffit d'admettre que, sans ressembler de tous points au système planétaire, les électrons tournent (en oscillant dans le cas des orbites elliptiques) à des distances moyennes déterminées du centre de l'atome, comme les planètes directes à des distances du centre solaire donnée par la loi

$$(3) \qquad x_n = a + b^n,$$

$$x_n = 60 + 1{,}883^n \qquad (\text{en rayons solaires}).$$

D'abord, il est visible qu'en déduisant de la formule (3) les durées de révolution T des planètes assimilées aux λ des électrons dans l'atome, les T représentent un spectre en *colonnade* où les distances des raies sont de plus en plus rapprochées quand on s'approche de la limite a des distances x_n.

La loi (3) a été obtenue en supposant que, primitivement, dans le système solaire, des corpuscules étaient situés sur un cylindre ou tube tourbillonnaire de rayon a à la surface duquel ils décrivaient des hélices. Ces corpuscules devaient être électrisés par le choc du tourbillon solaire sur la nébuleuse primitive, comme le sont les masses gazeuses des tourbillons dans les taches du Soleil, d'après la brillante découverte de Hale.

Or, une masse électrisée en mouvement équivaut à un courant électrique : les corpuscules tournant autour de l'axe du tube équivalent à un aimant dont les pôles seraient sur l'axe. S'il y a accumulation périodique des corpuscules le long du tube-tourbillon en n ventres équidistants, ou si seulement à ces ventres il y a renforcement des chocs avec la nébuleuse (chocs produisant l'électricité), cet ensemble équivaut à n aimants élémentaires alignés suivant l'axe du tube. On retombe ainsi sur l'hypo-

---

(*) *Comptes rendus du Congrès de Clermont-Ferrand*, 1908, p. 1 et 55.

thèse de Ritz par laquelle il a expliqué les lois de distribution des spectres à série convergente (*).

Mais, en outre, Ritz a été amené à supposer que la file d'aimants élémentaires alignés prend des mouvements vibratoires comme une corde (*Comptes rendus*, Note de Pierre Weiss, 6 mars 1911).

Dès 1905 *(loc. cit.)*, j'ai été amené à supposer que le tube-tourbillon contenant primitivement les corpuscules vibrait par un choc longitudinal sur la nébuleuse solaire et que ce choc était la cause de la formation de ventres et nœuds le long de sa surface, c'est-à-dire de la distribution périodique qui, finalement, se constate aussi bien pour les masses des planètes et satellites de notre système que pour les électrons dans l'atome.

La formule (3) de distribution des distances des planètes directes a été obtenue par l'élimination des z entre les équations

$$(4) \qquad z = k\,\mathrm{L}(x - a) - k\,\mathrm{L}\varepsilon,$$
$$(5) \qquad z_n = n\,z_1,$$

dont la première est l'équation de la courbe méridienne de la surface parcourue par les corpuscules en divergeant de chaque ventre de vibration pour atteindre l'écliptique et dont la seconde exprime l'équidistance des ventres le long de l'axe Oz du tourbillon : ε est l'épaisseur du renflement d'un ventre à la vibration.

Je me propose de montrer qu'en conservant l'équation (5), il suffit, pour obtenir les lois de Deslandres et de Balmer (**), de substituer à l'équation (4) des équations très simples de même forme

$$(6) \qquad \mathrm{A}\,z = (a^m - x^m)^{\mp\frac{1}{2}} - \varepsilon^{\mp\frac{m}{2}}.$$

Les signes — correspondent à la loi de Balmer, les signes + à celle de Deslandres. En effet, l'élimination des z entre les équations (5) et (6) donne

$$a^m - x_n^m = \left[n(a - x_1)^{\mp\frac{m}{2}} - (n-1)\varepsilon^{\mp\frac{m}{2}} \right]^{\mp 2}$$

qui se décompose en deux formules de la forme

$$(7) \qquad x_n^m = a^m - \frac{c}{(n + \mu)^2} \qquad \text{(avec le signe —)},$$
$$(8) \qquad x_n^m = a^m - c(n + \mu)^2 \qquad (\qquad » \qquad +),$$

Il suffit pour que ces formules représentent bien les lois précitées que les premiers membres expriment des fréquences, c'est-à-dire qu'on ait

$$(9) \qquad x_n^m = \frac{1}{\lambda} = \frac{\mathrm{K}}{\mathrm{T}_n},$$

(*) *Revue générale des Sciences*, 1909, p. 171, et *Journal de Physique*, avril 1911.

(**) La loi de Balmer est exprimée par la formule $\frac{1}{\lambda} = \mathrm{N}\left(\frac{1}{2^2} - \frac{1}{n^2} \right)$.

T_n étant la durée de révolution ou d'oscillation à la distance moyenne x_n. L'hypothèse la plus simple pour satisfaire à la condition (9) est la suivante :

Dans la sphère atomique de rayon a, si l'attraction élémentaire suit la loi de Newton, la densité doit croître proportionnellement à x^{2m}. Alors, l'attraction centrale est proportionnelle à x^{2m+1} (*).

D'après les équations (6) des courbes méridiennes des nappes dans la genèse de l'atome, les rayons d'orbite des électrons seraient d'autant plus voisins les uns des autres qu'on s'écarte du centre pour se rapprocher du rayon a de l'atome, ce qui expliquerait l'accroissement de densité avec la distance.

Le contraire a lieu dans le système solaire où les planètes se pressent plus nombreuses près du centre. Dans la loi (3) de distribution des planètes et satellites, les nombres b que j'ai appelés les *caractéristiques* dans chaque système (1,883 — 2,897 — 2,57 — 1,7175 — 1,311 — 1,496) sont sensiblement proportionnels à la racine cubique de la densité de l'astre central correspondant ; de même, les constantes des formules de distribution des spectres de séries sont fonctions de la masse atomique de chaque élément.

Les distances des maxima de densité des petites planètes s'obtiennent en remplaçant dans la loi (3) les entiers n par $n \pm \frac{1}{4}$, ce qui correspond à des vibrations harmoniques du tourbillon primitif : de même, la série de Pickering pour l'hydrogène s'obtient en remplaçant n par $n + \frac{1}{2}$ dans la formule (7) de Balmer.

Enfin, la constante universelle N que révèlent les formules des séries de différents corps (**) ne serait autre, d'après notre interprétation, qu'un multiple de $f^{-\frac{1}{2}}$, f étant la constante de l'attraction qui s'introduit nécessairement dans le coefficient K de la formule (9). En résumé, le même mécanisme d'un tube-tourbillon de corpuscules vibrant par un choc longitudinal rend compte de la distribution périodique soit de la matière planétaire dans le système solaire [loi exponentielle (3) analogue à la loi de Bode], soit des électrons dans les systèmes atomiques (lois de Balmer et de Deslandres). La notion de choc implique d'ailleurs dans l'atome un dualisme que Ritz, par d'autres hypothèses, avait été conduit à y admettre.

(*) Dans la théorie élémentaire du phénomène de Zeeman par J.-J. Thomson, on suppose la force centrale proportionnelle à x, ce qui est un cas particulier de l'hypothèse précédente. On sait d'ailleurs que cette théorie ne rend pas compte de toutes les particularités des phénomènes de Zeeman.

(**) RYDBERG, *Rapport au Congrès international de Physique*, 1900.

M. A. PELLET,

Professeur à la Faculté des Sciences (Clermont-Ferrand).

SUR LA SÉRIE DE NEWTON.

5[7.2]

2 *Août.*

1. Soient $x_1, x_2, \ldots, x_m$, m quantités positives non décroissantes; désignons par s_k la somme de leurs $k^{\text{ièmes}}$ puissances

$$s_k = x_1^k + x_2^k + \ldots + x_m^k.$$

On a

$$x_1 \leqq \sqrt[k]{\frac{s_{k+\alpha}}{s_\alpha}} \leqq x_m \leqq \sqrt[k']{s_{k'}},$$

α, k, k' étant des entiers positifs, les inégalités devenant égalités seulement dans le cas où tous les x sont égaux. On en déduit

$$\frac{1}{x_m} < \sqrt[k]{\frac{s_{-(k+\alpha)}}{s_{-\alpha}}} < \frac{1}{x_1} < \sqrt[k']{s_{-k'}},$$

ou

(1)
$$\frac{1}{\sqrt[k']{s_{-k'}}} < x_1 < \sqrt[k]{\frac{s_{-\alpha}}{s_{-(k+\alpha)}}} < x_m.$$

Ainsi les racines de l'équation

$$a_0 - a_1 x + a_2 x^2 - \ldots + (-1)^m a_m x^m = 0,$$

étant toutes réelles et positives, on a, x_1 et x_m représentant la plus petite et la plus grande d'entre elles

$$\frac{a_0}{a_1} < \frac{a_0}{\sqrt{a_1^2 - 2 a_0 a_2}} < x_1 < \frac{a_1 a_0}{a_1^2 - 2 a_0 a_2} < x_m,$$

en faisant $k' = 1, 2$, et $k = 1$, $\alpha = 1$ dans les formules (1).

Dans le cas où $m = 2$, on vérifie aisément que

$$\frac{a_0}{a_1} < \frac{a_0}{\sqrt{a_1^2 - 2 a_0 a_2}} < x_1 < \frac{a_1 a_0}{a_1^2 - 2 a_0 a_2} < \frac{2 a_0}{a_1} < \frac{a_1}{2 a_2}$$

$$< \frac{a_1^2 - 2 a_0 a_2}{a_2 a_1} < x_2 < \frac{\sqrt{a_1^2 - 2 a_0 a_2}}{a_2} < \frac{a_1}{a_2}.$$

2. Soit $f(x)$ une fonction holomorphe pour $x = a$ et, en posant $-\frac{f'(a)}{f(a)} = u_0$, supposons $f(a + 2\theta u_0)$ holomorphe pour $|\theta| \leqq 1$; désignons

par M le module maximum de $\dfrac{f''(a+2\,\theta u_0)}{2\,f'(a)}$ lorsque θ prend toutes les valeurs de module plus petit que 1, et posons $U_0 = |u_0|$. Si l'équation du second degré

$$U_0 - \pi + M\pi^2 = 0$$

a ses racines réelles $(1 - 4\,M\,U_0) > 0$, l'équation $f(a+h) = 0$ a une racine de module plus petit que la plus petite racine de l'équation précédente, par suite que $\dfrac{U_0}{1 - 2\,M\,U_0} < 2\,U_0$, et cette racine est donnée par la série de Newton. En effet, en formant cette série pour l'équation $f(a+h) = 0$ et pour l'équation $U_0 - \pi + M\pi^2 = 0$, on voit que les termes de la série correspondant à celle-ci sont supérieurs ou au moins égaux aux modules des termes de la série correspondant à la première. Nous supposons les coefficients de $f(x)$ réels, alors il suffit de faire varier θ de -1 à $+1$. Pour l'équation

$$f(a + u_0 + k_1) = 0,$$

on a

$$|u_1| = U_0' = \left| -\frac{1}{2}\,\frac{u_0^2\,f''(a+\theta'u_0)}{f(\alpha) + u_0\,f''(a+\theta''u_0)} \right| \leqq \frac{M\,U_0^2}{1 - 2\,M\,U_0}$$

$$M' = \text{max. de } \left| \frac{f''(a + u_0 + 2\,\theta u_1)}{2\,f'(a + u_0)} \right| \leqq \frac{M}{1 - 2\,M\,U_0},$$

θ doit varier de -1 à $+1$, et dans ces conditions $|u_0 + 2\,\theta u_1|$ inférieur à $|u_0 + \theta u_0| < 2\,U_0$; θ' et θ'' sont inférieurs à 1. Or, en remplaçant dans $U_0 - \pi + M\pi^2 = 0$, π par $U_0 + \pi_1$, on a précisément.

$$\frac{M\,U_0^2}{1 - 2\,M\,U_0} - \pi_1 + \frac{M}{1 - 2\,M\,U_0}\,\pi_1^2 = 0.$$

D'ailleurs, $1 - 4\,U_0'\,M' > 0$, l'équation en h_1 satisfait aux conditions posées pour l'équation en h, la proposition en résulte.

En prenant u_0 pour valeur approchée de la racine de l'équation $f(a+h) = 0$, on commet une erreur de module inférieur à

$$\frac{U_0'}{1 - 2\,M'\,U_0'} \leqq \frac{M\,U_0^2\,(1 - 2\,M\,U_0)}{1 - 4\,M\,U_0 + 2\,M^2\,U_0^2} < M\,U_0^2 + \frac{2\,M^2\,U_0^3}{1 - 4\,M\,U_0} < \frac{2\,M\,U_0^2}{1 - 2\,M\,U_0}.$$

3. L'équation de Képler peut se mettre sous la forme

$$(1) \qquad u - e \sin(m + u) = 0,$$

e étant plus petit que 1. On a

$$U_0 = \left| \frac{e \sin m}{1 - e \cos m} \right|, \qquad M = \text{max.} \left| \frac{e \cos(m + 2\,\theta\,U_0)}{2\,(1 - e \cos m)} \right| \leqq \frac{e}{2\,(1 - e \cos m)}.$$

La série de Newton est convergente si

$$(1 - e \cos m)^2 - 2\,e^2\,|\sin m| > 0,$$

condition satisfaite si $\cos m$ est négatif lorsque $\epsilon < \dfrac{1}{\sqrt{2}}$, et quel que soit m si

$$(1 - e)^2 - 2e^2 = 1 - 2e - e^2 > 0;$$

ou encore :

$$1 + e^2 \cos^2 m - 2e \cos m - 2e^2 \,|\sin m| > 1 - 2e \cos m - 2e^2 \,|\sin m| > 0$$

qui est satisfaite quel que soit m si

$$1 > 4(e^2 + e^4),$$

inégalité qui est satisfaite pour les valeurs de e plus petite que 0,45.

L'équation de Képler peut s'écrire

$$u - e \cos m \sin u = e \sin m \cos u;$$

d'où en élevant au carré les deux membres, et réduisant

$$u^2 - 2 \cos m \sin u + e^2 \sin^2 u = e^2 \sin^2 m;$$

or,

$$\sin u = u - \frac{u^3}{6} \cos \theta u,$$

$$\sin^2 u = \frac{1 - \cos 2u}{2} = u^2 - \frac{u^4}{3} \cos 2 \theta' u;$$

d'où, pour l'équation en u^2,

$$U_0 = \frac{e^2 \sin^2 m}{1 - 2e \cos m + e^2},$$

$$M < \frac{e + e^2}{3(1 - 2e \cos m + e^2)}.$$

La condition $1 - 4 M U_0 > 0$ devient

$$(1 - 2e \cos m + e^2)^2 > \frac{4 e^3(1 + e)}{3} \sin^2 m;$$

elle est toujours satisfaite si $\cos m$ est négatif; elle peut s'écrire

$$1 + e^2 > 2e \cos m + 2e \sqrt{\frac{e + e^2}{3}} |\sin m|;$$

condition satisfaite quel que soit m, si

$$(1 + e^2)^2 - 4e^2\left(1 + \frac{e + e^2}{3}\right) > 0 \qquad \text{ou} \qquad 3 > 6e^2 + 4e^3 + e^4;$$

il suffit que e soit inférieur à 0,6.

Posant

$$u_0 = \frac{e \sin m}{\sqrt{1 - 2e \cos m + e^2}},$$

puis, effectuant, dans l'équation (1), la substitution $u = u_0 + v$, la racine réelle unique de l'équation en v est donnée presque toujours par la série de Newton, $e < 1$.

M. Ernest LEBON,

Agrégé de l'Université, Lauréat de l'Institut (Ac. Fr. et Ac. des Sc.).

REMARQUES ET FORMULE DÉDUITES D'UN MODE DE DÉCOMPOSITION D'UN NOMBRE EN UN PRODUIT DE DEUX FACTEURS.

5.3.81

5 Août.

1. D'un mode de décomposition d'un nombre en un produit de deux facteurs analogue à celui qui a été proposé en 1905 par M. P.-F. Teilhet (*), je déduis diverses remarques et une formule.

1. Soient N un nombre entier non carré, ρ sa racine carrée à 1 près par défaut, r le reste.

Appelant u un nombre entier positif, on peut écrire

$$N = \rho^2 + r$$
$$= \rho^2 + 2\rho u + u^2 - 2\rho u - u^2 + r$$
$$= (\rho + u)^2 - (u^2 + 2\rho u - r)$$
$$= (\rho + u - v)(\rho + u + v),$$

lorsque le trinome

$$(\text{T}) \qquad u^2 + 2\rho u - r$$

est un carré v^2.

Posant

$$\rho + u - v = f, \qquad \rho + u + v = f',$$

on trouve

$$u = \frac{f' + f}{2} - \rho, \qquad v = \frac{f' - f}{2}.$$

Les nombres à calculer u et v devant être entiers, les facteurs f et f' doivent être impairs. Par suite, *le nombre N doit être impair.*

Pour chercher si un nombre impair N est décomposable en un produit de deux facteurs entiers, on donne à u, dans le trinome (T), des valeurs successivement égales aux nombres de la suite naturelle 1, 2, 3, 4, ... Il existe diverses simplifications qui rendent rapides les calculs.

2. REMARQUES. I. — Le nombre v est égal à la demi-différence des deux facteurs dont N est le produit.

II. Toute valeur de u est inférieure à la valeur correspondante de v.

III. Si les deux facteurs f et f' sont premiers, N ne peut être décomposé

(*) *Intermédiaire des Mathématiciens*, t. 12, 1905, p. 201.

que d'une seule manière en deux facteurs. Si les deux facteurs f et f' ne sont pas premiers ou si l'un d'eux n'est pas premier, N peut être décomposé de plusieurs manières en un produit de deux facteurs.

IV. Le maximum de r est égal à 2ρ; donc le trinome (T) est positif pour les valeurs positives de u à partir de 1.

V. Les valeurs limites des facteurs f et f' sont respectivement 1 et N; donc le maximum de v est égal à $\dfrac{N-1}{2}$. La valeur correspondante de u est $\left(\dfrac{N+1}{2} - \rho \right)$.

VI. Lorsque l'excès de $2\rho + 1$ sur r est égal à un carré v'^2, on a

$$N = (\rho + 1 - v')(\rho + 1 + v') :$$

un tel mode de décomposition se présente autant de fois qu'il y a de carrés de 1 à $2\rho + 1$.

VII. On peut écrire

$$u = -\rho + \sqrt{N + v^2}.$$

Donc, pour chercher si un nombre impair N est décomposable en un produit de deux facteurs entiers, on est conduit à donner à v des valeurs successivement égales aux nombres de la suite naturelle $1, 2, 3, 4, \ldots$. Si, avant d'arriver à la valeur maximum de v, on trouve une valeur de v telle que la valeur de la somme $N + v^2$ soit un carré, N peut être décomposé en un produit de deux facteurs. Sinon, N est premier. On connaît depuis longtemps cette propriété.

3. FORMULE. — De la valeur de u en fonction de ρ, r, v et de la valeur de f en fonction de ρ, u, v, on tire la formule

$$uf = \frac{1}{2}[(\rho - f)^2 + r].$$

Dans cette formule, donnons à f des valeurs égales aux nombres premiers inférieurs à ρ. Si, pour une de ces valeurs de f, on trouve une valeur entière pour u, N est divisible par f. Si, pour toutes ces valeurs de f, on ne trouve pas de valeur entière pour u, N est premier.

Comme le second membre de cette formule est plus petit que N, si l'on fait usage d'une Table de carrés, la méthode précédente remplace très avantageusement la méthode classique pour reconnaître si un nombre N est composé ou premier.

M. A. GÉRARDIN,

Directeur de la *Revue Sphinx-Œdipe* (Nancy).

ÉQUATIONS INDÉTERMINÉES. SOLUTIONS GÉNÉRALES SIMPLES.

512,23

1ᵉʳ Août.

Je ne donnerai pas ici la liste complète des solutions générales trouvées dans les problèmes indéterminés carrés, cubiques ou biquadratiques, car ceci nous conduirait trop loin. D'ailleurs la méthode étant générale, il suffira de l'expliquer sur un cas même très particulier pour comprendre immédiatement sa simplicité.

SOLUTION DE $x^2 + xy + y^2 = z^3$.

Je pars d'une solution évidente

$$1^2 + 1.0 + 0^2 = 1^3$$

et j'écris simplement

(1) $(1 + mx)^2 + (1 + mx)(my) + (my)^2 = (1 + mf)^3,$

d'où l'équation

(2) $f^3 m^2 + [3f^2 - (x^2 + xy + y^2)]m - [3f - (2x + y)] = 0.$

Nous savons que son déterminant doit être carré parfait, ce qui donne

$$[x^2 + xy + y^2]^2 - 6f^2(x^2 + xy + y^2) + [4f^3(2x + y) - 3f^4] = Z^2,$$

équation de Fermat de la forme

$$G^2 + Df + Cf^2 + Bf^3 + Af^4 = Z^2$$

que l'on sait résoudre.

Ma méthode consiste à annuler l'un des coefficients de (2).

Égalons par exemple à zéro le coefficient de m dans (2). Il suffit de chercher des solutions générales de

$$x^2 + xy + y^2 = 3f^2.$$

Réitérons la méthode; nous connaissons une solution évidente $x = 1$, $y = 1$, $f = 1$. Posons donc

$$x = 1 + ma, \qquad y = 1 + mb, \qquad f = 1 + mg,$$

d'où l'on tire immédiatement

$$m = \frac{3(a + b - 2g)}{3g^2 - (a^2 + ab + b^2)}.$$

Nous pouvons supposer g nul, et nous avons

$$x = 2a^2 + 2ab - b^2, \qquad y = 2b^2 + 2ab - a^2, \qquad f = a^2 + ab + b^2.$$

Il resterait alors, dans ce cas,

$$f^2 m^2 = 3f - (2x + y)$$

et il faudrait égaler à un carré, en valeurs entières ou fractionnaires

$$3b(a - b)(a^2 + ab + b^2).$$

Mais ce cas est le plus difficile et nous pouvons le laisser de côté, si nous ne cherchons pas *toutes* les solutions générales, mais seulement quelques-unes.

Nous étudierons donc seulement d'une façon plus complète le cas où il faut annuler dans (2) le terme connu; il vient simplement

$$f = \frac{1}{3}(2x + y), \qquad m = \frac{18y^2 - 9xy - 9x^2}{(2x + y)^3},$$

on trouve ainsi

$$X = y^3 + 3x^2 y + 24 xy^2 - x^3, \qquad Y = 18y^3 - 9xy^2 - 9x^2 y,$$
$$Z = x^2 + xy + 7y^2.$$

Pour rendre symétrique cette valeur de Z, il suffit de poser

$$x^2 + xy + 7y^2 = p^2 + pq + q^2,$$

d'où, en multipliant par 4,

$$[2x + y]^2 + 3[3y]^2 = [2p + q]^2 + 3q^2,$$
$$y = \frac{1}{3}q, \qquad x = p + \frac{1}{3}q, \qquad X = q^3 + 3pq^2 - p^3,$$
$$Y = -3pq(p + q), \qquad Z = p^2 + pq + q^2.$$

En 1879, Desboves [*N. A.*, formule (8) avec $a = b = 1$] avait indiqué la même solution, mais notre méthode semble plus rapide; elle est, d'ailleurs, la simplicité même.

La valeur de $X - Y$ ne peut jamais représenter un cube, en nombres entiers ou fractionnaires, puisque l'on sait que $X^3 - Y^3 \neq A^3$; ainsi

$$p^3 + 6p^2 q + 3pq^2 - q^3$$

n'est jamais un cube.

Dans beaucoup de problèmes classiques, notre méthode donnera naturellement des résultats connus, mais on verra nettement son avantage, à mesure que croîtront les difficultés.

Je citerai seulement, pour terminer cette courte Note, le théorème suivant : *Toute puissance douzième est la somme algébrique de trois cubes*, puisque

$$g^{12} = [9f^4]^3 + [g^4 \pm 9f^3 g]^3 - [9f^4 \pm 3fg^3]^3.$$

Il suffira, pour avoir les trois cubes positifs, de prendre $\dfrac{g}{f} > \sqrt[3]{9}$.

Ainsi, $f=1$, $g=3$ mènent à

$$1^3 + 6^3 + 8^3 = 3^6.$$

et $f=1$, $g=4$ donnent

$$9^3 + 183^3 + 220^3 = 2^{24};$$

enfin, avec $f=2$, $g=5$, on trouve

$$5^{12} = 144^3 + 265^3 + 606^3.$$

M. Gaston TARRY.

(Le Havre.)

LES IMAGINAIRES DE GALOIS   13 c

517.8

1er *Août.*

Le symbole j.

Nous désignerons par le symbole j un nombre imaginaire dont le carré j^2 est un nombre réel non-carré (non-reste) pour le module premier m.

Le nombre des non-carrés étant $\dfrac{m-1}{2}$, il y a $\dfrac{m-1}{2}$ valeurs différentes de j^2 et, par conséquent, $m-1$ valeurs différentes de j. Dans les calculs, on prendra pour j l'une quelconque de ces $m-1$ valeurs, mais, ce choix fixé une fois pour toutes, il est clair que tout autre nombre imaginaire dont le carré est réel sera égal à bj, b étant l'un des $m-2$ nombres $2, 3, \ldots,$ $(m-1)$.

J'appellerai *corps quadratique* l'ensemble des m^2-1 nombres de la forme $a + bj$, a et b étant des nombres réels et inférieurs à m, qui peuvent être égaux à zéro, mais pas tous deux à la fois, le nombre zéro étant exclus. Ce corps quadratique comprend $m-1$ nombres réels, $m-1$ nombres imaginaires simples, bj et $(m-1)^2$ nombres imaginaires de la forme

$a+bj$, a et b étant tous deux différents de zéro. Si je comprends dans e corps quadratique les nombres réels, c'est uniquement pour éviter la considération de cas particuliers, qui entraînerait des complications inutiles.

Nous dirons que les deux nombres $a + bj$ et $a - bj$ sont *imaginaires conjugués* et que les quatre nombres $\pm a \pm bj$ sont *associés*. Nous appellerons *norme* d'une imaginaire $a + bj$ le produit $(a + bj)(a - bj)$, qui sera représenté par $N(a + bj)$. La norme est toujours un nombre réel $a^2 - b^2 j^2$.

Remarquons que dans toute congruence du deuxième degré,

$$x^2 + 2px + q = 0,$$

les deux racines appartiennent toujours au corps quadratique et que, dans le cas où l'équation est irréductible, les deux racines sont imaginaires conjuguées, $-p \pm \sqrt{p^2 - q}$.

Les imaginaires du corps quadratique.

On a évidemment

$$(a + bj)^m = a^m + b^m j^m \qquad (\bmod m).$$

Or, en vertu du théorème de Fermat, $a^m = a$ et $b^m = b$. D'autre part, $j^m = j(j^2)^{\frac{m-1}{2}}$, et l'on sait que j^2 étant un non-carré $(j^2)^{\frac{m-1}{2}}$ est congru à -1. Donc,

$$(a + bj)^m = a - bj.$$

De cette égalité fondamentale on déduit les deux théorèmes suivants :

THÉORÈME DE LA NORME. — *La norme d'un nombre quadratique est égale à la puissance $m+1$ de ce nombre.*

En effet, on déduit immédiatement de l'égalité fondamentale

$$N(a + bj) = (a + bj)(a - bj) = (a + bj)(a + bj)^m = (a + bj)^{m+1}.$$

THÉORÈME GÉNÉRALISÉ DE FERMAT. — *m étant un nombre premier, a et b deux nombres non divisibles par m, j la racine carrée d'un nombre réel non reste quadratique de m, on a*

$$(a + bj)^{m^2 - 1} - 1 = 0.$$

Nous savons qu'on a

$$(a + bj)^m = a - bj$$

et, par conséquent,

$$(a + bj)^{m^2} = (a - bj)^m = a + bj.$$

Divisant par $a + bj$, il vient

$$(a + bj)^{m^2 - 1} = 1 \qquad\qquad \text{C. Q. F. D.}$$

Il résulte de cette généralisation que les $m^2 - 1$ nombres du corps quadratique sont $m^2 - 1$ racines différentes de l'équation $x^{m^2-1} - 1 = 0$ de degré $m^2 - 1$. Ce qui établit l'identité des imaginaires de Galois du deuxième ordre avec les imaginaires du corps quadratique. Dans ce Mémoire, je ne m'occuperai que des imaginaires du deuxième ordre. Remarquons que toute imaginaire du deuxième ordre est racine d'une équation irréductible du deuxième degré

$$x^2 - 2ax + a^2 - b^2 j^2 = 0.$$

Généralisation des théorèmes sur les congruences.

Les racines imaginaires de Galois possèdent les propriétés associative et commutative de l'addition et les propriétés distributive et commutative de la multiplication. Ces propriétés deviennent évidentes pour les imaginaires du deuxième ordre vues sous l'aspect d'imaginaires quadratiques.

On sait que ces propriétés caractéristiques des opérations fondamentales de l'Arithmétique suffisent pour étendre aux nombres imaginaires qui les possèdent toutes les propriétés arithmétiques démontrées pour les nombres réels. C'est pourquoi il nous sera permis de considérer les théorèmes suivants comme rigoureusement démontrés.

Un produit de facteurs quadratiques, réels ou imaginaires, ne peut être nul que si l'un des facteurs est nul, c'est-à-dire congru à zéro.

Une congruence de degré r ne peut avoir plus de r racines appartenant au corps quadratique, une racine d'ordre k comptant pour k racines.

La suite des nombres

$$1, \quad (a + bj), \quad (a + bj)^2, \quad (a + b)^3, \quad \ldots$$

est périodique, et si g est le nombre de termes de la période, on a

$$(a + bj)^g - 1 = 0 \quad (\mathrm{mod}\, m),$$

g est dit le *gaussien* de $a + bj$ par rapport au module premier m.

Le gaussien est toujours un diviseur de $m^2 - 1$ et, dans le cas particulier où il est égal à $m^2 - 1$, le nombre $a + bj$ est une racine primitive du deuxième ordre, c'est-à-dire un nombre tel que ses puissances successives engendrent les $m^2 - 1$ nombres du corps quadratique. Remarquons que si a ou b est différent de zéro, $a + bj$ ne peut être racine primitive du deuxième ordre. En effet,

$$a^{m-1} - 1 = 0, \quad (bj)^{2(m-1)} - 1 = (b^2 j^2)^{m-1} - 1 = 0,$$

et le gaussien est inférieur à $m^2 - 1$.

La congruence binôme $x^{m^2-1} - 1 = 0$ a $(m^2 - 1)$ racines primitives.

Il nous paraît inutile d'allonger la liste de ces théorèmes; le lecteur la complétera au besoin.

Après avoir donné une existence effective aux racines imaginaires du deuxième ordre, nous allons procéder à la recherche des racines primitives de la congruence $x^{m^2-1} - 1 = 0$, en nous basant sur trois théorèmes établis pour les nombres réels. Ces théorèmes s'étendent de droit aux nombres imaginaires, et si nous en donnons les démonstrations directes, c'est uniquement pour qu'il ne subsiste aucun doute dans l'esprit du lecteur au sujet de cette extension. Il suffira de copier les raisonnements classiques.

Les trois théorèmes sur les gaussiens.

THÉORÈME 1. — *Si $a + bj$ a pour gaussien g, $a' + b'j$ pour gaussien g', et si g' est un diviseur de g, $a' + b'j$ est une puissance entière de $a + bj$.*

Les g nombres de la suite

$$(a + bj), \quad (a + bj)^2, \quad \ldots, \quad (a + bj)^g$$

sont tous différents et sont toutes les racines de la congruence $x^g - 1 = 0$, puisque cette congruence ne peut avoir plus de g racines.

D'autre part, $g = g'd$ et les g' nombres tous différents de la suite

$$(a + bj)^d, \quad (a + bj)^{2d}, \quad \ldots, \quad (a + bj)^{g'd}$$

sont aussi toutes les racines de la congruence $x^{g'} - 1 = 0$.

Or, $a' + b'j$ est l'une des g' racines de la congruence $x^{g'} - 1 = 0$. Donc, le nombre $a' + b'j$ est l'un des nombres de la suite $(a + bj)^d, (a + b)^{2d}, \ldots$

(C. Q. F. D.).

THÉORÈME 2. — *Si $a + bj$ a pour gaussien g, $a' + b'j$ pour gaussien g', et si g et g' sont premiers entre eux, $(a + bj)\,(a' + b'j) = p + qj$ a pour gaussien gg'.*

$p + qj$ n'étant pas égal à zéro a un gaussien h et

$$(a + bj)^h (a' + b'j)^h = 1.$$

On a

$$(a + bj)^{hg}(a' + b'j)^{hg} = 1,$$

et comme

$$(a + bj)^{hg} = 1,$$

on peut écrire

$$(a' + b'j)^{hg} = 1.$$

Or, $a' + b'j$ a pour gaussien g'; ceci exige que hg soit un multiple de g', et puisque g et g' sont premiers entre eux, ceci exige enfin que h soit un multiple de g'. On verrait de même que h est un multiple de g. Mais h étant un multiple commun de g et g', qui sont premiers entre eux, est un multiple de gg'.

Or, la plus petite valeur possible de h est gg'.

Donc $(a + bj)(a' + b'j) = p + qj$ a pour gaussien gg'.   (C. Q. F. D.)

THÉORÈME 3. — *Si $a + bj$ a pour gaussien g, $a' + b'j$ pour gaussien g', si aucun des nombres g et g' n'est diviseur de l'autre et s'ils ont un plus grand commun diviseur autre que l'unité, on peut toujours trouver un nombre $(a + bj)^e (a' + b'j)^{e'}$ qui a pour gaussien le plus petit commun multiple n de g et g'.*

On sait décomposer n en deux facteurs premiers entre eux qui sont respectivement des diviseurs de g et g'. Soit donc

$$n = \frac{g}{e}\frac{g'}{e'},$$

$\frac{g}{e}$ et $\frac{g'}{e'}$ étant des nombres premiers entre eux.

$a + bj$ ayant pour gaussien g, les g nombres

$$(a + bj), \quad (a + bj)^2, \quad \ldots, \quad (a + bj)^g$$

sont tous différents; parmi eux les $\frac{g}{e}$ nombres

$$(a + bj)^e, \quad (a + bj)^{2e}, \quad \ldots, \quad (a + bj)^{\frac{g}{e}e}$$

sont tous différents et le dernier $(a + bj)^g$ est congru à l'unité.

Par conséquent, le nombre $(a + bj)^e$ a pour gaussien $\frac{g}{e}$.

Pareillement, le nombre $(a' + b'j)^{e'}$ a pour gaussien $\frac{g'}{e'}$.

Or, les deux gaussiens $\frac{g}{e}$ et $\frac{g'}{e'}$ sont premiers entre eux.

Donc le nombre $(a + bj)^e (a' + b'j)^{e'} = p + qj$ a pour gaussien

$$\frac{g}{e}\frac{g'}{e'} = n.$$ C. Q. F. D.

Recherche des racines primitives du deuxième ordre.

Essayons un nombre quelconque $a + bj$, $a \neq 0$ et $b \neq 0$.

$a + bj$ a nécessairement un gaussien g supérieur à l'unité. Si $g = m^2 - 1$, $a + bj$ est racine primitive. Supposons $g < m^2 - 1$ et désignons par $a' + b'j$ un nombre qui ne figure pas parmi les g premières puissances de $a + bj$ et soit g' son gaussien. Si le nouveau gaussien g' est égal à $m^2 - 1$, $a' + b'j$ est racine primitive. Supposons $g' < m^2 - 1$. Il est clair que g' n'est pas un diviseur de g, autrement $a' + b'j$ figurerait parmi les puissances de $a + bj$, contrairement à l'hypothèse. En conséquence, le théorème 2 ou 3 sur les gaussiens nous permettra de trouver un nombre ayant pour gaussien gg' ou le plus petit commun multiple de g et g'. Si ce nouveau gaussien n'est pas égal à m^2-1, nous saurons trouver un autre nombre dont le gaussien sera un multiple du précédent, et ainsi de suite, jusqu'à ce que nous arrivions enfin à trouver un nombre dont le gaussien soit égal à m^2-1.

On voit que le procédé employé pour obtenir une racine primitive du deuxième ordre est identique au procédé classique qui sert pour la recherche des racines primitives du premier ordre. Mais les essais portent sur $(m-1)^2$ nombre pour le deuxième ordre et seulement sur $m-1$ nombres pour le premier ordre.

J'ai cherché à réduire le champ des recherches dans la mesure du possible, et je crois y être arrivé grâce au théorème suivant :

THÉORÈME DE RÉDUCTION. — *Pour qu'un nombre $a + bj$ soit racine primitive du deuxième ordre, il faut et il suffit : 1° que sa norme soit une racine primitive r du premier ordre; 2° que les rapports d'inclinaison de ses m premières puissances soient tous différents.*

Mon mode de représentation géométrique des nombres imaginaires m'a conduit à appeler *rapport d'inclinaison* du nombre $a + bj$ le rapport $\dfrac{b}{a}$.

1° Il est nécessaire que la norme de $a + bj$ soit un r.

En effet, si la norme n'était pas une racine primitive du premier ordre, on aurait

$$(a^2 - b^2 j^2)^k = 1 \qquad (k < m-1),$$

par suite,

$$(a + bj)^{(m+1)k} = (a^2 - b^2 j^2)^k = 1$$

et le gaussien de $a+bj$ serait inférieur à m^2-1.

2° Il est nécessaire que les rapports d'inclinaison des m premières puissances soient toutes différentes.

Considérons les puissances de $a + bj$ d'exposants p et q, $q < p < m + 1$.

$$(a + bj)^p = a_p + b_p j, \qquad (a + bj)^q = a_q + b_q j.$$

Je dis qu'on ne peut avoir $\dfrac{b_p}{a_p} = \dfrac{b_q}{a_q}$. En effet, il en résulterait

$$\frac{(a + bj)^n}{(a + bj)^q} = \frac{a_p + b_p j}{a_q + b_q j} = \frac{a_p\left(1 + \dfrac{b_p}{a_p} j\right)}{a_q\left(1 + \dfrac{b_q}{a_q} j\right)} = \frac{a_p}{a_q},$$

d'où

$$(a + bj)^{p-q} = \frac{a_p}{a_q}, \qquad (a + bj)^{(p-q)(m-1)} = \left(\frac{a_p}{a_q}\right)^{m-1} = 1,$$

et le gaussien de $a + bj$ serait inférieur à m^2-1.

Écrivons sur une page de $m-1$ lignes les m^2-1 puissances successives de $a + bj$, disposées en $m+1$ colonnes.

Nous aurons le Tableau suivant :

$$
\begin{aligned}
&(a + bj), \qquad (a_2 + b_2 j), \quad \ldots, \qquad (a_{m+1} + b_{m+1} j), \\
&r(a + bj), \qquad r(a_2 + b_2 j), \quad \ldots, \qquad r(a_{m+1} + b_{m+1} j), \\
&r^2(a + bj), \qquad r^2(a_2 + b_2 j), \quad \ldots, \qquad r^2(a_{m+1} + b_{m+1} j), \\
&\ldots\ldots\ldots, \qquad \ldots\ldots\ldots\ldots, \quad \ldots, \qquad \ldots\ldots\ldots\ldots\ldots, \\
&r^{m-2}(a + bj), \quad r^{m-2}(a_2 + b_2 j), \quad \ldots, \quad r^{m-2}(a_{m+1} + b_{m+1} j),
\end{aligned}
$$

Dans ce Tableau, tous les nombres d'une colonne ont le même rapport d'inclinaison, et dans deux colonnes différentes ces deux rapports sont différents. D'autre part, les $m-1$ nombres d'une colonne quelconque sont évidemment différents. Il résulte de là que les m^2-1 nombres de ce Tableau sont les m^2-1 nombres du corps quadratique. Ce qui démontre que les deux conditions énoncées par le théorème de réduction sont suffisantes.

Dans la pratique, la nécessité de calculer les rapports d'inclinaison allongerait le travail; la proposition suivante nous dispensera de ce calcul.

THÉORÈME. — *Pour que les rapports d'inclinaison des $m+1$ premières puissances de $a + bj$ soient tous différents, il faut et il suffit qu'aucune des m premières puissances de ce nombre ne soit congrue à un nombre réel.*

Cette condition est évidemment nécessaire car, si $(a + bj)^p$, $p < m+1$, était un nombre réel, son rapport d'inclinaison serait le même que celui de $(a+bj)^{m+1}$, c'est-à-dire zéro, comme pour tous les nombres réels.

Je dis que la condition est suffisante, qu'on ne pourrait avoir, par exemple, $\dfrac{b_p}{a_p} = \dfrac{b_q}{a_q}$, $q < p < m+1$. En effet, on aurait alors

$$
\frac{(a+bj)^p}{(a+bj)^q} = \frac{a_p + b_p j}{a_q + b_q j} = \frac{a_p\left(1 + \dfrac{b_p}{a_p} j\right)}{a_q\left(1 + \dfrac{b_q}{a_q} j\right)} = \frac{a_p}{a_q},
$$

c'est-à-dire $(a + bj)^{p-q}$ égal à un nombre réel $\dfrac{a_p}{a_q}$, contrairement à l'hypothèse.

Il résulte de ce qui précède que le théorème de réduction peut s'énoncer sous cette autre forme :

Pour qu'un nombre soit racine primitive du deuxième ordre, il faut et il suffit : 1º *que sa norme soit une racine primitive r du premier ordre;* 2º *qu'aucune de ses m premières puissances ne soit un nombre réel.*

Nous verrons qu'il suffit même, pour que la seconde condition soit satisfaite, qu'aucune puissance d'exposant inférieur au nombre $\dfrac{m+1}{2}$ et diviseur de ce nombre ne donne une imaginaire simple.

A chaque racine primitive r du premier ordre correspondent de la sorte des racines primitives du deuxième ordre dont le nombre est indépendant du choix de r, comme nous le démontrerons.

Or, le nombre des r est égal à $\varphi(m-1)$ et celui des racines primitives du deuxième ordre à '

$$\varphi(m^2-1) = 2\varphi(m+1)\varphi(m-1).$$

Donc, à chaque racine primitive du premier ordre sont afférentes $2\varphi(m+1)$ racines primitives du deuxième ordre.

La nouvelle marche à suivre pour trouver une racine primitive du deuxième ordre est toute indiquée et, dans la pratique, les calculs se simplifieront. Un seul exemple suffira pour se rendre compte de la nature de ces simplifications.

Application au module 29.

Nous choisirons $j = \sqrt{2}$ et $r=2$.

La première condition à laquelle doit satisfaire la racine primitive cherchée $x+yj$ est $x^2 - y^2 j^2 = 2$, soit $x^2 = 2y^2 + 2$.

Donnons à y les valeurs successives 1, 2, 3, ... jusqu'à $14 = \dfrac{m-1}{2}$;

calculons les valeurs correspondantes de $2y^2 + 2$, et ne considérons que celles qui donnent des nombres carrés x^2.

$2.1^2 + 2 = 4 = 2^2$,	$2.8^2 + 2 = 14$,
$2.2^2 + 2 = 10$.	$2.9^2 + 2 = 19$,
$2.3^2 + 2 = 20 = 7^2$,	$2.10^2 + 2 = 28 = 12^2$,
$2.4^2 + 2 = 5 = 11^2$,	$2.11^2 + 2 = 12$,
$2.5^2 + 2 = 23 = 9^2$,	$2.12^2 + 2 = 0$,
$2.6^2 + 2 = 16 = 4^2$,	$2.13^2 + 2 = 21$,
$2.7^2 + 2 = 13 = 10^2$,	$2.14^2 + 2 = 17$.

7 valeurs de $2y^2 + 2$ donnent des carrés pour x^2, d'où 7 nombres à essayer, ou plus exactement 7 groupes de nombres associés, car à chaque système de valeurs de x^2 et y^2 correspondent les nombres associés $\pm x \pm yj$. Mais on voit aisément que si un nombre est racine primitive, ses associés sont aussi des racines primitives, ce qui nous permet de limiter les essais aux 7 nombres suivants

$$2+\sqrt{2}, \quad 7+3\sqrt{2}, \quad 11+4\sqrt{2}, \quad 9+5\sqrt{2},$$
$$4+6\sqrt{2}, \quad 10+7\sqrt{2}, \quad 12+10\sqrt{2}.$$

Essayons $2+\sqrt{2}$. Arrivés à la cinquième puissance, nous trouvons

$$(2+\sqrt{2})^5 = -10\sqrt{2},$$

et il est inutile d'aller plus loin. Passons à $4 + 6\sqrt{2}$; nous serons arrêtés à la troisième puissance, parce que $(4 + 6\sqrt{2})^3 = -5\sqrt{2}$. Enfin, si nous essayons $10 + 7\sqrt{2}$, il y aura arrêt à $(10 + 7\sqrt{2})^5 = 10\sqrt{2}$.

Sur nos 7 nombres, nous venons de constater que 3 n'étaient pas racines primitives. Il en resterait 4 à examiner, mais, comme nous savons qu'il y a $2\varphi(m + 1) = 16$ racines afférentes à $r = 2$, nous sommes assurés que les 4 nombres non examinés fournissent 16 racines primitives

$$\pm 7 \pm 3\sqrt{2}, \quad \pm 11 \pm 4\sqrt{2}, \quad \pm 9 \pm 5\sqrt{2}, \quad \pm 12 \pm 10\sqrt{2}.$$

D'autres simplifications se présenteront quelquefois dans les calculs, absolument comme dans la recherche des racines primitives du premier ordre.

PROBLÈME. — *Connaissant les racines primitives* R *du deuxième ordre afférentes à une racine primitive* r *du premier ordre, calculer les racines primitives du deuxième ordre afférentes à une autre racine primitive* r' *du premier ordre.*

Soit e^2 le nombre carré égal à $\dfrac{r'}{r}$ et $a + bj$ l'une quelconque des racines connues R. Je dis que $e(a + bj)$ est une racine primitive afférente à r'. En effet, les $m + 1$ premières puissances de $e(a + bj)$ ont évidemment les mêmes rapports de direction que les $m + 1$ premières puissances de $a + bj$, ce qui établit que ces rapports sont tous différents. D'autre part,

$$[e(a + bj)]^{m+1} = e^{m+1}(a + bj)^{m+1} = e^2 r = r'.$$

D'où l'on conclut que $e(a + bj)$ est une racine primitive afférente à r'.

Le raisonnement étant général, nous pouvons conclure de là que les racines afférentes à un r quelconque ne peuvent être en nombre moindre que celles afférentes à un autre r; ce qui implique l'égale répartition des $\varphi(m^2 - 1)$ racines primitives du deuxième ordre entre les $\varphi(m - 1)$ nombres r, soit pour chacun d'eux $2\varphi(m + 1)$, ou $\dfrac{\varphi(m + 1)}{2}$ groupes associés.

Ainsi, pour le module 29 et $r = 2$, nous avons trouvé les $\dfrac{\varphi(m + 1)}{2} = 4$ groupes associés.

$$\pm 7 \pm 3\sqrt{2}, \quad \pm 11 \pm 4\sqrt{2}, \quad \pm 9 \pm 5\sqrt{2}, \quad \pm 12 \pm 10\sqrt{2}.$$

Pour obtenir les racines afférentes à $r = 3$, il nous suffira de les multiplier par 4, puisque $4^2 = \dfrac{3}{2}$; ce qui nous donnera

$$\pm 1 \pm 12\sqrt{2}, \quad \pm 14 \pm 13\sqrt{2}, \quad \pm 7 \pm 9\sqrt{2}, \quad \pm 10 \pm 11\sqrt{2}.$$

Nous venons de voir que la recherche des R afférents à un r est ramenée à un triage de $\dfrac{\varphi(m+1)}{2}$ groupes de racines associées parmi les groupes de nombres associés $\pm x \pm yj$ dont les normes $x^2 - y^2 j^2$ sont égales à r.

Cherchons à connaître le nombre de ces derniers groupes.

La géométrie modulaire nous apprend que l'équation $x^2 - y^2 j^2 = r$ représente une ellipse modulaire dont les axes sont sur les axes de coordonnées, et que le nombre de points réels d'une ellipse moléculaire est $m+1$. (Voir *L'essai de Géométrie analytique modulaire*, par G. Arnoux, auquel j'ai collaboré avec C.-A. Laisant.)

Mais x et y doivent être différents de zéro, ce qui exclut les sommets de l'ellipse dans le compte des solutions. Il n'y a jamais de sommet sur l'axe des x, puisque pour $y = 0$ l'égalité $x^2 = r$ est impossible. Sur l'axe des y, $x = 0$ donne $y^2 = -\dfrac{r}{j^2}$, $\dfrac{r}{j^2}$ est un carré et l'on sait que $-\dfrac{r}{j^2}$ est carré ou non, c'est-à-dire qu'il y a deux sommets ou aucun, suivant que m est de la forme $4q+1$ ou $4q-1$. Il résulte de là que pour $m = 4q-1$, tous les points de l'ellipse fournissent des solutions en nombre $m+1$ ou $4q$ et que pour $m = 4q+1$, il faut diminuer de 2, ce qui amène le nombre de solutions à $4q$.

En résumé, pour tout module premier $m = 4q \pm 1$, il y a $4q$ nombres, ou q groupes de nombres associés, dont la norme est égale à un r donné. D'où l'on conclut que le nombre maximum des essais à faire pour trouver une racine primitive du deuxième ordre est

$$q - \frac{\varphi(m+1)}{2}.$$

Voici les résultats obtenus pour les premiers modules, en désignant par φ le nombre $\dfrac{\varphi(m+1)}{2}$ et par e le nombre maximum d'essais :

mod 3 : $q = 1$, $\varphi = 1$, $e = 0$;   mod 5 : $q = 1$, $\varphi = 1$, $e = 0$;

mod 7 : $q = 2$, $\varphi = 2$, $e = 0$;   mod 11 : $q = 3$, $\varphi = 2$, $e = 1$;

mod 13 : $q = 3$, $\varphi = 3$, $e = 0$;   mod 17 : $q = 4$, $\varphi = 3$, $e = 1$;

mod 19 : $q = 5$, $\varphi = 4$, $e = 1$;   mod 23 : $q = 6$, $\varphi = 4$, $e = 2$;

mod 29 : $q = 7$, $\varphi = 4$, $e = 3$;   mod 31 : $q = 8$, $\varphi = 8$, $e = 0$;

mod 37 : $q = 9$, $\varphi = 9$, $e = 0$;   mod 41 : $q = 10$, $\varphi = 6$, $e = 4$.

On remarquera qu'il n'y a pas d'essai quand $m+1$ est de la forme 2^k, ou égal au double d'un nombre premier.

Indices.

Soit $a + bj$ une racine primitive de $x^{m^2-1} - 1 = 0$. Les nombres

$$(a + bj), \quad (a + bj)^2, \quad \ldots, \quad (a + bj)^{m^2-1}$$

sont modulairement égaux, à l'ordre près, aux m^2-1 nombre du corps quadratique. Par conséquent, $p + qj$ étant un nombre quelconque autre que zéro, un des nombres de cette suite et un seul est égal à $p + qj$. Soit $(a + bj)^\alpha$ ce nombre; α est dit l'*indice* de $p + qj$ dans le système d'indices de *base* $a + bj$ et de module m.

Toutes les propriétés des indices analogues aux logarithmes, démontrées pour les nombres réels, s'étendent évidemment aux nombres imaginaires, en vertu de raisonnements identiques. En particulier, tout nombre d'indice 2α est égal au carré du nombre d'indice α.

Nous appellerons carré par rapport au module tout nombre d'indice pair, et non-carré tout nombre d'indice impair. On verrait sans peine que le changement de base ne modifie pas le caractère quadratique d'un nombre.

De cette définition, l'on déduit immédiatement les théorèmes suivants·

Le produit de deux carrés est un carré;
Le produit de deux non-carrés est un carré;
Le produit d'un carré par un non-carré est un non-carré.

Considérons un carré quelconque $p + qj = (a + bj)^{2\alpha}$. On a

$$(p + qj)^{\frac{m^2-1}{2}} = [(a + bj)^{2\alpha}]^{\frac{m^2-1}{2}} = (a + bj)^{(m^2-1)\alpha} = 1.$$

Donc, il y a $\dfrac{m^2-1}{2}$ nombres carrés; ce sont les nombres $p + qj$ tels qu'on ait

$$(p + qj)^{\frac{m^2-1}{2}} - 1 = 0.$$

Caractère quadratique.

En vertu du théorème généralisé de Fermat, on a

$$(p + qj)^{m^2-1} - 1 = 0$$

ou

$$\left[(p + qj)^{\frac{m^2-1}{2}} - 1\right]\left[(p + qj)^{\frac{m^2-1}{2}} + 1\right] = 0.$$

Par suite, l'un des deux nombres

$$(p + qj)^{\frac{m^2-1}{2}} - 1 \quad \text{ou} \quad (p + qj)^{\frac{m^2-1}{2}} + 1$$

est congru à zéro. Ils ne le sont pas d'ailleurs tous les deux, puisque leur différence, qui est 2, ne l'est pas. Or, nous venons de voir que si $p + qj$ est carré, on a

$$(p + qj)^{\frac{m^2-1}{2}} - 1 = 0,$$

et réciproquement.

Donc, si $p + qj$ est un non-carré, on a

$$(p + qj)^{\frac{m^2-1}{2}} + 1 = 0.$$

Ainsi $p + qj$ est carré ou non-carré suivant que $(p+qj)^{\frac{m^2-1}{2}}$ est égal à $+1$ ou -1. D'autre part, on sait que la norme $p^2 - q^2 j^2$ de $p + qj$ est un nombre carré ou non-carré suivant que $(p^2 + q^2 j^2)^{\frac{m-1}{2}}$ est égal à $+1$ ou -1. Donc :

THÉORÈME. — *Un nombre imaginaire du deuxième ordre est carré ou non-carré suivant que sa norme est un nombre carré ou non-carré.*

On remarquera que le nombre imaginaire simple bj, à norme $b^2 j^2$, est carré dans les modules $4q - 1$ et non-carré dans les modules $4q + 1$.

Dans notre procédé simplifié pour la recherche des racines primitives du deuxième ordre, tout nombre à essayer a pour norme un r, c'est-à-dire un non-carré, et est par conséquent un non-carré. C'est pourquoi il nous a suffi d'examiner les puissances dont les exposants sont des diviseurs de $\dfrac{m+1}{2}$.

CARACTÈRE QUADRATIQUE DE -3. — J'ajouterai une curieuse remarque basée sur la propriété du nombre $m^2 - 1$ d'être toujours un multiple 3, lorsque m est impair.

$x^3 - 1 = (x - 1)(x^2 + x + 1)$ et les racines de l'équation $x^2 + x + 1 = 0$ sont

$$\frac{-1 \pm \sqrt{-3}}{2}.$$

Si 3 divise $m - 1$ les racines de $x^3 - 1 = 0$ sont toutes réelles; par conséquent $\sqrt{-3}$ est réel et -3 un carré. Si 3 ne divise pas $m - 1$, il divise nécessairement $m + 1$, et les racines de $x^2 + x + 1 = 0$ sont imaginaires conjuguées; ce qui exige que $\sqrt{-3}$ soit une imaginaire simple bj et -3 un non-carré.

Nous retrouvons par une autre voie cette proposition bien connue :

-3 est carré ou non-carré pour un module premier m, suivant que $m - 1$ est divisible ou non divisible par 3.

CONCLUSION.

Considérons la congruence de degré r, $f(x) = 0 \pmod{m}$.

On sait que le théorème de Fermat permet de trouver les racines du premier ordre de cette équation, ou les facteurs du premier degré de $f(x)$.

Pareillement, le théorème généralisé de Fermat nous permettra de trouver, par un procédé presque identique, les racines du deuxième ordre de cette équation ou les facteurs irréductibles du deuxième degré de $f(x)$.

Par exemple, nous saurons méthodiquement décomposer le polynome

$$\frac{x^{m+1} - 1}{x^2 - 1} = x^{m-1} + x^{m-3} + \ldots + x^2 + 1$$

en ses $\dfrac{m-1}{2}$ facteurs irréductibles du deuxième degré. Ainsi

$$x^{18} + x^{16} + \ldots + x^2 + 1$$

sera rapidement décomposé en ses 9 facteurs irréductibles du deuxième degré.

$$(x^2 + 4x + 1), \quad (x^2 + 5x + 1), \quad (x^2 + 6x + 1), \quad (x^2 + 8x + 1), \quad (x^2 + 1),$$
$$(x^2 - 4x + 1), \quad (x^2 - 5x + 1), \quad (x^2 - 6x + 1), \quad (x^2 - 8x + 1).$$

En résumé, on obtient sans tâtonnement, non pas simplement le produit des facteurs irréductibles du deuxième degré d'un polynome de degré quelconque, mais ces facteurs eux-mêmes.

C'est le but que je voulais atteindre.

M. Auguste AUBRY.

(Dijon).

Question à l'ordre du jour.

UNE LISTE D'ERREURS DE MATHÉMATICIENS CÉLÈBRES.

---

51 (09)

2 Août.

Longtemps, les géomètres ont cru impossible la rectification d'une courbe. Viète et Descartes ont affirmé qu'il ne peut y avoir de mesure entre un arc de courbe et une droite. C'est d'autant plus à remarquer, pour ce dernier, qu'il a rectifié, sans s'en douter, la spirale logarithmique. Plus tard, à propos de la rectification de la cycloïde par Wren, on voit, d'après le grand Pascal, Sluze admirer « l'ordre de la nature, qui ne permet point qu'on trouve une droite égale à une courbe, qu'après qu'on a déjà supposé l'égalité d'une droite à une courbe ». Les premières idées sur la rectification analytique des courbes paraissent dues à Snellius, qui a virtuellement rectifié la loxodromie et ouvert la voie à Descartes, à TORRICELLI et à WALLIS, lesquels ont trouvé séparément celle de la spirale logarithmique. J'ai publié le texte de SNELLIUS, dans les *Annaes* de M. TEIXEIRA.

KÉPLER, dans sa *Stereometria doliorum,* a essayé de déterminer la cubature de tous les corps produits par la révolution de segments de coniques. Il s'est généralement trompé dans ses raisonnements, ce qui ne doit pas étonner, car il travaillait sur une matière entièrement neuve et fort différente de l'objet de ses recherches habituelles. Il faut toutefois être grandement reconnaissant à ce grand homme de sa tentative, car il abordait, comme il le fallait, pour la première fois, et de face, le calcul de l'infini. En outre, il retrouvait une méthode qu'on soupçonnait — mais qu'on sait maintenant — être celle d'ARCHIMÈDE ; et le seul problème qu'il ait traité avec succès — celui de la cubature du tore — avait de même été résolu par ARCHIMÈDE. Enfin, il a amené, par ses problèmes, CAVALIERI à imaginer et publier sa célèbre *Geometria indivisibilibus*, où le calcul intégral élémentaire se trouve, pour la première fois, posé et en partie résolu.

DESCARTES (Géométrie) dit que la projection sur un plan d'une normale à une courbe est également normale à la projection de la courbe. Ceci est un simple manque de réflexion de l'illustre philosophe. On peut lui reprocher beaucoup d'autres jugements trop précipités :

Sa théorie du choc des corps, où des idées préconçues le conduisirent à des erreurs notables ; son application de là théorie de *minimis* de FERMAT, au tracé des tangentes, qu'il considérait comme des minima de la distance d'un point donné à une courbe (*voir* le Tome III des *Lettres de Descartes*, p. 300 et suiv.) ; il a également eu le tort de méconnaître la généralité de la méthode des tangentes de FERMAT ; son erreur relative à la multiplicité des boucles du folium, provenant de ce qu'il n'avait pas examiné ce que devaient être les coordonnées, quand elles ne sont pas toutes positives. Cette erreur a, du reste, été partagée par FERMAT, ROBERVAL, SCHOOTEN et BARROW ; ce n'est que HUYGENS et JEAN BERNOULLI qui ont donné la véritable forme du folium.

Il semble avoir mal compris ce théorème de FERMAT : *Tout nombre premier de forme $4x+1$ est une somme de deux carrés premiers entre eux.*

Sa première démonstration de la quadrature de la cycloïde est fausse (voir *Lettres*, t. III, p. 385) ; il n'a pas remarqué que la spirale logarithmique fait une infinité de tours autour de son pôle.

Le grand Ouvrage de G. DE SAINT-VINCENT, *Opus geometricum*, a été écrit, comme on sait, pour expliquer ses idées sur la quadrature du cercle. Ne nous attardons pas sur la faiblesse du célèbre géomètre, de ne pas retrancher de son Livre les paralogismes qui le déparent (*), et ouvrons-le plutôt aux pages qui contiennent tant de si belle et de si bonne géométrie.

(*) Ceux que cette question intéresserait peuvent se reporter à l'Ἐξέτασις cyclometriae de HUYGENS (*Opera varia*, p. 3:8).

D'ailleurs, jusqu'à la démonstration — combien cachée — de LINDE-
MANN, rien ne défendait de croire à la possibilité de la quadrature du cercle,
si ce n'est l'inutilité de tentatives faites jusque-là, et le peu de notoriété
de ceux qui s'en occupaient. Si DESCARTES l'a déclarée impossible, ainsi
que GREGORY — lequel s'appuyait, du reste, sur des considérations bien
peu solides (*) — NEWTON l'a, paraît-il, cherchée toute sa vie, et HUYGENS
— à qui LEIBNIZ avait signalé la série

$$\frac{1}{1} - \frac{1}{3} + \frac{1}{5} - \frac{1}{7} \dots$$

qui représente le quart du nombre π, — répondit qu'il ne lui paraissait pas
impossible de sommer cette série. HERMITE lui-même, après avoir démontré l'incommensurabilité du nombre e, croyait bien éloignée l'époque
où sa méthode serait étendue au nombre π.

Pourra-t-on jamais expliquer la célèbre erreur de FERMAT, relative
à la divisibilité de $2^{2^p} + 1$, assertion qu'il a reproduite tant de fois, qui a
tant nui à sa réputation d'arithméticien, et qu'EULER a si facilement
réduite à néant à l'aide d'une proposition du même FERMAT? Comment
a-t-il pu se laisser hypnotiser par son désir de mettre en formule des
nombres parfaits?

On peut aussi reprocher à FERMAT, d'une part, d'avoir dit que la
détermination de l'intégrale $\int x^n dx$ peut se traiter comme dans le cas de
$n = 2$, c'est-à-dire à l'aide de la considération d'un triangle (**); et d'autre

---

(*) Voir *Huygenii opera varia*, p. 463.

(**) Ne serait-ce pas quelque chose comme ce qui suit :

Lemmes. — I. Appelons *tangente* à une courbe au point (x, y) la position limite
— si elle existe — vers laquelle tend la droite qui joint ce point au point $(x + \Delta x,$
$y + \Delta y)$, à mesure que Δx et Δy tendent simultanément vers zéro; et *sous-tan-
gente*, la partie t de l'axe des x comprise entre cette tangente et l'ordonnée du
point (x, y). On a :

(1)
$$t = \lim \frac{y \, \Delta x}{\Delta y},$$

ou, pour abréger,

$$t = \frac{y \, dx}{dy}.$$

II. Représentons par le symbole $\int_a^b y \, dx$, appelé *intégrale*, la surface comprise
entre la courbe plane $y = F(x)$, l'axe des x et les ordonnées $y = F(a)$, $y = F(b)$.
Entre les intégrales correspondant aux axes des x et des y, on a la relation

(2)
$$\int y \, dx = xy - \int x \, dy.$$

III. Soient deux courbes telles que, pour la même abscisse, les ordonnées soient part, ses objections à WALLIS sur les idées aussi neuves que hardies de celui-ci relatives à l'interpolation de séries telles que celle des nombres figurés ou la suivante

$$\frac{2}{3}, \quad \frac{2.4}{3.5}, \quad \frac{2.4.6}{3.5.7}, \quad \dots$$

La cycloïde a induit en erreur plusieurs géomètres du XVIIe siècle; entre autres, ROBERVAL, qui d'abord se trompa dans le tracé de la tangente; TORRICELLI, qui donna de faux résultats touchant le volume de révolution de cette courbe; et WALLIS qui, à propos des problèmes de PASCAL, commit plusieurs paralogismes, par exemple celui de sommer (intégrer) des ordonnées inéquidistantes.

A signaler aussi du même WALLIS, la démonstration qu'il donne dans son *Algebra*, de la solubilité de l'équation de FERMAT $x^2 - ky^2 = 1$, laquelle démonstration n'est fondée que sur un cercle vicieux.

PASCAL, dans le problème bien connu *des partis*, avait employé une méthode très élégante, mais particulière au cas de deux joueurs. Aussi, dès qu'il voulut étendre la solution à un nombre quelconque de joueurs, il se fourvoya et fut repris par FERMAT qui lui montra la méthode générale, celle des combinaisons (*voir* les *Œuvres de Pascal*, t. III, p. 226).

---

liées par la relation $y_1 = xy$; on aura entre les sous-tangentes t, t_1 et les aires A, A$_1$ les suivantes

$$t_1 = \lim \frac{xy\,\Delta x}{\Delta(yx)} = \lim \frac{y\,\Delta x}{\Delta y} \cdot \frac{x}{x + \frac{y\,\Delta x}{\Delta y} + \Delta x} = \lim \frac{y\,\Delta x}{\Delta y} \cdot \frac{x}{x + \frac{y\,\Delta x}{\Delta y}},$$

ou abréviativement

$$(3) \qquad\qquad t_1 = \frac{tx}{t + x}.$$

et

$$(4) \qquad\qquad A_1 = Ax - \int A\,dx.$$

Théorème. — La droite $y = x$ donne

$$t = x, \qquad A = \frac{1}{2}x^2,$$

d'où

$$y_1 = x^2, \qquad t_1 = \frac{1}{2}x, \qquad A_1 = \frac{1}{3}x^3,$$

$$y_2 = x^3, \qquad t_2 = \frac{1}{3}x_1, \qquad A_2 = \frac{1}{4}x^4,$$

$$\dots\dots\dots\quad \dots\dots\dots, \quad \dots\dots\dots$$

$$y_{n-1} = x^n, \qquad t_{n-1} = \frac{1}{n}x, \qquad A_{n-1} = \frac{1}{n+1}x^{n+1};$$

ou bien

$$\frac{dx^n}{dx} = nx^{n-1}$$

et

$$\int_0^b x^n\,dx = \frac{1}{n+1}b^{n+1}.$$

La théorie des probabilités a, comme il fallait s'y attendre du reste, enfanté bien des paralogismes. On rappellera les deux célèbres paradoxes de D'ALEMBERT et de N. BERNOULLI, d'ailleurs d'importances bien différentes (*voir*, par exemple, le *Traité des Prob.* de J. BERTRAND).

J'ai parlé ailleurs (*An. da Ac. Pol. do Porto*, 1909) de l'erreur de JEAN BERNOULLI et de D'ALEMBERT, relativement aux logarithmes des nombres négatifs, et de celle concernant les points de rebroussements de deuxième espèce.

Je terminerai en rappelant l'attristante querelle des deux frères BERNOULLI au sujet du fameux *problème des isopérimètres*, origine du *calcul des variations*. On en trouvera le détail dans le Tome I des *Opera omnia* de JEAN BERNOULLI, p. 201 et suiv.

Voir aussi dans le même Volume, p. 481-510, les critiques de ce dernier sur certains passages des *Phil. nat. princ.* de NEWTON, entre autres celle où il blâme NEWTON de mal présenter les résultats des différenciations. Il faut reconnaître que ce dernier croyait, ainsi que ses disciples, que les séries — même dans l'état rudimentaire où se trouvait alors leur théorie — constituaient le couronnnement de l'Algèbre et du Calcul Intégral. Ainsi, on lit ceci dans les *Lineæ tertii ord. Newt.* de STIRLING : « impossibile fere erat, absque serierum doctrinâ, hanc methodum (fluxionum) ulterius promovere, quam promoverunt præfati docti viri ».

M. ÉMILE BELOT.

ÉCLAIRCISSEMENTS SUR DIVERS POINTS DE LA COSMOGONIE TOURBILLONNAIRE ET RÉPONSE A DES OBJECTIONS.

52.318

4 *Août.*

Les critiques qui accueillent une théorie sont la condition même de son progrès. La nouvelle théorie de la formation des Mondes, que j'ai développée dans mon *Essai de Cosmogonie tourbillonnaire* (*), a eu la bonne fortune d'être exposée par M. H. Poincaré dans son Cours de la Sorbonne (**) : la réponse à ses objections et à celles de M. P. Puiseux (***) me fournit l'occasion de quelques éclaircissements sur divers points de la nouvelle Cosmogonie.

(*) Paris, Gauthier-Villars, 1911.
(**) *Leçons sur les hypothèses cosmogoniques.* Hermann, 1911.
(***) *Revue annuelle d'Astronomie* (*Revue générale des Sciences*, n° 12, 30 juin 1911).

La valeur probante des vérifications. — M. P. Puiseux critique d'abord la souplesse des formules qui

« ôte aux vérifications beaucoup de leur valeur probante ».

Il serait facile de répondre qu'à de rares exceptions près, toutes les théories cosmogoniques se contentent, en général, comme Laplace, d'indications qualitatives sur le sens des phénomènes sans aboutir aux nombres qui caractérisent le système solaire : ce mode de calcul abstrait diminue singulièrement la valeur probante de ces théories. A l'encontre de ces dernières, la Cosmogonie tourbillonnaire réduit en nombres, vérifiés par la réalité, toutes les formules auxquelles elle aboutit et s'assure ainsi un critérium précis qui manque aux autres théories.

Ainsi, j'ai montré (Chap. I de l'*Essai*) qu'avec deux paramètres arbitraires (a, b), la loi exponentielle de distribution que j'ai trouvée : $x_n - a = b^n$ $(n = 1, 2, 3, \dots)$ donne les distances x_n de chaque astre (planète ou satellite) au centre de son système à quelques centièmes près, précision qui dépasse de beaucoup celle de la loi empirique de Bode. En éliminant les astres très distants du plan équatorial de leur masse centrale auxquels la loi ne s'applique pas directement, ainsi que Mars (2 paramètres pour 2 satellites), on trouve 27 vérifications pour 8 paramètres dans 4 systèmes (planètes, Jupiter, Saturne, Uranus). La loi des inclinaisons d'axe avec un seul paramètre fournit 5 vérifications dont 2 très précises. La loi des rotations avec 3 paramètres fournit 6 vérifications dont 4 très précises (les durées de rotation des planètes sont obtenues avec un écart $\pm$ 10 minutes) et dont l'une (calcul de la durée de rotation du Soleil en partant de trois durées de rotation planétaire) présente cette particularité qu'elle nécessite une intégration introduisant un facteur numérique impossible à prévoir. Tout récemment, M. Belopolski, par la méthode spectroscopique, a obtenu 29 heures pour la valeur moyenne de la durée de rotation de Vénus : la formule des rotations donne 28 heures 13 minutes (*). La géométrie du système primitif solaire m'a permis de lier l'excentricité de l'orbite lunaire à son inclinaison sur l'écliptique et à celle de l'équateur terrestre par la formule

$$1 + e = \frac{1}{\cos(23°27' - 5'')},$$

d'où

$$e = 0,0542.$$

Admettons qu'un hasard exceptionnel m'ait permis de trouver ainsi, à quelques dix-milièmes près, cette excentricité : il resterait alors à expliquer pourquoi la même théorie m'a donné les lois qui lient les valeurs moyennes des *e* des petites planètes à leurs distances et à leurs inclinaisons d'orbite.

(*) Note de M. E. Belot (*Comptes rendus*, 24 juillet 1911).

Il semble bien que, dans toutes ces vérifications, le hasard et le coup de pouce donné aux paramètres ne peuvent jouer un rôle appréciable. Beaucoup d'astronomes, à la suite de Newcomb, ont cette attitude un peu contradictoire de chercher les lois de formation du monde solaire, tout en refusant de croire à l'existence d'une loi de distribution des planètes, la plus évidente de toutes ; ils oublient le service que la loi de Bode a rendu à Leverrier dans la recherche de Neptune dont la distance ainsi calculée est de 38,8. Aujourd'hui, Leverrier, en extrapolant notre loi de distribution dans la région rétrograde, eût trouvé 33,1, valeur beaucoup plus approchée. Si j'avais découvert quelques années plus tôt la loi de distribution, j'aurais indiqué à M. Barnard la distance 2,51 du satellite V de Jupiter qu'il a trouvé, en 1892, à la distance 2,55.

Les propriétés gazeuses du tourbillon primitif. — Quelques objections de M. H. Poincaré sont indirectement liées à la critique suivante de M. P. Puiseux :

« On croira difficilement que la matière solaire, dilatée au point d'occuper l'orbite de Neptune, puisse encore dans ses parties externes, voir naître une coordination générale des formes, des actions intermoléculaires, des pressions hydrodynamiques et des tourbillons. »

Le rayon du tube-tourbillon solaire $a = 0,28$ (u. a.) équivaut à 60 rayons du Soleil actuel; il suffit que la matière externe de ce tourbillon s'étende à 34 fois son rayon pour dépasser l'orbite de Saturne, la dernière planète directe. Or, une trombe terrestre de 10 m de rayon a une action s'étendant certainement à 1 km, soit à 100 fois son rayon. Quant aux nappes d'Uranus et de Neptune, leur matière ne provient pas du tube-tourbillon, mais de sa zone de fermeture extérieure dont le rayon était beaucoup plus grand. Ainsi, par comparaison avec les faits tourbillonnaires observés sur la Terre, rien ne s'oppose à la formation tourbillonnaire de toutes les nappes planétaires, *pourvu toutefois que le tourbillon primitif solaire ait pu avoir une constitution quasi-gazeuse* autorisant l'introduction de pressions, dilatations, etc.

Or, la théorie cinétique des gaz suppose que leurs propriétés sont dues aux chocs multiples de molécules douées de vitesses de l'ordre de 1 km : s. Dans un gaz ordinaire, le rapport des vitesses des molécules à leurs intervalles est au moins de l'ordre de 10^{10} (*), d'où la fréquence des chocs créant les pressions et dilatations du fluide gazeux. Augmentons maintenant beaucoup la vitesse des molécules et leurs intervalles, le milieu ainsi constitué sera bâti à une autre échelle que les gaz ordinaires, mais jouira de toutes leurs propriétés au regard du géant imaginé par Lord Kelvin. Si le corpuscule du milieu ainsi imaginé est doué d'une vitesse

---

(*) Au contraire, ce rapport pour les étoiles est au plus égal à 10^{-12}, ce qui rend bien difficile, comme le remarque See, l'assimilation de la Voie lactée à une bulle gazeuse, selon les vues de Lord Kelvin.

moyenne de 10000 km : s au lieu de 1 km, ce milieu pourra être 10^{12} plus rare qu'un gaz sans cesser de posséder les propriétés d'un fluide gazeux. C'est d'un tel fluide que nous avons dû composer le tourbillon solaire, parce que le calcul a montré qu'il possédait au moment du choc sur la nébuleuse primitive une vitesse d'au moins 75000 km : s (*voir* ci-après). Ainsi donc, avec les vitesses considérées, il n'y a aucune impossibilité physique à ce que les nappes émanant du tourbillon solaire soient douées de mouvements coordonnés semblables à ceux qu'engendrent les pressions hydrodynamiques.

On tire de là plusieurs conséquences :

1° T. See, dans ses *Recherches sur l'évolution cosmique* (t. II, Chap. XV), imagine que deux processus seulement peuvent aboutir à des orbites aussi circulaires que celles des planètes, l'un résultant de l'hypothèse de Laplace, l'autre de la capture d'astres errants dont l'orbite a son excentricité réduite par l'action séculaire de la résistance du milieu. On voit nettement qu'une troisième hypothèse est acceptable; dans tout fluide homogène, par raison de symétrie, les trajectoires de molécules sont *circulaires* autour des dépressions : c'est le *processus tourbillonnaire* réalisable, même dans une nébuleuse très rare, si elle est douée de propriétés quasi-gazeuses comme nous l'avons supposé plus haut.

2° Le tourbillon primitif solaire, en vertu de ces mêmes propriétés, est constitué comme les tourbillons atmosphériques, c'est-à-dire formé de couches concentriques dont la densité faible à l'intérieur, croît avec le rayon jusqu'à un maximum, puis décroît vers l'extérieur (*). Ces couches concentriques entourent une dépression centrale régnant le long de leur axe. Or, dans le choc du tourbillon sur la nébuleuse (choc analogue à celui d'une Nova), ce sont les couches extérieures qui sont affectées par les phénomènes thermiques, c'est-à-dire *dilatées :* par cette dilatation subite, prenant appui sur les couches sous-jacentes qui, si elles étaient refoulées vers l'axe, auraient leur force centrifuge augmentée, les couches extérieures s'élanceront radialement, comme les protubérances solaires dont la cause est également thermique.

Par là on comprend mieux comment se produit le détachement radial des nappes planétaires déjà esquissé p. 68 de mon *Essai*. Il suffit de vérifier que les vitesses radiales u sont admissibles et inférieures aux vitesses des protubérances solaires qui atteignent parfois 100 km : s. Or, la vitesse u à chaque ventre de vibration du tourbillon résulte des

---

(*) Les densités des planètes directes, à partir du centre, suivent la même loi :

Mercure.	Vénus.	Terre.	Mars.	Jupiter.	Saturne.
3,1	4,35	5,50	3,83	1,30	0,69

Bredig, en 1895, a réussi à centrifuger un mélange de deux gaz qui se séparent en partie en couches concentriques, le plus dense étant à l'extérieur.

formules (9) et (10) des pages 63 et 44. En faisant

$$V = 75\,000 \text{ km : s}; \qquad K = 9,8407 \text{ u. a.}; \qquad R - a = \varepsilon = \frac{1}{214,45} \text{ u. a.,}$$

on obtient

$$u = \frac{V}{K}(R - a) = 35,45 \text{ km.}$$

C'est la vitesse u maxima au point de choc du tourbillon sur la nébuleuse. Elle serait parabolique à la distance $a = 0,28$ (rayon du tourbillon)
pour une masse cinq fois moindre que le Soleil. Malgré la résistance de la
nébuleuse, les vitesses radiales u suffiront donc en général à détacher
du tourbillon des nappes concentriques que l'énergie de translation transformée en énergie d'expansion continuera à écarter radialement.

3° *Démonstration nouvelle de l'équation du profil des nappes.* — On peut
profiter des propriétés gazeuses du tourbillon et des nappes pour démontrer l'équation différentielle du profil des nappes : cette recherche répon-
dra à une objection de M. H. Poincaré qui estime un peu compliquée ou
arbitraire une partie de la démonstration donnée au Chapitre V de mon
Essai.

Isolons une tranche de hauteur dz dans le fluide nébuleux de densité $\frac{1}{K}$

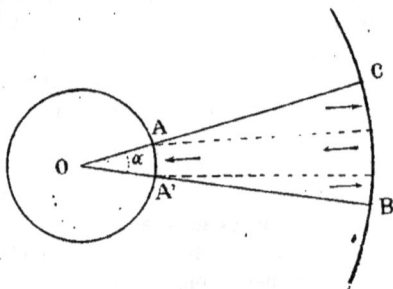

contenu entre une nappe tourbillonnaire CB de rayon R et le tourbillon
solaire AA' de rayon $a = $ OA. Dans cette tranche figurée en plan, considérons le secteur ACA'B d'angle au centre α. Par raison de symétrie,
le fluide est en équilibre de part et d'autre des rayons AC, A'B : mais la
paroi CB de la nappe pourra s'écarter de dR en vertu de la pression qu'elle
subit de la part du fluide sur la hauteur dz.

Cette pression centrifuge serait $\frac{1}{K}\alpha$ R dz si, vers la paroi AA', la dépression centrale du tourbillon n'aspirait une partie des molécules du fluide
contenu dans le secteur ACA'B. Il se produit ainsi un courant centripète
de hauteur dz et de largeur AA' qui diminue la pression sur la paroi CB
de toute la pression qui serait exercée sur la paroi AA' par ce courant,

c'est-à-dire de $\frac{1}{K} \alpha a \, dz$. Finalement, on a

$$\frac{\alpha}{K} (R - a) \, dz = dR$$

et pour le cercle entier

$$\frac{2\pi}{K} (R - a) \, dz = dR.$$

C'est l'équation différentielle du profil des nappes. Cette démonstration qui met bien en relief les propriétés hydrauliques du milieu imaginé a l'avantage de ne rien emprunter à celle que j'ai donnée au Chapitre V. Elle ne fait pas non plus entrer en ligne de compte l'attraction mutuelle des molécules, parce que leurs vitesses considérables ne permettent pas à l'attraction de déformer leurs trajectoires.

Rôle de l'attraction dans la formation primitive du système planétaire.
— La démonstration précédente suppose implicitement que les niveaux AA′ et BC sont les mêmes, c'est-à-dire que le tourbillon et les nappes sont au même niveau dans leur ascension dans la nébuleuse, ce qui est dû à leur égalité de vitesse après un parcours égal dans un même milieu. Les calculs du Chapitre V expliquent également bien comment le système planétaire est à peu près plan.

Ici, M. H. Poincaré préférerait que ce résultat fût obtenu par un calcul d'attraction entre les masses en présence. Je ne le crois pas possible en partant des hypothèses faites. La nébuleuse supposée n'est ni fortement condensée vers un centre, ni douée d'un plan de maximum des aires comme celles de Laplace, Faye, du Ligondès : elle est dans notre hypothèse un nuage à peu près homogène animé seulement d'une translation. Elle est traversée très rapidement (en deux ans environ, durée analogue à celle de l'épanouissement des Novæ) sur une hauteur de 81 u. a. par le tourbillon et les nappes. L'attraction, aidée par la résistance du milieu, n'a donc pas le temps d'aplatir les orbites, d'autant que la masse solaire primitive amassée aussi vite est évidemment très faible.

Laplace (t. II, p. 393) montre que le renflement de Saturne *maintient* dans l'équateur le plan des anneaux et celui des orbites de ses satellites *situés primitivement* dans ce plan. Il ajoute (t. XII, p. 237) :

« On sait que l'effort qui emporte les planètes suivant l'écliptique n'existe point et que le mouvement de ces corps à peu près dans ce plan est dû aux *circonstances primitives* de ce mouvement. »

Ces circonstances, dans le système solaire, n'ont jamais été telles qu'elles empêchent des astéroïdes pourtant très sensibles aux perturbations et à la résistance d'un milieu de s'écarter de 35° du plan de l'écliptique (Pallas).

Ainsi donc, j'ai d'abord expliqué les *circonstances primitives* indépendantes de l'attraction capables d'amener les nappes planétaires en très peu de temps à peu près dans un même plan : c'est seulement alors qu'un calcul d'attraction peut être institué comme l'indique la page 80. En effet, deux ou plusieurs anneaux planétaires concentriques dans des plans parallèles peu distants les uns des autres doivent par attraction mutuelle se centrer sur un plan commun; mais c'est là un phénomène ultime, exigeant un temps assez long et, en définitive, ayant contribué pour une bien faible part au groupement des orbites planétaires dans un plan.

Par ailleurs, l'attraction reprend encore ses droits quand le tourbillon ayant étiré la nébuleuse en deux traînées solaires opposées (semblables aux filaments des Pléiades) suivant la belle théorie de Schiaparelli, celles-ci étalent la masse solaire à de grandes distances; par suite, les révolutions planétaires primitives sont beaucoup plus longues qu'actuellement. J'ai montré (p. 191 de l'*Essai*) comment varie la loi d'évolution de l'attraction centrale pendant la condensation des traînées solaires. Si δ est l'angle sous lequel on voit d'une planète située à la distance R la demi-longueur des traînées de masse M, sa vitesse angulaire ω_1 sur l'orbite est donnée par la formule

$$\omega_1^2 R = \frac{M}{R^2} \cos \delta$$

ou plus exactement

$$\omega_1^2 R = \frac{\Sigma m \cos \delta}{R^2} \qquad (\Sigma m = M)$$

qui a bien pour limite la troisième loi de Képler, quand $\delta = 0$.

Pourquoi les distances des planètes ne varient pas depuis l'origine. — Voici maintenant une autre objection : comment la condensation de la nébuleuse n'a-t-elle pas fait varier les distances des planètes depuis la position qu'elles occupaient deux ans après le choc de la Nova solaire? La théorie de Faye, qui a fait naître aussi les planètes à l'intérieur de la nébuleuse, est sujette à la même objection; mais la nébuleuse de Faye n'a pas de vitesse relative, par rapport au système planétaire qui y reste emprisonné subissant, une résistance de milieu très longtemps prolongée pendant la condensation du Soleil.

Toute autre est notre hypothèse : les nappes planétaires doivent au tourbillon dont elles émanent une vitesse de translation dans la nébuleuse relativement immobile. Les planètes sortent donc rapidement de la nébuleuse; si celle-ci avait au-dessus de l'écliptique une hauteur de 81 u. a. égale à celle qu'elle avait au-dessous, il a suffi de 19 ans à la vitesse de de 20 km : s pour que le système planétaire sorte de la nébuleuse. De plus, les traînées solaires en lesquelles le tourbillon résoud la nébuleuse font un angle de 62° avec l'écliptique (direction de l'apex) et leur rayon est au plus égal à 0,28 u. a. Les planètes naissantes n'ont donc plus rien à craindre d'une résistance de milieu pendant la condensation bipolaire du Soleil.

La variation du rayon a d'une orbite par la résistance proportionnelle au carré de la vitesse V d'un milieu de densité σ peut se mettre sous la forme

$$da = -2K a^2 \sigma V^3 dt.$$

Or, dt, d'après ce qui précède, se réduit à un petit nombre d'années; V part de zéro lorsque le tourbillon planétaire arrive près de l'écliptique pour suivre progressivement soit l'impulsion *directe* de la nappe, soit, pour les satellites très éloignés du centre, l'impulsion *rétrograde* de la nébuleuse. L'augmentation progressive de V lorsque δ diminue correspond à l'augmentation de la masse solaire condensée, en sorte que l'équilibre entre la force centrifuge sur l'orbite et l'attraction centrale peut se maintenir indéfiniment sans que les distances a changent, car, d'après la formule précédente, da est presque nul pendant la période initiale très courte qui suffit à faire sortir le système planétaire de la nébuleuse.

Comment les vitesses tangentielles des nappes V_n *se réduisent aux vitesses actuelles* V_p *des planètes sur leurs orbites.* — On peut chercher à pousser plus loin l'analyse des phénomènes d'attraction et de résistance de milieu qui réduisent V_n à V_p au voisinage de l'écliptique : il faut, en outre, considérer V_t vitesse angulaire du tourbillon planétaire naissant dans une nappe et arrivant rapidement à une valeur telle que $V_n > V_t > V_p$.

D'après la théorie des rotations (p. 35), dans une nappe de planète directe on a, au moment où un tourbillon s'y forme,

$$\omega_n = A\sqrt{a},$$

d'où

$$V_n = A a^{\frac{3}{2}},$$

V_n se réduit à V_p par deux échelons successifs. En effet, dans une nappe V_n se réduit par la vitesse antagoniste x de la nébuleuse dont les molécules, *d'un côté seulement de la nappe* se mélangent à elle pour former un tourbillon planétaire. La vitesse tangentielle de celui-ci après avoir augmenté depuis zéro jusqu'à un maximum V_t (correspondant à une masse m du tourbillon) se réduit à V_p par la condensation sur sa masse m de la masse satellitaire m' provenant de la nébuleuse. Les masses m et m' ont pu être déterminées par la théorie des rotations planétaires (p. 12). Or, actuellement, pour une planète

(1) $$V_p = V_T a^{-\frac{1}{2}}, \qquad V_T = 30 \text{ km : s,}$$

vitesse de la Terre dans son orbite.

(2) $$\frac{V_n}{V_p} = a^2 \frac{A}{30 \text{ km}}.$$

Une hypothèse simple est que *la réduction de vitesse pour passer de* V_n *à* V_t *a été la même que pour passer de* V_t *à* V_p

(3) $$\frac{V_n}{V_t} = Ka, \qquad \frac{V_t}{V_p} = Ka$$

et, d'après (2), on doit avoir

$$K^2 = \frac{A}{30}.$$

Or, le choc non élastique de la masse m' sur la masse m doit réduire la vitesse du tourbillon planétaire de V_t à V_p

$$(4) \qquad V_p = \frac{m V_t - m' x}{m + m'}.$$

Par (1) et (3), V_p et V_t contiennent un facteur V_T : on voit de suite que si $x = V_T = 30$ km : s, l'équation (4) se réduit, en prenant $K = 1$, à la condition

$$(5) \qquad \frac{m}{m'} = \frac{1}{\sqrt{a} - 1},$$

qui est effectivement vérifiée par la Terre, Saturne et Jupiter. En d'autres termes, on peut déterminer $K = 1$ et x par deux des équations (4) appliquées à Saturne et Jupiter. La Terre, pour laquelle $\frac{m}{m'} = 91$, vérifie aussi (4) pourvu qu'on prenne $a = 1,022$. La loi des distances donne $a = 1,017$ qui en diffère peu. On s'explique a priori que, pour la Terre, V_n diffère peu de V_t ou de V_p, car la vitesse sur l'orbite est 60 fois la vitesse tangentielle à l'équateur. Ainsi la vitesse x de la nébuleuse projetée sur l'écliptique devait être voisine de 30 km : s.

Remarquons, en passant, que l'équation (4) donne l'explication la plus simple de l'existence et des propriétés des *satellites à révolution rétrograde*. En effet, dans la région directe d'un système $V_t = a^p$ (p nombre positif), en sorte que même si $\frac{m'}{m}$ est assez grand [il ne peut dépasser 3, d'après (5)], x étant constante, V_p est toujours positif, c'est-à-dire de même signe que V_n. Au contraire, dans la région à rotations rétrogrades d'un système ($V_t = a^{-p}$), les vitesses tangentielles diminuent quand la distance augmente; par suite, à une grande distance du centre V_p pourra être négative orbites rétrogrades) et avoir une faible valeur absolue (grande excentricité d'orbite). C'est précisément ce qui caractérise les orbites de Phébé et de VIII de Jupiter. De même, dans la région rétrograde du système planétaire, les satellites éloignés de Neptune pourront avoir leur révolution de *sens direct* alors que son satellite connu a sa révolution de *sens rétrograde*.

La vitesse initiale du tourbillon solaire est au moins 75000 km : s. — De tout ce qui précède, il résulte que c'est la vitesse énorme de projection du tourbillon et des nappes dans la nébuleuse qui rend négligeable tout effet de l'attraction avant qu'elles aient atteint l'écliptique et qui fait échapper ensuite les planètes naissantes à la résistance du milieu nébuleux.

Il importe de justifier la valeur de la vitesse initiale du tourbillon que M. H. Poincaré trouve un peu arbitrairement fixée à 75000 km : s. Comme on va le voir, cette valeur est plutôt un minimum.

La loi de distribution exponentielle montre qu'il y a 13 ventres de vibration du tourbillon en dessous de l'écliptique et que le treizième ventre coïncide avec le point de choc du tourbillon sur la nébuleuse. D'autre part, les vitesse $W_n W_{n-1}$ de deux nappes consécutives au ventre d'où elles émanent sont liées par la relation (p. 71 de l'*Essai*)

$$W_n = e^{\frac{Z_1}{K\,b}} W_{n-1},$$

où $Z_1 = 6{,}228$ (intervalle de deux ventres consécutifs sur le tourbillon), $K = 9{,}8407$ u. a. et b un coefficient numérique voisin de 1 et inférieur à 1. En prenant $b = 1$ on trouve

$$W_{13} = e^{13\,\frac{6,228}{9,8407}} \times 20 \text{ km : s} = 74\,830 \text{ km : s.}$$

$W_0 = 20$ km est la vitesse dans l'écliptique; mais W_0 pourrait être supérieur à la vitesse actuelle du système solaire vers l'apex. De même, si $b = 0{,}8538$ au lieu de 1, on trouve $W_{13} = 300000$ km. Ainsi, la valeur $W_{13} = 75000$ km semble bien un minimum et, par suite, toutes les conclusions précédentes subsistent et montrent, en outre, que la matière du tourbillon solaire était analogue par sa vitesse à celle des corpuscules cathodiques.

Conclusions. — En résumé, les astronomes et auteurs de Cosmogonie, ont pris l'habitude, depuis plus de deux siècles, d'attribuer la genèse des formes primitives des Mondes à l'attraction newtonienne, parce que celle-ci régit actuellement les mouvements des systèmes stellaire et solaire. Les magnifiques résultats théoriques, obtenus par les Laplace, Newcomb, Darwin, Poincaré, encouragent évidemment ce point de vue. Et cependant, lorsqu'une fusée abandonne dans l'air une traînée parabolique de particules incandescentes, traînée qui se déplace en gardant quelque temps sa forme, dira-t-on que celle-ci est due à l'attraction de la Terre? Ainsi, les formes caractérisant le système solaire et les nébuleuses spirales peuvent être le résultat de trajectoires anciennes sous l'impulsion de forces qui n'existent plus ou parmi lesquelles l'attraction a joué et joue encore un rôle très effacé, incapable de modifier la disposition ou l'aspect primitif des systèmes. L'attraction se borne alors à rendre à peu près stables des formes qu'elle n'a jamais produites.

D'ailleurs, la partie du domaine astronomique qui est sous le contrôle de la loi de Newton diminue tous les jours : on lui a enlevé d'abord la formation des queues cométaires; puis l'émission cathodique du Soleil et sa force répulsive sont venues expliquer des phénomènes terrestres (aurores boréales, perturbations magnétiques); enfin des astronomes comme T. See ou des physiciens comme Arrhenius ont été amenés à penser que la formation des nébuleuses amorphes résultait des émanations des étoiles échappant à leur attraction. Il restait à franchir une étape de plus : trouver le *processus indépendant de l'attraction* par lequel des nébuleuses

amorphes, déjà nées sans rien devoir à l'attraction, ont pu produire les
Mondes sidéraux aux formes typiques si variées. C'est là le but poursuivi
par la Cosmogonie tourbillonnaire qui, fidèle aux enseignements de la
Physique moderne, calcule les trajectoires des corpuscules comme s'ils
étaient isolés et sans attraction mutuelle. Aussi la nature cosmique
primitive, sans se soucier d'ailleurs de nos difficultés de calcul, a pu cependant être plus simple dans ses procédés mécaniques ou tout au moins
plus adéquate au niveau actuel de notre connaissance mathématique.

M. le Commandant Émile LITRE,

Ancien Élève de l'École Polytechnique (Toulouse).

TRAJECTOIRE ET MOUVEMENT DU PENDULE DE FOUCAULT A CHACUNE DE SES OSCILLATIONS. — DISSYMÉTRIE DES BATTEMENTS D'EST EN OUEST ET D'OUEST EN EST.

52.536

1er Août.

Le Pendule et les expériences subséquentes de L. Foucault ont rendu
manifeste que *le mouvement terrestre exerce sur les rotations qui se pro-*
duisent à la surface du globe une action dont les effets sont SENSIBLES *et*
APPARENTS DANS L'INTÉRIEUR DU SYSTÈME ENTRAÎNÉ LUI-MEME. C'était
là une notion nouvelle, ignorée des Lagrange et des Laplace, et qui avait
été niée par Galilée. De là vient le retentissement mondial qu'ont eu
ces expériences.

Au Panthéon, d'ailleurs, le phénomène apparaissait dans une certaine
complexité; les expérimentateurs n'en ont retenu d'abord que le fait
le plus persistant, savoir la gyration du plan d'oscillation du Pendule
suivant la loi du sinus de la latitude. Mais toutes les autres circonstances
de l'événement méritent aussi d'attirer l'attention. Car la notion nouvelle
est capitale pour la science du mouvement, et il est essentiel d'en approfondir toutes les conditions.

On sait que la déviation du Pendule était d'abord mesurée par les
tranches de sable abattues sur des tas disposés à 3 m de la verticale
du point de suspension. Puis, l'amplitude des oscillations se réduisant
rapidement, on suivait encore la déviation à l'aide d'une table, centrée
sur la verticale et graduée en degrés par des lignes rayonnant du centre.

« Ces lignes, dit l'un des premiers observateurs (*), permettaient de cons-

(*) TERRIEN, chroniqueur scientifique, dans le *National* du 26 mars 1851.

tater un fait nouveau. La pointe du Pendule ne revenait jamais rigoureusement à la verticale du point de suspension : il semblait que la pointe
traçante décrivit une ellipse sur le plan horizontal ». Et il ajoute : « la cause
de cette perturbation n'a pas été expliquée d'une façon complète ».

L'illustre géomètre Poinsot, qui avait suivi toutes les expériences
préliminaires de Foucault, avant celle du Panthéon, estimait que le
plan d'oscillation du Pendule demeure invariable dans l'espace et que ce
sont seulement les repères (la table graduée, les tas de sable) qui, entraî-
nés par le mouvement diurne, pivotent selon la loi du sinus. Cette explication, qui ne laisse pas d'avoir du vrai, se trouve contredite dans l'ensemble par le non-retour du Pendule à la verticale. Mais ce non-retour
doit-il être tenu pour une perturbation?

Pour qu'il ait frappé à simple vue des spectateurs qu'une balustrade
maintenait à plus de 3 m de distance, et qui, d'ailleurs, devaient le constater au passage et en dessous d'une boule de 18 cm de diamètre, il fallait
que l'écart eût des dimensions sensibles, comparables aux 18 cm susdits.
Rapprochons cette dimension de celle qui mesure la gyration du plan
d'oscillation : celle-ci, prise au bout d'une oscillation double n'est, au total,
que de 2,4 mm. Durant chacune de ces oscillations, c'est donc le phénomène de l'ellipticité de la trajectoire qui l'emporte de beaucoup; et,
à n'aller pas plus loin qu'une oscillation, c'est la déviation du plan qui
serait plutôt tenue pour secondaire et négligeable.

Mais lorsque les oscillations se répètent, les effets de celle-ci s'ajoutent
l'un à côté de l'autre, pendant que les écarts d'avec la verticale se réi-
tèrent en la même place, où ils vont en se réduisant sans cesse.

Déviation et ellipticité ont donc chacune leur allure propre, mais ce
sont deux faits aussi constants l'un que l'autre.

Cette ellipticité de la trajectoire ayant été généralement acceptée
depuis, les analystes n'ont plus vu dans le Pendule du Panthéon qu'un
cas particulier de pendule conique. On sait cependant les précautions
minutieuses, prises par Foucault, pour que le Pendule ne reçoive aucune
impulsion initiale. Comment donc s'écarte-t-il, de lui-même, de la verticale?

De plus, ce physicien, dont on connaît la patience et la sûreté d'observations, affirme que *le fil de suspension n'éprouve aucune torsion*. Il s'en
déduit que si la boule était remplacée par un disque plat ou lenti-
culaire, ce disque resterait invariablement parallèle à lui-même; et il en
irait de même pour un méplat, qui serait pratiqué sur la boule.

Quelle sorte de conicité présente donc le mouvement de la boule, et par
quel mécanisme se produit-elle?

Cette question n'est qu'un cas particulier du problème général suivant :

Un point M, *lié d'une façon rigide à un axe* OA *et tournant autour de cet
axe, dans un système qui est, tout entier, entraîné autour d'un axe* OB,
déterminer le mouvement que le point M *prend dans le système.*

Nous avons donné dans l'*Enseignement mathématique* du 15 janvier 1909 un résumé de la solution qui est la suivante :

Le point M prend, dans le système entraîné, un mouvement plan;
Le plan de la trajectoire est bissecteur extérieurement de l'angle formé par les axes de deux rotations composantes;
La trajectoire est une ellipse;
Et cette ellipse pivote incessamment dans son plan autour d'un point fixe, qui est l'intersection de l'axe OB avec ce plan.

Soient (*fig.* 1) OA, OB, les deux axes susdits. Prenons un système de coordonnées lié au mouvement d'entraînement; l'axe des y perpendiculaire aux deux axes; l'axe des z sur OA; l'axe des x étant ON, mené dans le plan des axes perpendiculairement à OA.

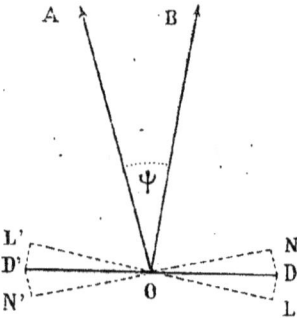

S'il n'y avait pas d'entraînement, le mouvement propre aurait lieu dans le plan des x, y, qui est perpendiculaire à OA. Par le fait de l'entraînement, le mouvement ne peut avoir lieu que dans le plan bissecteur DD′, lequel est oblique à OA. Il faut donc, pour que la composition des mouvements se produise, que le rayon mené du point M au point O puisse devenir oblique à OA. Que si nous supposons un rayon rigide et rigidement fixé à angle droit sur un axe matériel, il faut alors que ce dernier puisse glisser librement le long de OA, tantôt dans un sens, ND, tantôt dans l'autre, N′D′. D'une manière comme de l'autre, le mobile reçoit de la composition une coordonnée z, dont la valeur est

$$z = x \tan \frac{\psi}{2},$$

et qui vient s'adjoindre aux coordonnées x et y résultant du mouvement propre.

Supposons que le Pendule du Panthéon ait une tige rigide, mais, par contre, que la plaque à laquelle elle est rivée soit celle d'un chariot pouvant rouler, dans le sens Nord-Sud, sur la traverse qui surmonte la coupole. Écartons le Pendule à l'est de la verticale et laissons-le ensuite osciller librement : à mesure qu'il reviendra vers la verticale, puis la dépassera à l'Ouest, le chariot se déplacera vers le Nord, puis reviendra à sa position initiale. Et dans le second battement, le Pendule se dirigeant de l'Ouest vers la verticale et puis à l'Est, le chariot se dirigera vers le Sud et retournera ensuite à son point initial.

Supposons mené par le point E, d'où le Pendule est parti, un plan horizontal sur lequel nous transporterons notre origine et qui sera ainsi notre plan des y, z, et suivons la trace que le fil du Pendule aurait sur ce plan horizontal. A mesure que le Pendule descend et prend une coordonnée x au-dessous du plan, le fil, lié au chariot, prendra une coordonnée z qui se déduit de l'x par la relation

$$z = x \tan \frac{\psi}{2},$$

et le mouvement sur le plan choisi sera entièrement déterminé en conjuguant cette coordonnée z avec la coordonnée y, telle qu'elle découle du mouvement du Pendule isolé, sans aucune modification.

Il nous reste à évaluer l'angle $\frac{\psi}{2}$, qui intervient par sa tangente. Il nous faut, pour cela, distinguer entre les deux battements qui constituent une oscillation double.

L'axe de la rotation terrestre, on le sait, est dirigé vers le Sud. Lorsque le Pendule bat d'Est en Ouest, son axe est une demi-droite horizontale dirigée aussi vers le Sud. L'angle ψ est alors la latitude de lieu, λ, et l'on a, pour ce battement,

$$z = x \tan \frac{\lambda}{2}.$$

Au contraire, dans le battement d'Ouest en Est, l'axe de la rotation propre est une demi-droite, dirigée vers le Nord; l'angle des axes est supplémentaire de celui déterminé pour le premier battement et sa moitié est le complément de $\frac{\lambda}{2}$; on a donc alors

$$z' = x \cot \frac{\lambda}{2}.$$

Pour avoir la trajectoire du Pendule sur le plan horizontal que nous avons spécifié, il suffit donc (fig. 2) (*) de rabattre, en ONE, l'arc décrit par la boule au-dessous du plan, puis, pour le premier battement, de réduire toutes les abscisses proportionnellement à $\tan \frac{\lambda}{2}$, et, pour le deuxième battement, dilater ces mêmes abscisses proportionnellement à $\cot \frac{\lambda}{2}$.

La latitude de Paris étant $48°50'$, dont la moitié est $24°25'$, on a

$$\tan \frac{\lambda}{2} = 0,454 \quad \text{et} \quad \cot \frac{\lambda}{2} = 2,202.$$

En partant d'un point E, écarté de 4 m à l'est de la verticale, la flèche

---

(*) Les dimensions dans le sens OE sont dix fois plus réduites que dans le sens ND'.

de la boule au-dessous du niveau de E, soit VN (après rabattement), est de 12 cm, et l'on déduit

$$VD = 5,34 \text{ cm} \quad \text{et} \quad VD' = 26,95 \text{ cm}.$$

La valeur absolue de ces flèches diminue rapidement avec l'amplitude de l'oscillation. Pour l'écart oriental de 3 m, on a seulement

$$VN = 7 \text{ cm}, \quad VD = 3,2 \text{ cm}, \quad VD' = 15,4 \text{ cm}.$$

Et pour une amplitude d'oscillation de 2 m, il vient respectivement

$$3 \text{ cm}, \quad 1,4 \text{ cm}, \quad 6,7 \text{ cm}.$$

Dans l'expérience réelle de Foucault, le point de suspension était fixe. Mais la grande longueur donnée au fil, 67 m, lui permettait de supporter aisément les flexions de 15 cm au plus. Toutefois, le poids considérable de la boule (28 kg) tendait sans doute à réduire les plus fortes; mais aucune mesure précise des écarts du Pendule avec la verticale n'ayant eu lieu, nous ignorons dans quelle proportion cela a pu se produire.

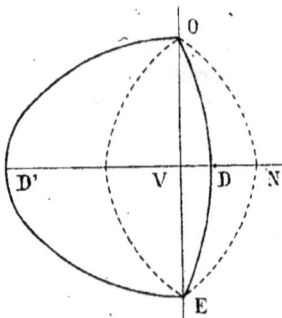

Quoi qu'il en soit, le fait primordial de la dissymétrie des battements n'a pas manqué de frapper les observateurs, mais elle n'avait trouvé jusqu'ici aucune explication.

Fig. 2.

La trajectoire du Pendule durant une oscillation double n'est donc pas une ellipse, comme on le dit, mais elle est constituée par deux arcs appartenant à des ellipses différentes, et sous-tendus par une corde commune OE. La dimension transverse de cette trajectoire composite, DD' est proportionnelle à la flèche verticale VN et, par conséquent, au carré de la corde OE.

Soient e la demi-longueur de cette corde et L la longueur du Pendule, on a, en effet,

$$VN = \frac{e^2}{2L},$$

d'où

$$DD' = \frac{e^2}{2L}\left(\tan g \frac{\lambda}{2} + \cot \frac{\lambda}{2}\right) = \frac{e^2}{L \sin \lambda}.$$

L'ellipticité se réduit donc très rapidement à mesure que l'amplitude de l'oscillation décroît. Elle devient très peu sensible quand cette amplitude s'abaisse à moins de 2 m, comptés de part et d'autre de la verticale C'est sans doute à cette fin que, lors de la reprise de l'expérience du Pendule à la Tour Saint-Jacques, on attendait 54 minutes avant de déclarer établi le régime normal.

La valeur absolue du diamètre transverse pour une oscillation donnée est, d'ailleurs, proportionnelle à la longueur du Pendule. $\frac{e}{L}$ est le sinus de l'angle ε par lequel on peut mesurer l'amplitude. On a donc

$$DD' = L \frac{\sin^2 \varepsilon}{\sin \lambda},$$

C'est ce qui explique pourquoi, dans les expériences préliminaires de Foucault, avec des pendules de 2 m ou de 11 m, l'ellipticité avait été inaperçue. Et, dans ces cir-constances, l'explication de Poinsot reprend toute sa valeur.

Quelle qu'elle soit, la trajectoire du Pendule est tropique; en même temps que le mobile en décrit les différentes sections, la corde de base OE tourne, d'une manière continue, dans le sens des aiguilles d'une montre, ou, si l'on veut, c'est la table-repère qui, en vertu du mouvement terrestre, se déplace en sens contraire.

L'angle décrit par OE est le même que celui dont tourne le plan méridien, qui lui est perpendiculaire, durant les 16 secondes que dure l'oscillation dou-ble. Il est donc les $\frac{16}{86400}$ d'un tour complet. Tel est,

Fig. 3.

du moins, l'angle dièdre, qu'on mesure dans le plan MP, perpendiculaire à l'axe terrestre (fig. 3). Mais si l'on estime une même variation du point M, non plus dans le plan MP (fig. 3), mais dans le plan hori-zontal MH, elle correspondra à une variation angulaire égale à

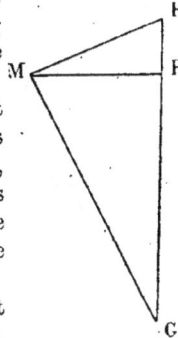

$$\frac{16}{86\,400} \times \frac{MP}{MH} = \frac{16}{86\,400} \sin \lambda,$$

ce qui est la formule bien connue.

Nous remarquerons seulement que le plan MH décrit un cône autour de l'axe terrestre, cône dont le demi-angle au sommet est justement λ. La génératrice HM décrit, durant une oscillation double, les $\frac{16}{86400}$ parties de cette surface, et elle ferait un tour complet en 86 400 secondes ou 24 heures.

Il semble qu'on commet quelque confusion quand on conclut que le plan d'oscillation, si le mouvement du Pendule se prolongeait suffisam-ment, ferait un tour complet en 31 ou 32 heures, à Paris : c'est sous-entendre qu'on développe, sur le plan horizontal, la surface conique décrite par MH, et ce jusqu'au point de fermer le contour; ce qui ne correspond à aucun intérêt.

Une théorie plus complète du problème de la composition des rota-tions montre, d'ailleurs, que la formule ci-dessus n'est qu'une formule sommaire, suffisamment approchée pour l'expérience.

La même théorie montre aussi que la gyration ne saurait atteindre un tour complet : le mouvement est forcé de s'arrêter avant un quart de tour.

La déviation, si on la mesurait sur un cercle de 4 m de rayon, serait de 3,6 mm au bout d'une oscillation double, dont le quart, soit 0,9 mm, revient à la moitié de chaque battement. Ce même demi-battement est le temps pendant lequel la trajectoire du Pendule prend ou reperd les flèches horizontales, soit de 53,4 mm au nord, soit de 269,5 mm au sud de la verticale.

La déviation, qui se produit dans le même sens que les écarts, n'ajouterait donc que bien peu de chose, si on voulait l'additionner avec eux. Mais il n'y a pas lieu d'opérer une telle réunion des deux sortes d'effets.

La déviation n'intéresse pour ainsi dire pas le Pendule. Le mouvement communiqué par la rotation diurne aux repères est une pure affaire, d'orientation. L'ellipticité, au contraire, est spéciale au mobile et elle modifie la vitesse qu'il possède à chaque instant au regard de ce qui l'entoure.

Le Pendule exécute ses divers battements dans un temps toujours éga quel que soit leur sens, et aussi quelle que soit leur amplitude. La trajectoire est pourtant inégale : les vitesses sont donc inégales pour les points correspondants des battements pairs ou impairs. Dans les uns comme dans les autres, le Pendule, conservant ses mêmes déplacements en x et en y que dans le mouvement propre, reçoit en plus, de la composition avec le mouvement terrestre, un déplacement selon l'axe des z : sa vitesse à chaque instant est donc toujours accrue, mais elle est inégalement accrue selon les battements.

C'est proprement dans cette modification de la trajectoire et des vitesses que consiste la composition du mouvement pendulaire avec la rotation diurne. Elle restait inconnue tant qu'on ne voyait qu'une perturbation dans l'ellipticité de la trajectoire.

Nous remarquerons, en terminant, que cette composition est dépendante de la latitude, la gyration et l'ellipticité subissant, d'ailleurs en sens contraire l'une de l'autre, l'influence de cette donnée.

Si l'on descend vers l'équateur, le diamètre transverse de la trajectoire croît, en même temps que la dissymétrie des battements s'accentue; la gyration s'atténue.

L'inverse se produit quand on remonte vers le pôle.

Au pôle même, où le facteur sin λ disparaît de toute formule, la gyration s'égale au mouvement terrestre; la dissymétrie de la trajectoire s'efface en même temps. Mais l'ellipticité subsiste, tout en atteignant son minimum : le diamètre transverse y est le double de la flèche verticale que prend la boule du Pendule au-dessous du niveau du point de départ.

M. Auguste AUBRY.

PROBLÈMES ABSTRAITS ET PROBLÈMES CONCRETS.

512.5

? *Août.*

On fait progresser la Science, non seulement directement, en l'étendant soi-même ; mais encore indirectement, en la vulgarisant, c'est-à-dire en la montrant comme une conséquence logique de considérations premières absolument familières et objectives, ce qui lui procure de nouveaux adhérents, lesquels auraient pu tourner leur activité et leurs facultés vers des buts moins nobles et moins utiles.

Les Anciens se préoccupaient de cette nécessité de présenter objectivement la Science mathématique aux commençants, et concrétisaient, par des considérations géométriques, les questions ressortissant aux quantités continues ou discontinues ; de même, les Indiens concrétisaient leurs questions numériques et les mettaient sous la forme de problèmes piquants propres à stimuler les recherches des tièdes et même des indifférents.

D'après Descartes, qui a seulement voulu améliorer l'outil algébrique, mais dont le but a été dépassé, car on a davantage pensé au perfectionnement de l'Algèbre qu'à celui de son utilisation, on a trop, ce semble, oublié le point de vue pédagogique de l'étude des moyens de traduire les problèmes concrets en problèmes abstraits. Ces traductions, souvent assez délicates, demandent autre chose que l'attention due à l'art quelque peu mécanique de la transformation des formules : avec elles, des relations vagues doivent être représentées par des nombres ordinaux ou cardinaux indiquant des situations ou des quantités et ce n'est pas toujours facile. Aussi, si on excepte les sciences naturelles, telles que la Mécanique et la Physique, ce n'est guère qu'en Arithmétique et en Géométrie élémentaires qu'on voit des problèmes concrets.

La théorie des combinaisons est de celles où le seul point de vue abstrait — ou à peu près abstrait — a été le plus souvent envisagé. Tant s'en faut cependant qu'on obtienne ainsi les questions les plus générales qu'on puisse se proposer sur cet important sujet. En y introduisant des considérations concrètes, chaque combinaison acquiert une valeur propre en quelque sorte, et l'on aboutit à des conditions, augmentant considérablement la variété et l'intérêt des problèmes, et l'on atténuerait ainsi ce que les commencements de cette étude ont d'aride à l'égard de certains esprits qui se plient difficilement à l'habitude des spéculations abstraites.

Les questions qui suivent et autres semblables pourraient être utilisées dans le but qui vient d'être ainsi défini; il est à croire qu'un recueil de problèmes analogues dans les diverses branches des sciences mathématiques serait le bienvenu des jeunes gens désireux de s'initier rapidement aux idées qui font l'objet de ces mêmes sciences.

I. *Un Ouvrage en neuf volumes est rangé dans l'ordre suivant :* 9, 7, 6, 3, 8 4, 1, 5; *comment s'y prendre pour le ranger dans l'ordre naturel, avec le moins d'opérations possibles?* Les groupes de numéros suivants sont dans l'ordre voulu : 7-8, 3-4-5, 1-2. Prenons le second, qui est le plus nombreux et faisons passer successivement : 2 en avant de 3, 1 en avant de 2, 6 après 5, 7 après 6, 8 après 7 et 9 après 8, on aura satisfait aux conditions imposées après six opérations.

On généralisera aisément cette question.

II. *Un Ouvrage en n volumes est rangé de droite à gauche; le ranger de gauche à droite à l'aide de déplacements successifs de deux volumes à la fois*

La permutation n, $n-1$, ..., 3, 2, 1 présentant $\dfrac{n(n-1)}{2}$ inversions, et ce nombre étant pair ou impair suivant que n est $4+0$, 1 ou $4+2$, 3, pour amener cette permutation à coïncider avec la permutation 1, 2, 3, ..., n il faudra avancer les volumes vers la gauche, de telle manière qu'il y aura au moins $\dfrac{n(n-1)}{2}$ passages d'un volume par-dessus un autre. Certains de ces volumes pourront reculer ensuite vers la droite et revenir vers la gauche, mais cela ne changera pas la parité du nombre des passages. D'ailleurs, puisqu'on déplace deux volumes chaque fois, le nombre des passages doit être pair. Ainsi, *le problème est impossible si n est de l'une des deux formes* $4+2$, 3.

Le problème est possible si n est de l'une des deux formes $4+0$, 1; c'est ce qui résulte de l'examen de ce qui suit. Voici une solution pour $n = 9$:

$$9\ \underline{8\ 7}\ 6\ 5\ 4\ 3\ 2\ 1$$
$$2\ 1\ \underline{4}\ 3\ 6\ 5\ \underline{8}\ 7\ 9$$
$$1\ \underline{4\ 2}\ 3\ 5\ 8\ \underline{6}\ 7\ 9$$
$$1\ 2\ 3\ 4\ 5\ 6\ 7\ 8\ 9$$

En général, on aura les trois séries d'opérations suivantes : si $n=4+1$, on déplacera successivement vers la gauche $(n-1)$-$(n-2)$, ..., 8-7, 6-5, 4-3, 2-1; puis 1-4, 5-8, 9-12, ... et en dernier lieu, 2-3, 6-7, 10-11, ... Si n est 4, on agira de même, si ce n'est qu'on commencera par déplacer $n-(n-1)$. Cela fait, dans les deux cas, n mouvements.

On pourra s'exercer à résoudre cette question en déplaçant trois volumes chaque fois : les cas de solubilité sont bien moindres, mais il y en a certainement, car voici celle relative au cas de $n = 8$:

$$
\begin{array}{cccccccc}
8 & 7 & 6 & 5 & 4 & 3 & 2 & 1 \\
3 & 2 & 1 & 6 & 5 & 4 & 8 & 7 \\
1 & 6 & 5 & 3 & 2 & 4 & 8 & 7 \\
1 & 2 & 4 & 8 & 6 & 5 & 3 & 7 \\
1 & 2 & 5 & 3 & 4 & 8 & 6 & 7 \\
1 & 2 & 3 & 4 & 8 & 5 & 6 & 7 \\
1 & 2 & 3 & 4 & 5 & 6 & 7 & 8
\end{array}
$$

III *Placer sur une ligne trois chasseurs, trois loups, trois chèvres et trois choux, de manière qu'aucun chasseur ne soit auprès d'un autre chasseur ni auprès d'un loup, qu'aucun loup ne soit auprès d'un autre loup ni auprès d'une chèvre, qu'aucune chèvre ne soit à côté d'une autre chèvre ni à côté d'un chou et qu'aucun chou ne soit à côté d'un autre chou.* Représentons par des lettres semblablement accentuées les quatre classes d'objets envisagés. On ne peut avoir que des voisinages de ce genre ac, ad, bd. Voici, d'après cela, une solution, facile, d'ailleurs, à étendre :

$$b'' d'' b' d' b \, d \, a \, c \, a' c' a'' c''.$$

On peut généraliser la question en y introduisant, par exemple, des gendarmes chargés de surveiller les chasseurs. Avec des conditions analogues, on a, en désignant les cinq genres d'objets par les lettres a, b, c, d, e, les six associations possibles ac, ad, ae, bd, be, ce. De là, la solution très simple formée de la combinaison $a \, c \, e \, b \, d$, par exemple, a répéter indéfiniment, en accentuant chaque fois les lettres.

De même, pour six lettres, on peut employer la formule $a c e b d f$, etc. On est ainsi conduit à cet autre problème : *Trouver les permutations des lettres a, b, c, …, telles qu'aucune lettre ne soit à côté de sa voisine naturelle* Cela est impossible avec trois lettres, possible avec quatre; mais la permutation unique $bdac$ ou sa retournée $cadb$ ne peuvent être répétées. Avec cinq lettres, on a la permutation $acebd$ et les permutations renversées ou tournantes qui s'en déduisent, soit dix solutions. Avec six, on a : 1° les quatre suivantes

$$acebdf, \quad acfdbe, \quad adfbec, \quad adbecf$$

et les permutations tournantes ou renversées qui s'en déduisent; 2° les quatre autres

$$adfceb, \quad aecfdb, \quad fceadb, \quad fbdace,$$

soit en tout cinquante-six solutions.

La formule donnant le nombre des solutions paraît devoir être trop compliquée pour qu'il y ait un réel intérêt à la chercher.

IV. *En joignant le centre d'un cube à ses six sommets, on a les six pyra-*

mides de Saunderson (*). *Teinter les trente faces de ces six pyramides de manière qu'il y en ait dix blanches, dix noires, dix rouges, et que partou t deux faces triangulaires en contact soient de même couleur.* Solution facile.

V. *Disposer autour d'une table quatre hommes, quatre femmes et leurs quatre enfants de manière que chaque homme (femme ou enfant) soit entre une femme et un enfant (un homme et un enfant ou un homme et une femme) :* 1° *de manière à réaliser deux fois les combinaisons*

$$ab, \quad ac, \quad ad, \quad bc, \quad bd, \quad cd;$$

et 2° *de deux familles différentes de la sienne.* Ci-dessous, deux des solutions :

VI. *Jeu des quatre cubes* (*Récr. math.* de Rouse-Ball, seconde édition française, t. IV, p. 320).

Les traités sur les nombres offrent encore moins de problèmes concrets que ceux relatifs aux combinaisons. Cependant, les savantes *Récr. math.* d'Ed. Lucas montrent de quelle importance sont la plupart des jeux comme figuration des congruences et des formes quadratiques; peut-être même eût-il dû moins approfondir certaines spéculations qui ne le conduisaient à aucune théorie ou propositions nouvelles et ne se terminaient qu'à des solutions empiriques ou trop compliquées. Il a produit ainsi, non une initiation à la théorie des nombres, comme il se proposait de le faire, mais, au contraire, une série d'applications plus ou moins faciles de celle-ci. La vulgarisation de cette théorie serait, ce me semble, bien plutôt le résultat de recueils de problèmes, — surtout de problèmes concrets, — aboutissant à l'utilisation de propriétés simples, — que celui de longues et pénibles discussions qui ne servent qu'au perfectionnement des connaissances déjà acquises et supposent un entraînement assez long.

Voici quelques questions rentrant dans cet ordre d'idées.

VII. *Soit un carré divisé en* n^2 *cases égales dont on définira la position*

(*) Ce mathématicien anglais, peu connu, a longtemps professé l'Algèbre, la Géométrie et l'Optique, bien qu'étant aveugle depuis l'âge d'un an. On lui doit diverses propriétés des fractions continues, ordinairement attribuées à Euler. De la pyramide définie plus haut, il déduit la mesure de la pyramide bien plus aisément que par la méthode d'Euclide, encore suivie aujourd'hui : on sait qu'il suffit de connaître la mesure d'une pyramide particulière pour que le mesurage général s'ensuive; or, la pyramide de Saunderson a, pour mesure, le sixième du volume du cube. De là, la cubature d'une pyramide quelconque.

*par des coordonnées cartésiennes x, y; soient de plus F(x, y) une fonction
entière donnée et a, b, c, ... des nombres entiers donnés auxquels correspondent des couleurs également déterminées : la case (x, y) sera par exemple
de la couleur c si le reste de la division de F (x, y) par n est égal à c.*

Je n'ai examiné que les trois cas généraux suivants :

La case (x, y) est mise en noir quand le reste de la division de $x + y$
par n est zéro ou un nombre pair. On a un carrelage à deux teintes dou-
blement symétrique.

La case (x, y) est grise ou en noir, selon que le reste de la division de
$x^2 + y^2$ par n sera un multiple de 3 augmenté de 1 ou un multiple de 3
diminué de 1. De là, un carrelage à trois teintes, qui, de même, est double-
ment symétrique.

La case (x, y) est grise si le reste de la division de x, y par n est zéro;
elle est noire quand ce même reste est un résidu quadratique de n augmenté du nombre donné a. On a ainsi un carrelage à symétrie diagonale.

Le nombre n doit, pour amener un effet satisfaisant, être premier.
J'ai examiné tous les cas jusqu'à n = 29; certains résultats sont assez
intéressants.

On pourrait étendre cette théorie de plusieurs manières, entre autres,
aux assemblages d'hexagones, en prenant, comme axes de coordonnées,
deux lignes de centres d'hexagones inclinées à 120° l'une sur l'autre.

VIII. *Le lemme de Bachet* ou *lemme fondamental* de la théorie des
nombres peut être représenté de plusieurs manières; la plus générale est
le dessin appelé *satin* dont j'ai amplement parlé dans un article de l'*Enseignement mathématique* sur l'*Algèbre des quinconces* (1911, p. 187). On
peut le représenter également ainsi :

*Deux roues ayant des nombres de dents premiers entre eux et engrenant
ensemble, toute dent de chacune passe par tous les intervalles des dents
de l'autre.*

*Une troupe composée de a compagnies, comprenant chacune b rangs
numérotés de 1 à b, marche de manière que chaque rang met une seconde
pour arriver à l'emplacement du rang qui le précède. Un officier, partant de
l'arrière et allant vers l'avant en marchant, (a + 1) fois plus vite que les
soldats, rencontrera chaque seconde un des numéros désignés tout à l'heure
et ne le rencontrera qu'une fois.* Les nombres a + 1 et b sont supposés
premiers entre eux.

La musique peut donner le sujet de questions analogues. Par exemple
la succession

do fa si♭ mi♭ la♭ ré♭ sol♭ do♭ mi la ré sol

est une figuration musicale du satin carré de 12. De même, les armatures
des clés en dièzes ou en bémols sont des satins de 7. On pourra examiner
aussi ce que deviennent les intervalles de deux notes montant ensemble,
l'une par quartes et l'autre par quintes, par exemple; ou bien encore

4

deux tons montant l'échelle naturelle en partant de *do*, mais de manière à produire, l'un *a* notes dans un temps, et l'autre *b* notes.

M. LE COMMANDANT E.-N. BARISIEN.

(Paris).

SUR L'INSCRIPTION DANS UN TRIANGLE DU TRIANGLE ÉQUILATÉRAL MINIMUM.

513.9

1er *Août*.

Nous allons traiter ce problème directement par le calcul, et nous donnerons une construction graphique, que nous croyons inédite, du côté du triangle équilatéral minimum inscrit dans un triangle.

1. Soient : ABC, le triangle donné; A'B'C', le triangle équilatéral que l'on cherche, inscrit dans ABC; a, b, c, S les côtés et la surface du triangle ABC; x le côté de A'B'C'; Y et Z les angles BC'A' et CB'A'.

Exprimons que

$$\widehat{BA'C'} + \widehat{CA'B'} = 120°.$$

On a

$$\widehat{BA'C'} = 180° - B - Y, \qquad \widehat{CA'B'} = 180° - C - Z.$$

Donc

$$180° - B - Y + 180° - C - Z = 120°.$$

Par conséquent

(1) $$Y + Z = 60° + A.$$

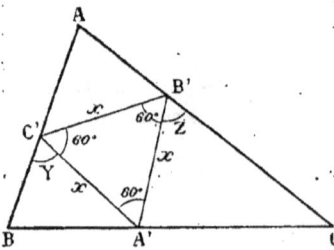

Fig. 1.

D'autre part, on a, dans les triangles BA'C' et CA'B',

$$\frac{A'B}{\sin Y} = \frac{x}{\sin B}, \qquad \frac{A'C}{\sin Z} = \frac{x}{\sin C}.$$

Or,

$$A'B + A'C = a.$$

Donc

(2) $$x\left(\frac{\sin Y}{\sin B} + \frac{\sin Z}{\sin C}\right) = a.$$

La longueur x sera minimum, pour le maximum de

$$\frac{\sin Y}{\sin B} + \frac{\sin Z}{\sin C}.$$

En tenant compte de (1), ce maximum aura lieu pour

$$\frac{\cos Y}{\sin B} = \frac{\cos Z}{\sin C},$$

ou

(3)
$$\frac{\cos Y}{b} = \frac{\cos Z}{c}.$$

On aura donc Y et Z par les équations (1) et (3). L'équation en Y est

$$\frac{\cos Y}{b} = \frac{\cos(60^\circ + A - Y)}{c},$$

ou

$$\frac{\cos Y}{b} = \frac{\cos(60^\circ + A)\cos Y + \sin(60^\circ + A)\sin Y}{c}.$$

D'où

(4)
$$\tang Y = \frac{c - b\cos(60^\circ + A)}{b\sin(60^\circ + A)}.$$

Il en résulte

$$\sin Y = \frac{c - b\cos(60^\circ + A)}{\sqrt{b^2 + c^2 - 2bc\cos(60^\circ + A)}}.$$

Or

(5) $b^2 + c^2 - 2bc\cos(60^\circ + A)$

$$= b^2 + c^2 - 2bc(\cos 60^\circ \cos A - \sin 60^\circ \sin A)$$

$$= b^2 + c^2 - \frac{(b^2 + c^2 - a^2)}{2} + 2S\sqrt{3} = \frac{a^2 + b^2 + c^2 + 4S\sqrt{3}}{2} = P.$$

Donc

$$\sin Y = \frac{c - b\cos(60^\circ + A)}{\sqrt{P}}.$$

De même

$$\sin Z = \frac{b - c\cos(60^\circ + A)}{\sqrt{P}}.$$

Et l'on a pour x

$$\frac{x}{\sqrt{P}}\left[\frac{c - b\cos(60^\circ + A)}{\sin B} + \frac{b - c\cos(60^\circ + A)}{\sin C}\right] = a,$$

ou

$$\frac{2Rx}{\sqrt{P}}\left[\frac{c - b\cos(60^\circ + A)}{b} + \frac{b - c\cos(60^\circ + A)}{c}\right] = a,$$

$$\frac{2Rx}{\sqrt{P}}[b^2 + c^2 - 2bc\cos(60^\circ + A)] = abc = 4RS.$$

Il en résulte, à cause de (5),

$$x = \frac{2S}{\sqrt{P}},$$

ou

(6)
$$x = \frac{2S\sqrt{2}}{\sqrt{a^2 + b^2 + c^2 + 4S\sqrt{3}}}.$$

Telle est la valeur du côté du triangle équilatéral minimum inscrit. La position du sommet A' de ce triangle déterminera la situation de ce triangle. On a pour $A'B$

$$A'B = \frac{x \sin Y}{\sin B} = \frac{2 S \sqrt{2}}{\sqrt{a^2 + b^2 + c^2 + 4 S \sqrt{3}}} \frac{2 R [c - b \cos(60^\circ + A)] \sqrt{2}}{b \sqrt{a^2 + b^2 + c^2 + 4 S \sqrt{3}}},$$

ou

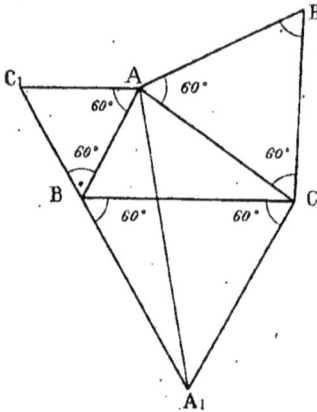

$$(7) \quad A'B = \frac{2 ac [c - b \cos(60^\circ + A)]}{a^2 + b^2 + c^2 + 4 S \sqrt{3}}.$$

De même

$$(8) \quad A'C = \frac{2 ab [b - c \cos(60^\circ + A)]}{a^2 + b^2 + c^2 + 4 S \sqrt{3}}.$$

Et l'on retrouve bien

$$A'B + A'C = a.$$

2. Construisons maintenant sur chacun des côtés du triangle ABC des triangles équilatéraux BCA_1, CAB_1, et ABC_1, dont les sommets A_1, B_1, C_1 sont situés vers l'extérieur du triangle. Calculons la longueur AA_1. On a, dans le triangle ABA_1,

Fig. 2.

$$\overline{AA_1}^2 = a^2 + c^2 - 2 ac \cos(B + 60^\circ)$$
$$= a^2 + c^2 - 2 ac (\cos B \cos 60^\circ - \sin B \sin 60^\circ)$$
$$= \frac{a^2 + b^2 + c^2}{2} + 2 S \sqrt{3} = \frac{a^2 + b^2 + c^2 + 4 S \sqrt{3}}{2}.$$

Donc

$$(9) \qquad AA_1 = \sqrt{\frac{a^2 + b^2 + c^2 + 4 S \sqrt{3}}{2}} = \sqrt{P}.$$

On a, d'ailleurs,

$$AA_1 = BB_1 = CC_1.$$

En comparant (6) et (9), on a

$$x = \frac{2 S}{AA_1}.$$

Le côté x est donc la hauteur d'un triangle de la base AA, et dont l'aire est S, c'est-à-dire l'aire de ABC. Or, $2S = a h_a$. Donc

$$x = \frac{a h_a}{AA_1}.$$

Par conséquent, il en résulte cette propriété remarquable, permettant la construction graphique de x :

Le côté x est une quatrième proportionnelle au côté a, à la hauteur corres-
pondante h_a et à la distance AA_1.

3. Rappelons, à ce sujet, la construction géométrique connue de ce
problème.

On détermine le point D tel
que BDC=A+60°, CDA=B+60°,
ADB = C + 60° par des circonfé-
rences formées de segments capables des angles précédents décrits
sur BC, CA et AB. Les projections A',
B', C', du point D sur les trois côtés

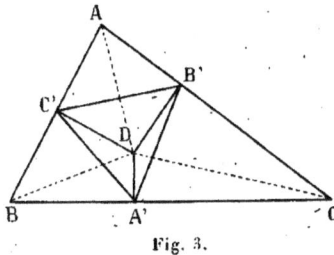

Fig. 3.

de ABC sont les sommets du triangle équilatéral minimum A'B'C'.

M. Auguste AUBRY.

SUR LES NOMBRES DE MERSENNE.

512.81

2 Août.

On lit dans Fermat (*Opera varia*, p. 177) :

« Lorsque l'exposant (de 2) est nombre premier, je dis que son radical ne
peut être mesuré par aucun nombre premier que par ceux qui sont plus
petits de l'unité qu'un multiple du double de l'exposant. »

Ainsi, p étant premier, $2^p - 1$ ne peut avoir pour diviseurs que des
nombres de la forme $2px + 1$; en effet, si p est le *gaussien* du nombre
premier P, le nombre p divise P — 1, d'où

$$P - 1 = px \quad \text{et} \quad 2^p \equiv 1 \pmod{P},$$

ce qui donne

$$2^{p-1} - 1 \equiv 0 \pmod{P} \quad \text{et} \quad P = px + 1 \quad \text{et même} \quad P = 2px + 1,$$

puisque P est impair. Par conséquent, $2^{11} - 1$ ne peut être divisible que
par des termes de la progression 23, 45, 67, 89...

Euler (*Comment. arith. Coll.*, p. 2) donne ce théorème, démontré depuis
par Lagrange : « Sit $n = 4m - 1$, atque $8m - 1$ fuerit numerus primus
tum enim $2^n - 1$ semper poterit dividi per $8m - 1$ ».

Ed. Lucas a retrouvé ce théorème, en supposant à tort n premier.

M. A. Gérardin a donné (*S. Œ.*, 1908 et *A. F.*, 1909) une méthode
qui permet une extension, théoriquement indéfinie, du théorème de

FERMAT, et non celui d'Euler, comme il le pensait. On peut la présenter ainsi, en l'appliquant au cas de $p = 71$.

Les diviseurs de $n = 2^{71} - 1$ sont de la forme $142x + 1$, et, en outre, de l'une des formes $8x + 1$, $8x - 1$, puisque n est de la forme $2y^2 - 1$. Cette dernière condition revient à dire que ces mêmes facteurs doivent être de l'une des formes suivantes :

$$120x + 1,\ 7,\ 17,\ 23,\ 31,\ 41,\ 47,\ 49,\ 71,\ 73,\ 79,\ 89,\ 97,\ 103,\ 113,\ 119,$$

Or, il est facile de voir que n est des trois formes linéaires

$$7x + 3,\quad 11y + 1\quad \text{et}\quad 13z + 6.$$

Faisant, d'après cela, différentes suppositions sur les facteurs, relativement aux modules 7, 11, 13, ..., M. A. Gérardin arrive à cette conclusion (nov. 1908) que les facteurs de n sont de l'une des quatre formes

$$17040x + 143,\ 3551,\ 6959,\ \text{ou}\ 10367.$$

Essayant, en divisant directement ou par congruences, les facteurs premiers définis par les formes qui précèdent, on voit que la division réussit ($x = 13$) avec le nombre 228479. C'est ce qu'a trouvé (juill. 1909) le lieutenant-colonel Allan CUNNINGHAM, de Londres, à l'aide de la méthode classique de FIBONACCI.

Cette méthode que M. A. Gérardin a simplement indiquée en passant, ne semble pas avoir attiré son attention autant que le mérite la simplicité de sa théorie; et c'est ce qui m'a engagé à la développer, en la précisant, et à en donner une démonstration qui manquait jusqu'à présent. Elle peut, d'ailleurs, s'appliquer à un nombre de forme quadratique quelconque (*).

Il est à croire que la méthode de MERSENNE, ou plutôt de FERMAT, partait de principes analogues à ceux de la précédente. Toutefois, il faudrait admettre, ou que FERMAT s'était construit une Table des nombres jusqu'à 1000000 au moins; ou, ce qui est plus probable, qu'il avait des procédés lui permettant de déterminer la liste des nombres premiers compris, par exemple, dans la forme $17040x + 143$. Peut-être aussi savait-il combiner d'autre façon plusieurs méthodes d'exclusion, ou encore fixer des limitations aux nombres à essayer.

(*) Il va sans dire, qu'au lieu du module 120, on pourrait prendre le module $210 = 2.3.5.7$, ou le module 2310, etc. M. A. Gérardin, rompu à ce genre de recherches, pourrait dire si le supplément de travail ainsi amené serait compensé par une plus grande rapidité des exclusions.

Pour les nombres peu importants, au contraire, on pourrait se servir de l'un des modules 24, 30, 60, ...

Note personnelle. — J'ai de bonnes raisons de croire que l'introduction, dans le module, des nombres premiers 7, 11, 13, 17, ... est *nuisible*, tandis que nous arriverons à de bons résultats en étudiant les modules 240, 480, ...   A. GÉRARDIN.

M. Léon AUBRY.

(Jouy-les-Reims).

NOTE SUR LES DIVISEURS DES FORMES QUADRATIQUES.

512.82

5 Août.

Théorème I. — Soit

$$X^2 + KY^2 = DE;$$

si l'on a

(1) $\qquad X q - u E = \pm p Y,$

(2) $\qquad X p - v E = \mp K q Y,$

(3) $\qquad E = \frac{1}{d}(p^2 + K q^2),$

on a aussi

(4) $\qquad D = \frac{1}{d}(v^2 + K u^2),$

(5) $\qquad X u - q D = \mp v Y,$

(6) $\qquad X v - p D = \pm K u Y.$

Multiplions (1) par Kq, (2) par p, et additionnons; il vient

$$X(K q^2 + p^2) - E(u K q + v p) = 0,$$

d'où, à cause de (3),

(7) $\qquad X = \frac{1}{d}(u K q + v p).$

Multiplions (1) par p, (2) par $-q$, et ajoutons; il vient, à cause de (3),

$$\pm Y(p^2 + K q^2) = E(v q - u p);$$

(8) $\qquad Y = \pm \frac{1}{d}(v q - u p),$

et, par suite,

$$X^2 + KY^2 = \left[\frac{1}{d}(u K q + v p)\right]^2$$
$$+ K\left[\frac{1}{d}(\pm v q \mp u p)\right]^2 = \frac{1}{d}(p^2 + K q^2)\frac{1}{d}(v^2 + K u^2) = DE,$$

d'où, à cause de (3),

(4) $\qquad D = \frac{1}{d}(v^2 + K u^2).$

Multiplions (7) par u, (8) par $\pm v$, et ajoutons; il vient, à cause de (4),

$$X u \pm v Y = \frac{1}{d}(v^2 + K q^2) q;$$

(5) $$X u - q D = \mp v Y.$$

Multiplions (7) par $\pm v$, (8) par $- K u$, et additionnons; il vient, à cause de (4),

$$X v \mp K u Y = \frac{1}{d}(v^2 + K u^2) p;$$

(6) $$X v - p D = \pm K u Y.$$

THÉORÈME II. — *Tout diviseur* D *de la forme* $x^2 + k y^2$ (*dans laquelle* x *est premier avec* y) *qui n'est pas* $< 2\sqrt{\frac{1}{3}k}$ *pour* k *positif, ou* $< \sqrt{k}$ *pour* k *négatif, est de la forme* $\frac{1}{d}(v^2 + k u^2)$, *dans laquelle on a* $d \leqq 2\sqrt{\frac{1}{3}k}$ *pour* k *positif ou* $d \leqq \sqrt{k}$ *pour* k *négatif.*

Tout diviseur D de la forme $x^2 + k y^2$, dans laquelle x est premier avec y, divise aussi $X^2 + k$. En effet, D est premier avec y, car s'il avait un facteur commun avec y, ce facteur diviserait aussi x, qui ne serait plus premier avec y. On peut donc résoudre $A y - B D = 1$, et par suite, $X y - a D = x$, en prenant $X \equiv A x \pmod{D}$. Puisque $x^2 \equiv - k y^2 \pmod{D}$, on aura $X^2 y^2 + k y^2 \equiv 0 \pmod{D}$, et puisque y est premier avec D, on aura $X^2 + k \equiv 0 \pmod{D}$.

Remarquons aussi que, si $X^2 + k \equiv 0 \pmod{D}$, on peut toujours supposer $X < D$ et même $X \leqq \frac{1}{2} D$, sinon, on remplacerait X par $D - X$. Soient donc :

$$X^2 + k = D D_1$$

et

$$X \leqq \frac{1}{2} D.$$

Considérons maintenant les trois suites de nombres

$$X, \quad X_1, \quad X_2, \quad \ldots, \quad X_n,$$
$$D, \quad D_1, \quad D_2, \quad \ldots, \quad D_n,$$
$$a, \quad a_1, \quad a_2, \quad \ldots, \quad a_n$$

obtenues de la façon suivante

$$X_i^2 + k = D_i D_{i+1}, \qquad \pm X_i \leqq \frac{1}{2} D_i;$$

(9) $$D_{i+1} = \frac{1}{D_i}(X_i^2 + k);$$

$$\pm X_{i+1} \leqq \frac{1}{2} D_{i+1};$$

(10) $$X_{i+1} = X_i - a_{i+1} D_{i+1};$$

et

$$(11) \qquad a_{i+1} = \frac{1}{D_{i+1}}(X_i - X_{i+1}),$$

$$X_{i+1}^2 + k = D_{i+1}D_{i+2}, \quad \ldots$$

On a

$$D_i > D_{i+1} \quad \text{ou} \quad D_i \leqq 2\sqrt{\frac{1}{3}k}$$

pour k positif, ou $D_i \leqq \sqrt{k}$ pour k négatif. En effet, pour k positif $\Big($puisque si $D_{i+1} \geqq D_i$ avec

$$X_i^2 + k = D_i D_{i+1} \leqq \Big[\frac{1}{2}D_i\Big]^2 + k\Big),$$

on a

$$D_i^2 \leqq X_i^2 + k \leqq \Big[\frac{1}{2}D_i\Big]^2 + k, \qquad \frac{3}{4}D_i^2 \leqq k, \qquad D_i \leqq 2\sqrt{\frac{1}{3}k}.$$

Pour k négatif,

$$X_i^2 + k \leqq \Big[\frac{1}{2}D_i\Big]^2 + k < D_i^2$$

et si

$$D_{i+1} \geqq D_i,$$

il faut

$$X_i^2 < k, \qquad \text{d'où} \qquad D_i D_{i+1} \leqq k$$

et

$$D_i \leqq \sqrt{k}.$$

Puisque, dans la suite $D, D_1, D_2, \ldots, D_n$, les nombres vont en décroissant de plus en plus où sont tels que si $D_{i+1} > D_i$, $D_i \leqq 2\sqrt{\frac{1}{3}k}$ pour k positif, ou $D_i \leqq \sqrt{k}$ pour k négatif, il existera nécessairement dans cette suite un nombre $D_n \leqq 2\sqrt{\frac{1}{3}k}$ pour k positif, ou $\leqq \sqrt{k}$ pour k négatif, et l'on pourra poser $D_n = d$, d'où

$$(12) \qquad D_{n-1} = \frac{1}{d}(X_{n-1}^2 + k).$$

En remarquant que $X_{n-2} = X_{n-1} + a_{n-1}D_{n-1}$, on en déduit

$$X_{n-2}X_{n-1} - (a_{n-1}X_{n-1} + d)D_{n-1} = -kI,$$
$$X_{n-2}I - a_{n-1}D_{n-1} = X_{n-1}$$

et, par suite, à cause du théorème I, en remarquant que

$$(13) \qquad X_{n-2}^2 + k = D_{n-1}D_{n-2},$$

et en posant

$$(14) \qquad a_{n-1}X_{n-1} + d = v_{n-2},$$
$$(15) \qquad a_{n-1} = u_{n-2}.$$

il vient

$$(16) \qquad D_{n-2} = \frac{1}{d}(v_{n-2}^2 + k u_{n-2}^2),$$

$$(17) \qquad X_{n-2} u_{n-2} - I D_{n-2} = - v_{n-2},$$

$$(18) \qquad X_{n-2} v_{n-2} - X_{n-1} D_{n-2} = k u_{n-2}.$$

Soient maintenant

$$(19) \qquad D_i = \frac{1}{d}(v_i^2 + k u_i^2),$$

$$(20) \qquad D_{i+1} = \frac{1}{d}(v_{i+1}^2 + k u_{i+1}^2),$$

$$(21) \qquad X_i^2 + k = D_i D_{i+1},$$

$$(22) \qquad X_i u_i - u_{i+1} D_i = \pm v_i,$$

$$(23) \qquad X_i v_i - v_{i+1} D_i = \mp k u_i.$$

Si nous remarquons que

$$X_{i-1} = X_i + a_i D_i,$$

nous aurons

$$X_{i-1} u_i - (a_i u_i + u_{i+1}) D_i = \pm v_i,$$

$$X_{i-1} v_i - (a_i v_i + v_{i+1}) D_i = \mp k u_i$$

et, à cause du théorème I, en remarquant que

$$(24) \qquad X_{i-1}^2 + k = D_i D_{i-1},$$

et en posant

$$(25) \qquad a_i u_i + u_{i+1} = u_{i-1},$$

$$(26) \qquad a_i v_i + v_{i+1} = v_{i-1},$$

il vient

$$(27) \qquad D_{i-1} = \frac{1}{d}(v_{i-1}^2 + k u_{i-1}^2),$$

$$(28) \qquad X_{i-1} u_{i-1} - u_i D_{i-1} = \mp v_{i-1},$$

$$(29) \qquad X_{i-1} v_{i-1} - v_i D_{i-1} = \pm k u_{i-1}.$$

Or, le système (27), (19), (24), (28), (29) est identique au système (19), (20), (21), (22), (23), c'est-à-dire que si ce dernier est satisfait pour une valeur i, de même il sera satisfait pour $i+1$, et puisqu'il est satisfait pour $i = n-2$, comme on le voit d'après (12), (13), (16), (17), (18), il sera satisfait de même et successivement pour $i = n-3$, $n-4$, ..., et, par suite, on déduira par récurrence au moyen de (25), (26),

$$D_{n-3} = \frac{1}{d}(v_{n-3}^2 + k u_{n-3}^2), \qquad D_{n-4} = \frac{1}{d}(v_{n-4}^2 + k u_{n-4}^2), \qquad \dots$$

et finalement

$$D = \frac{1}{d}(v^2 + k u^2),$$

ce qui démontre le théorème.

Remarque I. — Il résulte aussi du raisonnement précédent que si $X^2 + k = DD_1$, on peut toujours résoudre, avec les mêmes limites de d,

$$D = \frac{1}{d}(v^2 + k u^2), \qquad D_1 = \frac{1}{d}(v_1^2 + k u_1^2),$$

$$X u - u_1 D = \mp v, \qquad X v - v_1 D = \pm k u;$$

$$X u_1 - u D_1 = \pm v_1, \qquad X v_1 - v D_1 = \mp k u_1.$$

Remarque II. — La méthode précédente permet aussi, connaissant une racine de $X^2 + k \equiv o \pmod{D}$, de mettre D sous la forme $\frac{1}{d}(v^2 + k u^2)$, dans laquelle d a les limites déjà indiquées; et, par suite, elle peut servir de méthode d'analyse indéterminée du deuxième degré.

Exemple : $k = 1$, $d = 1$; sachant que $X = 2^{20}$, $X^2 + 1 \equiv o \pmod{858\,001}$ résoudre

$$858\,001 = u^2 + v^2.$$

On trouve d'abord, au moyen des formules (9), (10), (11),

$X = 184\,786,$	$X_1 = -14\,199,$	$X_2 = 999,$	$X_3 = 14,$	$X_4 = 0,$
$D = 858\,001,$	$D_1 = 39\,797,$	$D_2 = 5066,$	$D_3 = 197,$	$D_4 = 1 = d,$

$$a_1 = 5, \qquad a_2 = -3, \qquad a_3 = 5.$$

On a

$$D_3 = 197 = X_3^2 + 1 = 14^2 + 1,$$

d'où, au moyen de (14), (15), ou de (25), (26), en remarquant que

$$u_4 = 1, \qquad v_4 = 0, \qquad u_3 = X_3 = 14, \qquad v_3 = 1.$$

$$v_2 = 5.14 + 1 = 71, \qquad u_2 = 5, \qquad v_2^2 + u_2^2 = D_2 = 5066;$$

puis, au moyen de (25), (26), et par récurrence,

$$v_1 = -199, \qquad u_1 = -14, \qquad u_1^2 + v_1^2 = D_1 = 39\,797,$$

$$v = -924, \qquad u = -65, \qquad u^2 + v^2 = (-924)^2 + (-65)^2,$$

$$858\,001 = 65^2 + 924^2.$$

Corollaires. — On déduit immédiatement du théorème précédent que : *Tout diviseur de $X^2 + 1$ est de la forme $u^2 + v^2$; tout diviseur impair de la forme $X^2 + 3$ est de la forme $v^2 + 3u^2$; tout diviseur impair de la forme $X^2 + 7$ est de la forme $v^2 + 7u^2$*; dans ce dernier cas, on a, en effet,

$$d \leqq 2\sqrt{\frac{1}{3}7} \leqq 3,$$

$d = 3$ n'est pas admissible puisque $v^2 + 7u^2$ n'est divisible par 3 que si u et v sont multiples de 3; donc $d = 1$ ou 2, mais $7u^2 + v^2$ pair est au moins divisible par 2^2, d'où $d = 1$.

Cherchons maintenant les diviseurs impairs de $X^2 - 17$; on a

$$d \leqq \sqrt{17} \leqq 4, \qquad d = \pm 1, \pm 2, \pm 3, \pm 4.$$

Les nombres ± 3, ± 2, ± 4 ne conviennent pas, puisque, pour les derniers, si $17\,u^2 - v^2$ est pair, il est au moins divisible par $\pm 2^3$; on ne peut donc avoir que $d = \pm 1$, et même $d = 1$, puisque

$$4^2 - 17 \cdot 1^2 = -1,$$

d'où

$$17\,u^2 - v^2 = (4\,v \pm 17\,u)^2 - 17(v \pm 4\,u)^2.$$

On retrouverait de même tous les autres résultats concernant les diviseurs des formes quadratiques, et d'ailleurs la forme $\frac{1}{d}(v^2 + k u^2)$ où $d \leqq 2\sqrt{\frac{1}{3}k}$ pour k positif, où $d \leqq \sqrt{k}$ pour k négatif, est identique au fond à la forme réduite, et il est facile de passer de l'une à l'autre.

Soit, en effet,

$$D = \frac{1}{d}(v^2 + k u^2),$$

et k positif, par exemple; on peut toujours supposer que d, v^2, u^2 n'ont pas de facteur carré commun; sinon, on les diviserait tous les trois par ce facteur carré; si u possède un facteur commun avec d, ce facteur doit nécessairement diviser v, et l'on peut résoudre l'équation $v = xd + B u$, où l'on peut supposer $B \leqq \frac{1}{2}d$; sinon, on aurait

$$B = ad + B', \qquad \pm B' \leqq \frac{1}{2}d, \qquad v = (x + au)d + B'u.$$

Substituons la valeur $v = xd + B u$ dans $D = \frac{1}{d}(v^2 + ku^2)$; on trouve

$$D = dx^2 + 2B u x + \frac{1}{d}(B^2 + k)u^2,$$

et il faut montrer maintenant que $2B < d$ est $< \frac{1}{d}(B^2 + k)$, ou bien que $2Bd \leqq B^2 + k$; posons $B = \frac{1}{2}d - e$; si $2Bd > B^2 + k$, on aurait

$$B = \frac{1}{2}d - e;$$

$$d^2 - 2de > k + \frac{1}{4}d^2 - de + e^2, \qquad \frac{3}{4}d^2 > k + de + e^2,$$

d'où

$$d > 2\sqrt{\frac{1}{3}k};$$

et puisque nous savons que $d \leqq 2\sqrt{\frac{1}{3}k}$, on a donc bien aussi

$$2B \leqq \frac{1}{d}(B^2 + k).$$

M. Léon AUBRY.

DÉMONSTRATION DU THÉORÈME DE BACHET.

512.82

5 Août.

THÉORÈME I. — Soit

$$X^2 + mY^2 + nZ^2 + mnU^2 = DE.$$

Si l'on a

(1) $$E = \frac{1}{k}(p^2 + mr^2 + ns^2 + mnq^2),$$

(2) $$-pX + mrY + nsZ + mnqU = aE,$$

(3) $$sX + mqY + pZ + mrU = cE,$$

(4) $$qX - sY + rZ + pU = dE,$$

(5) $$rX + pY - nqZ + nsU = bE,$$

on a aussi

(6) $$D = \frac{1}{k}[a^2 + mb^2 + nc^2 + mnd^2],$$

(7) $$-aX + mbY + ncZ + mndU = pD,$$

(8) $$cX - mdY + aZ + mbU = sD,$$

(9) $$dX + cY - bZ + aU = qD,$$

(10) $$bX + aY + ndZ - ncU = rD.$$

Multiplions (2) par $-p$, (3) par ns, (4) par mnq, (5) par mr; ajoutons, réduisons :

$$X[p^2 + mr^2 + ns^2 + mnq^2] = E[-ap + ncs + mndq + mbr],$$

d'où, à cause de (1),

(11) $$X = \frac{1}{k}[-ap + ncs + mndq + mbr].$$

Multiplions (2) par r, (3) par nq, (4) par $-ns$, (5) par p; ajoutons, réduisons :

(12) $$Y = \frac{1}{k}[ncq + ar + bp - nds].$$

Multiplions (2) par s, (3) par p, (4) par mr, (5) par $-mq$; il vient

(13) $$Z = \frac{1}{k}[mdr - mbq + as + cp].$$

Multiplions (2) par q, (3) par $-r$, (4) par p, (5) par s; il vient

$$(14) \qquad U = \frac{1}{k}[bs + dp - cr + aq].$$

Remplaçons X, Y, Z, U par leurs valeurs (11), (12), (13), (14).
On a

$$DE = \left[\frac{1}{k}(-ap + ncs + mndq + mbr)\right]^2 + m\left[\frac{1}{k}(ncq + ar + bp - nds)\right]^2$$
$$+ n\left[\frac{1}{k}(mdr - mbq + as + cp)\right]^2 + mn\left[\frac{1}{k}(bs + dp - cr + aq)\right]^2$$
$$= \frac{1}{k}(p^2 + mr^2 + ns^2 + mnq^2)\frac{1}{k}(a^2 + mb^2 + nc^2 + mnd^2),$$

d'où, à cause de (1),

$$(6) \qquad D = \frac{1}{k}(a^2 + mb^2 + nc^2 + mnd^2).$$

Multiplions (2) par $-X$, (3) par nZ, (4) par mnU, (5) par mY; ajoutons
et réduisons :

$$p[X^2 + mY^2 + nZ^2 + mnU^2] = E[-aX + mbY + ncZ + mndU]$$

d'où, puisque

$$X^2 + mY^2 + nZ^2 + mnU^2 = DE,$$
$$(7) \qquad pD = -aX + mbY + ncZ + mndU.$$

Multiplions (2) par Z, (3) par X, (4) par $-mY$, (5) par mU; il vient

$$(8) \qquad sD = cX - mdY + aZ + mbU.$$

Multiplions (2) par U, (3) par Y, (4) par X, (5) par $-Z$; il vient

$$(9) \qquad qD = dX + cY - bZ + aU.$$

Multiplions (2) par Y, (3) par $-nU$, (4) par nZ, (5) par X, d'où

$$(10) \qquad rD = bX + aY + ndZ - ncU.$$

Remarque. — Quoique présenté d'une façon un peu différente, le théorème I de la Note précédente n'est qu'un cas particulier de celui-ci, où l'on pose

$$n = 0, \qquad s = q = Z = U = 0.$$

THÉORÈME II. — *Tout nombre N impair ou double d'un impair divise la forme* $X^2 + Y^2 + 1$.

Remarquons d'abord que tout nombre premier p divise la forme $X^2 + Y^2 + 1$. En effet, si $p = 4n + 1$, on peut toujours résoudre $X^2 + 1 \equiv 0$

(mod p), car -1 est résidu quadratique (mod p). Si $p = 4n - 1$, on sait que si r est résidu (mod p), $-r$ est non-résidu, et réciproquement; si nous considérons la suite $1, 2, \ldots, (p-1)$ commençant par le résidu 1, elle contient donc $\frac{1}{2}(p-1)$ non-résidus quadratiques (mod p); soit $i \geqq 2$ le plus petit de ces nombres, $i - 1$ est résidu, et soient $X^2 \equiv -i$ et $Y^2 \equiv i - 1$ (mod p); on a bien

$$X^2 + Y^2 + 1 \equiv 0 \qquad (\mathrm{mod}\, p).$$

Soit donc d'abord N impair $= pn$, avec p premier et n quelconque, tel que $u^2 + v^2 + 1 \equiv 0$ (mod. n). On a aussi

$$x^2 + y^2 + 1 \equiv 0 \qquad (\mathrm{mod}\, p);$$

si n est premier avec p, on peut résoudre $ne - pf = 1$, et, par suite,

$$(u - x) + an = rp, \qquad (v - y) + bn = sp;$$

d'où l'on tire

$$Y = u + an \equiv x, \qquad X = v + bn \equiv y \qquad (\mathrm{mod}\, p),$$
$$X^2 + Y^2 + 1 \equiv 0. \qquad (\mathrm{mod}\, N = pn).$$

Si, maintenant, n est multiple de p, soit

$$\frac{1}{n}(u^2 + v^2 + 1) \equiv q \qquad (\mathrm{mod}\, p);$$

nous pouvons supposer u ou v premier avec p, sinon $u^2 + v^2 + 1 \equiv 1$ (mod p), ce qui est impossible puisque cette même valeur est congrue à zéro (mod n), et $n \equiv 0$ (mod p).

Si $u \equiv 0$ (mod p), le nombre $u \pm v$ est premier avec p; si u et v sont tous deux premiers avec p, on a $u \pm v$ premier avec p; on peut donc toujours résoudre $2a(u \pm v) \equiv -q$ (mod p), et en posant

$$u + an = X, \qquad v \pm an = Y,$$

on a

$$X^2 + Y^2 + 1 \equiv 0 \qquad (\mathrm{mod}\, N = pn).$$

Soit maintenant N impair quelconque, N $= p_1, p_2, p_3, \ldots, p_r$, les facteurs $p_1, p_2, \ldots$, étant tous premiers. Connaissant

$$X_i^2 + Y_i^2 + 1 \equiv 0 \qquad (\mathrm{mod}\, p_1, p_2, \ldots, p_i),$$

on peut en déduire, comme nous venons de le voir,

$$X_{i+1}^2 + Y_{i+1}^2 + 1 \equiv 0 \qquad (\mathrm{mod}\, p_1, p_2, \ldots, p_{i+1});$$

on déduira donc

$$X_1^2 + Y_1^2 + 1 \equiv 0 \quad (\mathrm{mod}\, p_1), \qquad X_2^2 + Y_2^2 + 1 \equiv 0 \quad (\mathrm{mod}\, p_1, p_2), \quad \ldots$$
$$X_r^2 + Y_r^2 + 1 \equiv 0 \quad (\mathrm{mod}\, N = p_1, p_2, \ldots, p_r).$$

Si $N = 2N'$ avec N' impair, on pourra résoudre $X^2 + Y^2 + 1 \equiv 0 \pmod{N'}$ et si $X^2 + Y^2 + 1$ n'est pas $\equiv 0 \pmod{N = 2N'}$, on aura

$$[N' - X]^2 + Y^2 + 1 \equiv 0 \qquad (\bmod\, 2N' = N)$$

ce qui démontre le théorème.

THÉORÈME III. — *Tout nombre* N *est décomposable en quatre carrés.*

Il suffit évidemment de l'établir pour N impair ou double d'un impair, et nous savons, par le théorème II, qu'un tel nombre divise toujours la forme $X^2 + Y^2 + 1$. Si cette forme est congrue à zéro $(\bmod N)$, on peut toujours supposer X et Y inférieurs à N et même à $\frac{1}{2}N$, sinon, on les remplacerait par N—X ou N—Y.

Considérons maintenant les suites de nombres

$$X, \; X_1, \; X_2, \; \ldots, \; X_n; \qquad Y, \; Y_1, \; Y_2, \; \ldots, \; Y_n;$$
$$N, \; N_1, \; N_2, \; \ldots, \; N_n; \quad A. \; A_1, \; A_2, \; \ldots, \; A_n; \quad B, \; B_1, \; B_2, \; \ldots, \; B_n,$$

obtenues de la façon suivante :

$$X_i^2 + Y_i^2 + 1 = N_i N_{i+1}, \qquad \pm X_i \leqq \frac{1}{2} N_i, \qquad \pm Y_i \leqq \frac{1}{2} N_i,$$

$$(15) \qquad\qquad N_{i+1} = \frac{1}{N_i}(X_i^2 + Y_i^2 + 1);$$

$$\pm X_{i+1} \leqq \frac{1}{2} N_{i+1}, \qquad \pm Y_{i+1} \leqq N_{i+1}.$$

$$(16) \qquad\qquad X_{i+1} = X_i - A_{i+1} N_{i+1},$$

$$(17) \qquad\qquad Y_{i+1} = Y_i - B_{i+1} N_{i+1},$$

$$(18) \qquad\qquad A_{i+1} = \frac{1}{N_{i+1}}(X_i - X_{i+1}),$$

$$(19) \qquad\qquad B_{i+1} = \frac{1}{N_{i+1}}(Y_i - Y_{i+1}).$$

On a

$$N_i > N_{i+1},$$

puisque

$$N_{i+1} \leqq \frac{1}{2} N_i + \frac{1}{N_i}$$

et

$$X_i^2 + Y_i^2 + 1 = N_i N_{i+1} \leqq \left[\frac{1}{2} N_i\right]^2 + \left[\frac{1}{2} N_i\right]^2 + 1 \leqq \frac{1}{2} N_i^2 + 1.$$

Puisque, dans la suite $N_1, N_2, \ldots, N_n$, les nombres vont en décroissant, sans pouvoir s'annuler, il y aura nécessairement un nombre

$$N_n = 1,$$

d'où

$$(20) \qquad\qquad N_{n-1} = X_{n-1}^2 + Y_{n-1}^2 + 1.$$

En remarquant que

$$X_{n-2} = X_{n-1} + A_{n-1} N_{n-1},$$

et

$$Y_{n-2} = Y_{n-1} + B_{n-1} N_{n-1},$$

on en déduit

$$- X_{n-2} \cdot 1 + Y_{n-2} 0 + X_{n-1} 1 = - A_{n-1} N_{n-1},$$
$$X_{n-2} X_{n-1} + Y_{n-2} Y_{n-1} + 1 = N_{n-1} [A_{n-1} X_{n-1} + B_{n-1} Y_{n-1} + 1],$$
$$X_{n-2} Y_{n-1} - Y_{n-2} X_{n-1} + 0 \cdot 1 = N_{n-1} [A_{n-1} Y_{n-1} - B_{n-1} X_{n-1}],$$
$$X_{n-2} 0 + Y_{n-2} 1 - Y_{n-1} 1 = B_{n-1} N_{n-1},$$

et, par suite, à cause du théorème I, en remarquant que $m = n = k = 1$, $p = Z = 1$, $r = U = 0$, $s = X_{n-1}$, $q = Y_{n-1}$

$$(21) \qquad X_{n-2}^2 + Y_{n-2}^2 + 1 = N_{n-1} N_{n-2};$$

puis, en posant

$$(22) \qquad - A_{n-1} = a_{n-2},$$
$$(23) \qquad A_{n-1} X_{n-1} + B_{n-1} Y_{n-1} + 1 = c_{n-2},$$
$$(24) \qquad A_{n-1} Y_{n-1} - B_{n-1} X_{n-1} = d_{n-2},$$
$$(25) \qquad B_{n-1} = b_{n-2},$$

il vient,

$$(26) \qquad N_{n-2} = a_{n-2}^2 + b_{n-2}^2 + c_{n-2}^2 + d_{n-2}^2,$$
$$(27) \qquad - a_{n-2} X_{n-2} + b_{n-2} Y_{n-2} + c_{n-2} = 1 \qquad N_{n-2},$$
$$(28) \qquad c_{n-2} X_{n-2} - d_{n-2} Y_{n-2} + a_{n-2} = X_{n-1} N_{n-2},$$
$$(29) \qquad d_{n-2} X_{n-2} + c_{n-2} Y_{n-2} - b_{n-2} = Y_{n-1} N_{n-2},$$
$$(30) \qquad b_{n-2} X_{n-2} + a_{n-2} Y_{n-2} + d_{n-2} = 0 \qquad N_{n-2}.$$

Soit maintenant

$$(31) \qquad N_i = a_i^2 + b_i^2 + c_i^2 + d_i^2.$$
$$(32) \qquad N_{i+1} = a_{i+1}^2 + b_{i+1}^2 + c_{i+1}^2 + d_{i+1}^2,$$
$$(33) \qquad X_i^2 + Y_i^2 + 1 = N_i N_{i+1},$$
$$(34) \qquad - a_i X_i + b_i Y_i + c_i = a_{i+1} N_i,$$
$$(35) \qquad c_i X_i - d_i Y_i + a_i = c_{i+1} N_i,$$
$$(36) \qquad d_i X_i + c_i Y_i - b_i = d_{i+1} N_i,$$
$$(37) \qquad b_i X_i + a_i Y_i + d_i = b_{i+1} N_i.$$

Si nous remarquons que

$$X_{i-1} = X_i + A_i N_i, \qquad Y_{i-1} = Y_i + B_i N_i,$$

on a

$$- a_i X_{i-1} + b_i Y_{i-1} + c_i = N_i [- a_i A_i + b_i B_i + a_{i+1}],$$
$$c_i X_{i-1} - d_i Y_{i-1} + a_i = N_i [c_i A_i - d_i B_i + c_{i+1}],$$
$$d_i X_{i-1} + c_i Y_{i-1} - b_i = N_i [d_i A_i + c_i B_i + d_{i+1}],$$
$$b_i X_{i-1} + a_i Y_{i-1} + d_i = N_i [b_i A_i + a_i B_i + b_{i+1}],$$

et, à cause du théorème I, en remarquant que $Z = 1$, $U = o$, $m = n = k = 1$,

$$(38) \qquad X_{i-1}^2 + Y_{i-1}^2 + 1 = N_{i-1} N_i;$$

en posant

$$(39) \qquad - a_i A_i + b_i B_i + a_{i+1} = a_{i-1},$$
$$(40) \qquad c_i A_i - d_i B_i + c_{i+1} = c_{i-1},$$
$$(41) \qquad d_i A_i + c_i B_i + d_{i+1} = d_{i-1},$$
$$(42) \qquad b_i A_i + a_i B_i + b_{i+1} = b_{i-1},$$

il vient

$$(43) \qquad N_{i-1} = a_{i-1}^2 + b_{i-1}^2 + c_{i-1}^2 + d_{i-1}^2,$$
$$(44) \qquad - a_{i-1} X_{i-1} + b_{i-1} Y_{i-1} + c_{i-1} = a_i N_{i-1},$$
$$(45) \qquad c_{i-1} X_{i-1} - d_{i-1} Y_{i-1} + a_{i-1} = c_i N_{i-1},$$
$$(46) \qquad d_{i-1} X_{i-1} + c_{i-1} Y_{i-1} - b_{i-1} = d_i N_{i-1},$$
$$(47) \qquad b_{i-1} X_{i-1} + a_{i-1} Y_{i-1} + d_{i-1} = b_i N_{i-1}.$$

Or, le système (43), (32), (38), (44), (45), (46), (47) est identique au système (31), (32), (33), (34), (35), (36), (37), c'est-à-dire que si ce dernier est satisfait pour une valeur i, de même il sera satisfait pour $i + 1$; et puisqu'il est satisfait pour $i = n - 2$, comme on le voit d'après les égalités (20), (21), (26), (27), (28), (29), (30), il sera satisfait de même et successivement pour $i = n - 3$, $n - 4$, ..., et par suite, on déduira, par récurrence, au moyen des formules (39), (40), (41), (42),

$$N_{n-3} = a_{n-3}^2 + b_{n-3}^2 + c_{n-3}^2 + d_{n-3}^2, \qquad \ldots,$$

et enfin,

$$N = a^2 + b^2 + c^2 + d^2,$$

ce qui démontre le théorème.

M. MAIRE,

Bibliothécaire à la Sorbonne.

DEUX LETTRES D'ALEXANDRE DE HUMBOLDT A FRANÇOIS ARAGO (*).

---

52 (09)

31 *Juillet.*

Les deux lettres publiées ci-dessous semblent être inédites. Elles ne se trouvent ni dans la *Correspondance d'Alexandre de Humboldt à Arago*

(*) *Archives du Bureau des Longitudes*, série X.

(1809.-1853) publiée par le Dr E.-T. Hamy (Paris, s. d. in-12), ni dans la partie de la Correspondance parue en Allemagne (*).

Elles témoignent de l'extrême amitié que le grand savant allemand portait à Arago; elles démontrent aussi l'intérêt que de Humboldt portait aux sciences astronomiques.

Dans ces deux lettres, la première datée du 23 janvier 1836, la seconde sans date, Humboldt fait part à Arago de certains travaux sur les éléments constitutifs des comètes; il lui expose les recherches que Bessel, astronome à Kœnigsberg, poursuivait en ce moment sur la comète de Halley. Un extrait assez long du Mémoire de Bessel, à ce moment encore inédit, a été traduit par de Humboldt.

Je t'écris de nouveau, mon cher ami; je suis peut-être importun dans un moment où tu est (*sic*) bien occupé d'objets politiques, mais je suis encore si plein de tout le bonheur que j'ai eu de te voir presque journellement pendant cinq mois, que je ne puis m'imposer déjà le silence.

A mon âge, où la vie est si incertaine, il y aura un autre motif de silence que je ne redoute pas : alors tu sentiras vivement que jamais personne ne t'a été dévoué comme moi.

En récapitulant tous les vœux de bonheur, je me fais un reproche amer d'avoir une seule fois en cinq mois pu te déplaire sans le vouloir.

Soumis comme je le suis toujours à tes volontés, je sens un double besoin de t'en demander humblement pardon. Je suis ici dans le « poumon marin » de Pytheas. Peu de froid (— 3º R) mais du brouillard, de la neige, quelque chose qui n'est ni de l'eau ni de l'air. J'ai été ce matin en traîneau chez M. Encke au nouvel Observatoire. On vient d'y terminer un beau bas-relief : Apollon en quadrige sortant de l'Océan. Il m'a été impossible jusqu'ici de te procurer le Mémoire allemand de M. Heinsius sur la comète de 1744, mais M. Fuss le jeune (celui qui a observé dans notre maison magnétique à Peyenz) est parti pour Pétersbourg et promet de te fournir un exemplaire. En attendant, mon cher ami, je t'ai fait faire une copie exacte de la première planche qui indique les changements physiques de densité et d'émanation dans la partie exposée au soleil (**). M. Heinsius a supprimé la queue qu'il croit en grande partie se former dans la portion antérieure. Le dessin (9 febr.) te rappellera le dessin de M. Schwobe de Dessau et ce que M. Bessel a vu avec plus de suite encore. Ce sont des émanations qui se recourbent. Les discussions physiques de M. Heinsius sur la formation de la queue, sa longueur variable, la résistance et le mouvement de l'éther dans lequel se meut la comète, la réaction de cet éther sur les molécules qui s'échappent de la comète, la densité de l'éther variant avec la distance du soleil, sont très curieuses, mais diffuses, de 62 pages, in-4º. Je vais pour le moment traduire quelques autres observations; la partie physique étant beaucoup plus importante dans la comète de 1744 que la partie de mesures astronomiques, je me suis livré de préférence aux observations sur la densité

(*) Il n'a été publié en Allemagne aucun ensemble de la Correspondance de Humboldt avec Arago.

(**) La planche signalée ici ne se trouve pas avec la lettre.

croissante, l'émanation : je me suis servi d'un télescope grégorien grossissant 110-380 fois le plus souvent 110 fois. Longueur du télescope, 4 pieds. Je distingue le corps de la comète et son atmosphère antérieur. Le corps a été $\frac{2}{3}$ du diamètre de Saturne, même éclat augmentant jusqu'à l'éclat de Vénus. Le corps d'abord rond est devenu décidément oval, les deux diamètres = 2 : 3. Heinsius veut que c'est l'effet de la rotation. On a vu la comète à l'œil nu dans le crépuscule lorsque les étoiles de première grandeur ne paraissoient point encore. La comète est éclairée par le soleil seul. Si elle ne montre pas de phases c'est à cause d'une atmosphère très dense, 195, qui entoure de près le corps de la comète, tandis que ENT est la limite extrême de l'atmosphère très dilatée. La ligne CA va vers le soleil, CE vers la terre. Seulement BDQ devroit être éclairé et nous devrions voir depuis E la partie BDP comme la lune au premier quartier. BD seul devroit nous paroitre lumineux : mais nous ne voyons pas le corps de la comète même, seulement l'atmosphère qui l'entoure de près, JHG. Soit le rayon de soleil OD parallèle à AC. Il touchera le corps en D et l'atmosphère en G, alors le soleil éclaire RHG de l'atmosphère dense JHG et nous ne voyons pas de phases. De plus, un rayon SNG peut être refracté (*). Je crois que je t'ennuye terriblement et je veux ajouter ce que je te prie de ne communiquer à l'Institut parce que je le tire d'une lettre de M. Bessel à M. Encke et que M. Bessel va publier dans *Schumacher* son Mémoire sur le mouvement oscillatoire (de pendule) de la Comète.

M. Bessel écrit que les cornes et la queue ont fait une oscillation entière pour revenir au même point en 4 jours $\frac{6}{10}$, qu'il y a une action de forces polaires qui résident dans le soleil et dans la comète, que celle-ci oscille autour du rayon vecteur comme une aiguille aimantée opposée au pôle d'un aimant. Nous verrons. Je te prie encore une fois de ne pas en parler à l'Institut. Cela pourrait contrarier M. Bessel. Mille tendres amitiés. Mes respects à Mme Mathieu.

Berlin, ce 23 janvier 1836.

A. HUMBOLDT.

En grande hâte, ma santé est excellente.

Je te prie, mon Cher Ami, de vouloir bien faire jetter ces 2 lettres dont l'une est du chasseur sibérien à la petite poste. L'article queue de comètes de M. Brandes dans le nouveau Dict. de Physique allemand (GEHLER's, *Physicalisches Wörterbuch*, 1830, Vol. 5, p. 952) aura peut-être un jour quelque intérêt pour toi, cher ami; cet article renferme plus que d'autres traités de Brandes.

Au moment où j'avois envoyé ma lettre à l'hôtel de M. Ancillon, j'apprends que le courrier de l'Ambassade de Paris ne part point aujourd'hui. Il me reste donc le temps d'ajouter quelques extraits d'un Mémoire que M. Bessel m'a adressé et qu'il ne destine pas à la publication, en ayant rédigé un autre qui est tout imprimé, mais dont les gravures ne sont pas encore terminées. Je vois par la lettre qui accompagne le Mémoire non destiné à la publication et ne renfermant aucun calcul analytique, que M. Bessel a déjà communiqué ses idées sur le mouvement oscillatoire de la comète autour du rayon vecteur, à M. Poisson, mais ignorant dans quel genre de détail l'astronome de Kœnigsberg est

---

(*) Herschel, (*Astron.*, § 474), croit expliquer la non apparition des phases par la supposition que les comètes sont les amas de vapeur qui réfléchissent la lumière dont ils sont pénétrés, de tous les points de leur intérieur...

entré dans cette lettre à M. Poisson; je crois t'être agréable, mon cher et
excellent ami, en traduisant littéralement quelques passages de l'écrit que j'ai
reçu ce soir. Il me reste bien des doutes en traduisant sur le mouvement de
pendule autour du rayon vecteur ou sur une condensation progressive dans
l'atmosphère de la comète, condensation qui se ferait, partie d'abord de gauche
à droite et puis de droite à gauche : je ne trouve pas indiqué l'angle variable
ou constant que l'axe de la queue auroit fait avec l'axe du secteur lumineux
de la tête : mais tu n'as pas besoin de ma sagesse. Tu voudras tout simplement que je traduise. Je tâcherai d'écrire plus lisiblement que d'ordinaire.

« D'abord une introduction sur les calculs les plus étendus, ceux de Rosenberger et de Lehmann. Le dernier a sans doute profité des calculs de Rosenberger
de 1682-1759, mais il est allé plus loin dans le calcul des perturbations. S'il
n'a pas réussi dans la résultat définitif comme on auroit dû l'espérer, c'est
qu'il a négligé une quantité qu'on auroit cru peu influente [je crois que c'est
d'avoir supposé le même effet des perturbations pour des tems trop considérables au lieu de changer cet effet plus souvent pour de petits intervalles (*)]
Les calculs de Lehmann revus de nouveau deviendront les plus importans
pour les réapparitions futures de la comète. Il faudroit remonter jusqu'à 1531.
Les calculs qui ont eu le plus de résultats concordans avec les observations sont
ceux de Rosenberger. Sans doute l'éphéméride de Pontécoulant donne mieux
le passage au périhélie, mais il a été plus heureux dans les autres déterminations
de l'orbite, tandis que Lehmann dans celles-ci a été de la précision la plus
rigoureuse. Aussi longtemps que l'on n'employe dans les calculs que ces perturbations causées par les planètes, il n'est aucunément nécessaire que le calcul
coïncide avec l'observation. Ici vient une discussion sur l'éther comme fluide
résistant auquel Bessel n'est pas favorable. Il regarde les calculs d'Encke
comme très exacts, mais il croit que d'autres causes (**) peuvent motiver
ce retard.

Dans la comète de Halley, il y avoit accélération, le 16 novembre au lieu
du 12 selon Rosenberger, donc la différence tient aux perturbations des planètes, aux masses (***).

Bessel incline à regarder le retard des comètes à la réaction qu'éprouve
leur corps en repoussant des molécules pour former la queue : mais Encke
veut prouver dans un Mémoire qu'il publiera bientôt que cette réaction ne
donne qu'une force dont la direction passe à travers les centres du Soleil et
et de la Comète, tandis que pour expliquer le retard, il faut admettre une force
tengentale, et une action pour la tangente ne peut provenir que de quelque
chose qui est hors du soleil et de la Comète.

Bessel continue : « Jusqu'au 1er octobre la comète de Halley ne me parois-

---

(*) Rosenberger contre Lehmann dans *Schumacher*, 1835, p. 288.

(**) Il s'est expliqué là-dessus dans *Schumacher*, 1836, n° 239, p. 6.

(***) Nicolaï à Buxhaven croit que l'accélération tient à la masse peu connue
d'Uranus ou à l'existence d'une autre planète au-delà d'Uranus, existence que
l'observation de Bouvard sur les anciennes observations d'Uranus qui ne cadrent pas
avec les nouvelles, rend probable (*Schumacher*, n° 294, p. 94).

— C'est moi qui ai ajouté les Notes, j'y ajoute à la Note trois [deux] que Olbers
a voulu prouver qu'une planète au-delà d'Uranus est impossible. D'ailleurs Clairault
(membre de l'Académie 1758) avoit prédit Uranus dans les calculs de la Comète de
Halley (Olbers, dans *Bode*, 1818. p. 229).

soit qu'une nébuleuse condensée en dedans. Le 2 octobre commençoit une nouvelle ère de phénomènes des plus curieux qu'ait encore offert l'aspect du ciel.
La concentration du centre que je nommerai noyau, quoique jamais elle n'ait
paru un noyau solide, un noyau terminé, étoit devenue lumineuse comme une
étoile de 6ᵉ grandeur. Mais ce qui frappa le plus au premier abord étoit l'émanation
en forme d'éventail que présenta le noyau, elle s'étendoit sur ce fond nébuleux
jusqu'à 12″ et 15′ de distance, plus lumineuse vers le noyau même. La direction
de la ligne moyenne étoit presque dans la direction du Soleil. Des mesures peu
satisfaisantes, à cause des comètes incertaines, du noyau, m'ont prouvé que
le noyau n'étoit que $\frac{1}{30}$ du rayon de la terre. L'éloignement auquel on distin-
guoit l'extrémité de l'éventail étoit de $\frac{3}{4}$ de rayon du noyau. La nébulosité
entouroit d'ailleurs l'émanation en éventail à une distance 12 à 15 fois plus
grande. On ne vit pas de queue le 2 octobre sans doute à cause du clair de lune.
Il n'y eut d'observation possible que le 8 octobre. L'émanation rayonnante
avoit augmenté de longueur et diminué de largeur. L'analogie d'un éventail
moins ouvert n'étoit plus exact, il y avoit du côté droit une inflexion, courbure.
On trouva par des mesures que la direction n'étoit plus vers le Soleil, mais qu'elles
formoit un angle (avec le rayon vecteur). Dès cet instant j'entrevis qu'il se pré-
sentoit un phénomène qui promettoit des résultats importants.

   La nuit du 12 octobre permet d'observer la comète depuis le coucher jusqu'au lever du Soleil. L'émanation étoit devenue encore plus longue et plus
étroite que le 8 octobre; elle étoit encore curviligne à droite. On auroit dit
d'une fusée infléchie par le vent. Le mouvement progressif du cône lumineux
d'émanation étoit très évident. D'abord la direction étoit de 19° à gauche
de la direction vers le Soleil : mais d'heure en heure l'angle augmentait et se
trouvoit vers les 3ʰ du matin de 55°.

   Dans la soirée du 13 octobre je fus frappé par un phénomène auquel je
ne m'attendois pas; l'émanation rayonnante avoit disparu et au lieu de cette
émanation on voyoit une grande masse de matière lumineuse à gauche, plus
à gauche de la direction vers le Soleil que la limite extrême du secteur dans sa
plus grande élongation vers la gauche à la fin de l'observation. J'en conclus
que depuis cette observation du 12 octobre l'émanation avoit continué le mouvement vers la gauche, mais que peu à peu la force avoit manqué pour vivifier
l'action. (Je traduis littéralement et barbarement)!

   En effet on ne pouvoit douter que l'émanation est due à l'action du Soleil
sur la Comète et que cette action doit être la plus puissante lorsque la comète
se trouve dans la direction vers cette cause. L'action doit cesser ou diminuer
avec l'augmentation de l'angle de déviation. Vers les 8ʰ, nuages.

   Le 14 il y avoit un éclairci (*sic*) pour un quart d'heure, l'émanation avoit
reparu et étoit plus magnifique que le 12. Elle s'étoit portée du côté gauche,
où nous l'avions laissée le 12 et dont nous avions trouvé la trace le 13, vers la
droite. Elle étoit à peu près dans la direction du Soleil. Je distinguoi l'émanation
encore à 45″ de distance du centre du noyau, dont la hauteur étoit d'un
rayon terrestre.

   Le 15 l'émanation avoit continué son mouvement vers la droite et offroit
la direction qu'on pouvoit supposer d'après les observations précédentes.
Elle avoit atteint une déviation considérable par rapport à la direction vers le
Soleil : aussi l'intensité de l'émanation étoit moindre, elle paraissoit prête à
s'évanouir.

Je ne donne pas la description d'émanations postérieures à la date du 15 parce que les observations ne pouvoient être faites qu'à de longs intervalles.

Les observations que je viens de détailler suffisent pour faire connoître le mode d'émanation. Le 12 elle étoit à gauche de la direction vers le Soleil et elle continuoit son mouvement vers la gauche. Le 13 on ne vit pas l'émanation même, mais ce qu'elle avoit produit indiquoit jusqu'où elle s'étoit portée.

Le 14 elle étoit retournée vers la ligne qui se dirige au Soleil. Le 15 elle avoit continué le mouvement vers la droite; l'angle de déviation vers la droite étoit considérable. L'émanation rayonnante avoit donc offert un mouvement régulier de droite à gauche et de retour de gauche à droite : elle a montré une plus grande activité lorsqu'elle étoit dans la direction vers le Soleil, une faible activité dans les déviations des deux côtés, je ne puis entrer ici dans le détail des mesures à l'héliomètre : je possède les moyens de calculer les véritables mouvemens. Deux hypothèses se présentent.

La ligne qui se dirige de la comète vers le soleil joue ici le rôle principal dans le véritable mouvement de l'émanation. Les mouvemens apparens se font autour de cette ligne. On peut donc admettre ou un mouvement de rotation de l'axe de l'émanation sur la surface d'un cône dont l'axe est complètement dirigé vers le Soleil, ou l'on peut supposer un mouvement oscillatoire de l'émanation daus le plan de l'orbite de la comète. M. Bessel se décide pour la seconde hypothèse. Il trouve l'oscillation de 2 jours 7 heures dans le plan de l'orbite; la déviation angulaire est de chaque côté de 60°. L'émanation semblable à un pendule revient au même point en 4 jours 14 heures. Il y a donc une force qui ramène cette partie de la surface de la comète dans laquelle se fait l'émanation, vers la direction au Soleil. Une telle force seule peut entretenir l'oscillation. L'attraction newtonienne du Soleil donne sans doute aussi une force de cette nature si l'on suppose le noyau de la comète allongé dans une direction. Les parties les plus rapprochées du Soleil sont plus fortement attirées que les parties éloignées, mais la comète est bien petite en comparaison de l'éloignement du Soleil que cette faible distance entre les parties les plus proches et les plus éloignées ne fournissent qu'une très faible force de tension. Les oscillations dépasseroient beaucoup dans leur durée l'intervalle de quelques jours. Le mouvement oscillatoire observé dans la comète n'est pas une suite de l'attraction ordinaire (newtonienne), elle indique une force entièrement différente. Cette force est de nature à ne pas altérer en rien la gravitation de la comète de Halley vers le Soleil : car le mouvement de cette comète autour du Soleil répond exactement à la seule loi de gravitation. Nous avons ici une force qui suppose l'effet dans son sens compensé par un effort dans le sens opposé. Telle est la force qui ramène une aiguille aimantée, c'est une *force de polarité.* Une force polaire agit sur la Comète de Halley, une force qui a rapport au Soleil et dont les deux éléments se montrent amis et ennemis au Soleil. C'est la première fois que nous trouvons dans les corps célestes l'indice d'une telle force. D'ailleurs la Terre ne montre-t-elle pas la charge magnétique, une polarité dont il n'est cependant pas démontré avec certitude qu'elle a rapport au Soleil.

Je te fais grâce de la théorie qui sera développée analytiquement dans le Mémoire à publier bientôt. M. Bessel explique la courbure de l'émanation vers la queue visible surtout le 22 octobre, où la forme étoit entièrement semblable à l'observation de Heinsius du 31 janvier 1744. Les deux comètes ont parcouru les mêmes stades. Les deux ont commencé par des émanations dirigées vers le

Soleil en forme d'éventail. Plus tard seulement lorsque les émanations aug-
mentoient beaucoup, elles se sont recourbées vers la queue. Ce recourbement,
effet de polarité, a encore été très manifeste dans la comète de 1811, si bien
décrite par Olbers, comète dont le noyau étoit entièrement séparé de la queue.
Le noyau étoit placé entre l'ouverture des deux bandes repliées. Suivent des
considérations sur les longueurs des queues. Le 29 septembre une étoile entra
dans la nébulosité de la Comète de Halley, puis dans le prétendu noyau. Il
n'y eut pas d'effet de réfraction, car Bessel observa et mesura avec beaucoup
de précision les positions de l'étoile. On étoit sur d'une seconde, mais l'étoile
de 10e grandeur n'approcha du noyau qu'à 7 h près. Struve doit avoir vu
dans la même nuit une occultation centrale dans laquelle l'étoile (cèrtes une
autre) ne disparut pas, mais la nouvelle n'est que d'une gazette non littéraire.
Bessel croit qu'on peut conclure de l'absence de toute réfraction que la nébulosité n'est pas un gaz, mais une accumulation de particules séparées. Il parle
de la belle et importante observation d'Arago sur la lumière polarisée et par
conséquent réfléchie de la Comète. La transparence (diaphanité [sic]) est donc
importante, car il y a réflexion, mais M. Bessel croit qu'outre la lumière réfléchie, il y a un peu de lumière propre, parce que l'observation du 2 et 14 octobre
indique une liaison entre la force de l'émanation rayonnante et l'intensité de
lumière de la comète. Il pense que cette supposition ne contrarieroit pas
l'observation de M. Arago. Le Mémoire (je perds la patience à cause des dou-
leurs dans le bras) termine par des suppositions de matières hétérogènes dans
un noyau, suppositions qui expliquent les doubles forces recourbées de la
comète de 1769, les queues d'inégales longueurs de 1807 et la comète de 1824,
à deux queues dont l'une étoit opposée au Soleil.

(La matière me paroit élastique et complaisante.)

A. H.

Feu Édouard LUCAS.

LES PRINCIPES FONDAMENTAUX DE LA GÉOMÉTRIE DES TISSUS (*).

$$511.6 : 677.064$$

1er Août.

Ce Mémoire, extrait de l'*Ingegnere civile* (juillet 1880, Turin), contient
les premiers éléments d'une nouvelle branche de la géométrie de position,
à laquelle l'auteur a donné le nom de *Géométrie plane des tissus*, et qui
a pour objet l'étude de tous les systèmes possibles d'entrecroisement de
la chaîne et de la trame, dans les tissus de fils rectilignes. Le premier
écrit sur ce sujet a été publié dans un opuscule intitulé *Application de
l'Arithmétique à la construction de l'armure des satins réguliers*, Paris, 1867;

(*) Traduit de l'italien et condensé par MM. Aug. Aubry et A. Gérardin.

mais, depuis cette époque, l'auteur y a ajouté de nouveaux et nombreux développements dans des Communications verbales aux Congrès de l'Association, à Clermont-Ferrand, au Havre, à Paris et à Montpellier. ..

Cette théorie a donné lieu à des travaux analogues, parmi lesquels je citerai :

1º Un Mémoire de THIELE, de Copenhague, intitulé : *Sur la représentation graphique des nombres complexes*, et présenté au Congrès de Lille par M. O.-J. BROCH, professeur à l'Université de Christiania ;

2º Un Mémoire de TCHEBYCHEF, professeur à l'Université de Pétersbourg, présenté au Congrès de Paris, et intitulé : *Sur la coupe des vêtements ;*

3º Un Mémoire de M. C.-A. LAISANT, inséré au *Bulletin de la Société mathématique de France*, t. VI, sous ce titre : *Note sur la Géométrie des Quinconces ;*

4º Un Mémoire du prince C. DE POLIGNAC, inséré dans le même Volume, sous le titre : *Représentation graphique de la résolution en nombres entiers de l'équation indéterminée ax + by = c.*

5º Un Mémoire de LAQUIÈRE, publié dans le Tome VII du même Bulletin, et qui a pour titre : *Note sur la Géométrie des Quinconces ;*

6º Un Mémoire du professeur Fedelo CERUTTI, professeur de Technologie à l'École professionnelle de Biella, et publié dans l'*Ingegnere civile* de 1879 sous le titre : *Nuovo metodo per la classificazione dei tessuti.*

Tous ces travaux ne sont autre chose qu'une nouvelle application pratique de l'Arithmétique; les théorèmes les plus abstraits de cette science ont trouvé leur application dans la *chronologie*, pour l'établissement des calendriers; dans la *chronométrie* et l'*horlogerie*, pour le calcul du nombre des dents des roues qui servent à indiquer les intervalles de temps en rapport complexe; dans l'étude des dispositions des feuilles autour des branches qui les portent...

Les développements qui suivent donnent la définition et la construction des *armures fondamentales*, ainsi nommées parce qu'elles servent à reproduire toutes les autres. On peut comparer cette théorie pour les tissus à la théorie des corps simples de la Chimie; comme ceux-ci ne trouvent presque jamais leur emploi dans leur état naturel de corps simples, il en est ainsi des armures fondamentales des tissus, et ils ne trouvent directement leur emploi que lorsque leur *module* dépasse le nombre 10.

Les propriétés de la progression arithmétique sont le point de départ de cette théorie; elles permettent d'en déduire immédiatement toutes les armures fondamentales. La définition même de celles-ci implique la condition comprise dans ce principe général de Mécanique, que le mouvement d'une bonne machine doit être toujours le plus uniforme possible Dans le cas présent, soit par les métiers ordinaires, soit par les JACQUARD, le nombre des fils de la chaîne qui se trouvent tissés à chaque coup de navette, doit être constamment le même, si l'on veut obtenir un tissu régulier.

Et cette condition essentielle, qui sert de base à la définition des tissus simples ou fondamentaux, non moins qu'à la construction de tous les tissus composés, trouvera son développement dans un autre Chapitre. L'auteur a donné les Tables numériques et graphiques nécessaires aux industriels.

Entre les armures fondamentales, on doit surtout considérer celles qui sont désignées sous le nom de *satins carrés* et de *satins symétriques*, lesquels donnent lieu aux tissus les plus parfaits, quant à la régularité de l'entrecroisement des fils, soit dans le sens de la chaîne, soit dans le sens de la trame.

La théorie de ces tissus repose sur un théorème d'Arithmétique dû à l'immortel FERMAT et que voici : *Tout nombre premier de la forme $4q + 1$ est d'une seule façon la somme de deux carrés.*

DÉFINITIONS.

TISSUS. — Un tissu à fils rectilignes est produit, de diverses manières, par l'entrecroisement de deux systèmes, perpendiculaires, de fils parallèles entre eux pour chaque système. Cette définition ne comprend pas, par exemple, les tissus à fils curvilignes, comme les *tricots*, les *velours*, les *peluches*, etc.

CHAINE. — Le premier système de fils, appelé *chaîne*, comprend tous les fils disposés selon la longueur du tissu; au commencement, ces fils sont enroulés les uns à côté des autres sur un cylindre horizontal appelé le *sujet*. Les fils de chaîne sont comptés suivant la largeur du tissu, dans le sens transversal de gauche à droite.

TRAME. — Le second système de fils (c'est la trame) comprend tous les fils produits successivement dans le sens transversal par le mouvement horizontal de *va-et-vient* de la navette, qui porte le fil enroulé autour d'un petit tube de carton ou de bois appelé *canette*. Les fils de ce système se comptent de bas en haut dans le sens longitudinal du tissu.

DÉSIGNATION D'UN TISSU (ARMURE). — Voici de quelle manière s'obtient l'entrecroisement des fils. Soulevons une partie des fils de la chaîne; dans l'ouverture ainsi formée avec les fils restés immobiles, on fait passer perpendiculairement un fil de trame. Alors on replace les fils soulevés dans leur position primitive; de même, on introduit un nouveau fil, en soulevant des fils de la chaîne, différents en tout ou en partie de ceux soulevés dans la première opération.

Changeant ainsi les fils de chaîne qui sont soulevés, et passant dans les intervalles successifs un fil de trame, on varie les modes d'entrecroisement des divers fils.

On peut aussi obtenir de l'entrecroisement des fils, la représentation graphique suivante. Traçons, sur une feuille de papier, deux systèmes, perpendiculaires, de parallèles équidistantes. Si l'on suppose que la bande comprise entre deux parallèles successives représente un fil, les bandes produites dans un sens représenteront les fils de la chaîne, et les bandes normales aux précédentes représenteront les fils de la trame.

La feuille de papier sera ainsi divisée en un certain nombre de carrés.

Teintons en noir tous les carrés correspondant aux points du tissu où le fil de chaîne passe sur le fil de trame, et laissons en blanc les autres; on obtiendra un dessin qui montrera comment varie successivement l'entrecroisement d'un fil de trame à l'autre. Ce mode de figuration s'appelle le *dessin du tissu*. (*Mem. dell' ing.* CERUTTI, p. 4.)

Pratiquement, on peut se servir de papier quadrillé, il n'est pas nécessaire de faire en entier le dessin du tissu, mais seulement une portion élémentaire, carrée ou rectangulaire, laquelle se répète un certain nombre de fois de suite, en long et en large.

Ainsi, le dessin de la figure 1 peut se réduire à un échiquier de neuf petits carrés, et l'on aura le dessin du *sergé* de trois fils.

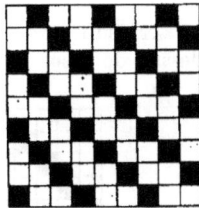

DÉCOCHEMENT. — La graduation selon laquelle s'opère la levée successive des fils de chaîne, à toutes les intersections des fils de trame, pour former les *points de liage*, s'appelle le *décochement*.

Fig. 1.

DES DESSINS FONDAMENTAUX.

Tous les tissus à fils rectilignes, à quelque genre qu'ils appartiennent, dérivent d'un des trois modes principaux d'entrecroisement, qui ont pris le nom de tissus fondamentaux, et qui sont le *drap*, le *sergé* et le *satin*.

Tout dessin fondamental possède les trois propriétés suivantes :

1° Le rapport transversal ou nombre des fils de trame, est égal au nombre des fils de chaîne. En d'autres termes, le dessin qui représente le tissu élémentaire est toujours un carré. Nous désignerons ces deux nombres égaux par le nom de *module*.

2° Le fil qui n'est croisé qu'une seule fois sur le dessin, signifie que le fil correspondant de la chaîne ou de la trame n'a qu'un point de liage.

3° Le décochement est constant; un point de liage quelconque est toujours disposé de la même manière, par rapport à ceux qui l'entourent, en supposant que le dessin soit reproduit indéfiniment en tous sens.

Avant de présenter la théorie générale des tissus fondamentaux, on commencera par celle du drap et du sergé, qu'on peut considérer comme des cas particuliers du satin.

DU DRAP. — La figure 2 contient, à droite, le dessin du drap, qui est le plus simple de tous les tissus; on peut dire que son origine se perd dans la nuit des temps. Elle est connue et appliquée par nombre de fabricants de tissus de jonc et d'osier.

On voit qu'il suffit de faire lever, à tout couple de navettes, la moitié des fils de chaîne, et alternativement ceux d'ordre pair et ceux d'ordre impair. Théoriquement, le tissu qui en résulte n'a pas d'envers, puisque l'endroit et l'envers sont identiques.

Du SERGÉ. — La figure 2 contient aussi les dessins des sergés de trois, quatre et cinq fils; on peut en imaginer d'un nombre quelconque de fils (minimum 3). On remarquera que le drap peut être considéré comme un *sergé de deux.*

Des SATINS DE CINQ ET DE HUIT. — Le dessin des satins est le plus beau des dessins de tissus ; il donne lieu au tissu le plus uni, le plus doux et

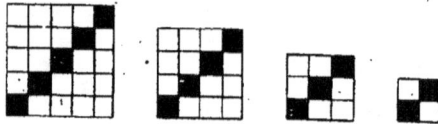

Fig. 2.

presque toujours le plus recherché. Le satin présente une surface lisse, brillante, sur laquelle la chaine couvre presque complètement la trame; il a des sillons très allongés d'un effet très agréable. Comme le sergé, qui n'est autre qu'un cas particulier du satin, ce dernier est basé sur le principe d'un décochement constant; et les satins se différencient les uns des autres par le module et le décochement.

La figure 3 contient les satins de modules 5 et 8.

Le PROBLÈME DES SATINS. — Le problème général de la formation des dessins fondamentaux se réduit à inscrire, dans les cases d'un échiquier carré ayant p cases par côté, un nombre p de points de liage, tel que deux d'entre eux ne se trouvent pas sur le même fil de chaine ou de trame c'est-à-dire dans la même horizontale ou verticale.

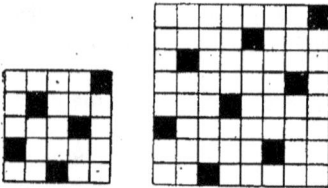

Fig. 3.

La solution complète de ce problème est fondée sur le théorème d'Arithmétique suivant : *Si la raison r d'une progression arithmétique est un nombre premier avec le module m, en divisant par le module m les termes consécutifs de la progression, les restes des divisions sont tous des nombres différents et reproduisent dans un certain ordre les m premiers nombres entiers, 0, 1, 2, ...m.*

En effet, si l'on désigne par $a+r$ le premier terme considéré, les termes des ordres h et k ont respectivement pour expressions $a+hr$ et $a+kr$. Donc, si les restes de la division de ces nombres par m sont égaux, leur différence sera divisible par m. Mais m est, par hypothèse, premier avec r; donc, par un principe bien connu, dû à EUCLIDE, il doit diviser le nombre $h-k$, qui est plus petit que lui, ce qui est impossible.

Considérons plus particulièrement la progression arithmétique

$$a, \quad 2a, \quad 3a, \quad \ldots, \quad (m-1)a, \quad ma,$$

formée des m premiers multiples du nombre a, supposé premier avec m; parmi ces multiples, il s'en trouve un, et un $seul$, qui, divisé par m, donne pour reste 1; désignons-le par $a\alpha$; on aura aussi $a\alpha - 1$ égal à un multiple de m; dans ce cas, on dit que les nombres a et α sont $associés$ suivant le module m.

Ceci posé, nous aurons à étudier deux cas principaux, selon que le module est un nombre $premier$ ou $composé$.

DES SATINS DE MODULES SIMPLES.

Prenons pour axes des x et des y, le côté horizontal inférieur et le côté vertical de gauche du carré qui sert de base au dessin.

Appelons p le module, supposé premier, et a un entier quelconque, inférieur à p, et considérons les deux progressions

$$x: \quad 1, \quad 2, \quad 3, \quad 4, \quad \ldots, \quad p-1, \quad p,$$
$$y: \quad a, \quad 2a, \quad 3a, \quad 4a, \quad \ldots, \quad (p-1)a, \quad pa.$$

Prenons un point de liage dans la colonne 1 et dans la ligne a; un second un point de liage dans la colonne 2 et dans la ligne $2a$, et ainsi de suite, en supprimant à mesure les multiples de p, de sorte que le $k^{\text{ième}}$ point sera défini ainsi

$$x_k \equiv k, \qquad y_k \equiv ka \qquad (\operatorname{mod} p);$$

nous aurons ainsi le $satin$ de $module$ p et de $décochement$ a.

Supposons, par exemple, $p = 11$ et $a = 4$; on aura

$$x: \quad 1, \quad 2, \quad 3, \quad 4, \quad 5, \quad 6, \quad 7, \quad 8, \quad 9, \quad 10, \quad 11;$$
$$y: \quad 4, \quad 8, \quad 1, \quad 5, \quad 9, \quad 2, \quad 6, \quad 10, \quad 3, \quad 7, \quad 11.$$

Les figures 4 contiennent les 4 satins de module 11, les avancements successifs étant les nombres 4, 3, 7, 8.

Fig. 4.

En pratique, on évite l'usage de la progression qui est l'origine du satin et l'on construit directement ce dernier. Les points de liage se désignent en comptant successivement un même nombre de fils de trame et passant de chaque fil de chaîne au suivant, en continuant à compter à partir de l'origine du quadrillage, quand on a dépassé, comme il est dit ci-dessus.

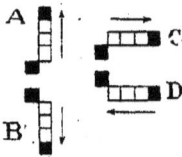

Fig. 5.

Tout point de liage se déduit du précédent, moyennant l'opération indiquée par la lettre A dans la figure 5; la case noire indique le point de départ et la case hachurée le point d'arrivée. Il reste entendu que la première case est dans l'angle *de gauche à la base* de l'échiquier.

DES SATINS COMPLÉMENTAIRES.

Deux satins de même module p et de rapports a et b sont dits *complémentaires* quand il existe entre a et b la relation

$$a + b = p.$$

Il est facile de voir que ces deux satins ne donnent pas lieu à des dessins différents. En effet, pour le premier, on procède par colonnes successives pour les points de liage et chaque case s'élève constamment de a; pour le second, on place le point de liage par colonnes consécutives, et une case s'élève constamment de $(p-a)$ ou s'abaisse de a. Les deux satins ne diffèrent donc que par les directions opposées suivant la verticale. Dans la figure 4, les deux satins de droite sont complémentaires, de même pour les deux satins de gauche, puisque $11=3+8=4+7$. Il s'ensuit qu'on peut toujours supposer le décochement inférieur à la moitié du module; mais il peut se faire suivant les deux directions verticales opposées, comme l'indiquent les deux lettres A et B de la figure 5.

DES SATINS ASSOCIÉS.

Deux satins de même module p et de rapports a et c, sont dits *associés* quand les deux nombres a et c sont unis selon le module p; ainsi 4 et 3, module 11. Il est facile de voir que ces deux satins diffèrent seulement en ceci que les fils de chaîne sont substitués aux fils de trame, et inversement. Donc, bien que différents au point de vue pratique — puisque l'effet de chaîne est substitué à un effet de trame, — les deux dessins peuvent coïncider en les posant face à face, de manière que le premier fil de chaîne de l'un se trouve appliqué sur le premier fil de trame du second.

DES SATINS DE MÊME GROUPE.

Il résulte de la définition même que si a et c sont des nombres associés suivant le module p, il en est de même de leurs compléments $p-a$

et $p - c$. Formons le groupe de quatre décochements

$$\begin{vmatrix} a & c \\ p - a & p - c \end{vmatrix}$$ pour les directions $\quad \begin{matrix} A \uparrow & C \leftarrow \\ B \downarrow & \leftarrow D \end{matrix}$

et, par exemple, pour le module 11, le groupe

$$\begin{vmatrix} 4 & 3 \\ 7 & 8 \end{vmatrix}$$

Les quatre satins peuvent être construits avec un quelconque des quatre nombres du groupe. Mais le mode de décochement est le même dans les quatre dessins, si l'on ne tient pas compte du sens du décochement et l'on ne considère deux points de liage que dans le sens de leur plus petit éloignement.

Nous avons ainsi considéré toutes les directions possibles permettant de construire un point de liage d'après celle du point le plus voisin, comme l'indiquent les figures 4 et 5; on peut donc admettre ce principe : *Deux satins de même module, qui ne sont ni associés ni complémentaires, sont nécessairement distincts.*

Observations. — I. L'aire du parallélogramme ayant pour sommets les centres d e quatre points de liage voisins, est équivalente à l'aire d'une case du dessin, multipliée par le module.

II. La construction des satins de module p donne la figuration géométrique de toutes les solutions de la congruence

$$m x + n y \equiv 0 \qquad (\text{mod } p)$$

ou de l'équation indéterminée

$$m x + n y + p z = 0.$$

DES SATINS CARRÉS.

On a vu que, pour un module quelconque p, il y a quatre nombres, a, $p - a$, c, $p - c$, donnant lieu au même dessin; alors la question se pose de savoir si ces quatre nombres sont toujours distincts, ou mieux, dans quel cas deux ou plusieurs de ces nombres peuvent être égaux. Observons d'abord que pour tout nombre premier, aucun nombre (sauf l'unité) ne peut être égal à son associé. Reste donc à étudier le second cas, c'est-à-dire à déterminer le cas où un nombre peut être l'associé de son complément. Puisque $a (p - a)$ divisé par p donne 1 pour reste, $a^2 + 1$ est un multiple de p, ce qui a lieu, par exemple, pour $a = 5$ et $p = 13$, pour $a = 4$ et $p = 17$. Avant de chercher les valeurs de a satisfaisant à cette condition, considérons la forme des dessins qui peuvent la fournir:

D'une case hachurée quelconque, on peut déduire la case voisine par le moyen de décochements égaux dans les deux sens ↑ et ←, de telle façon qu'une case hachurée se trouve dans le centre d'un *carré* et que quatre autres soient disposées symétriquement autour de la première, de telle manière que leurs centres soient les sommets d'un même carré (*fig.* 6). De plus, entre quatre points de liage voisins, on peut dessiner un *carré* et les quatre cases sont disposées de la même manière autour du centre de ce carré.

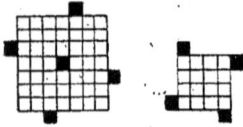

Fig. 6.

Cette distribution des points de liage est celle qui donne une régularité absolument parfaite; tout point est, en largeur comme en hauteur, également distant des quatre points de liage les plus voisins. Les tissus qui résultent de cette disposition sont parfaits comme satins. A cause de ces diverses propriétés, le satin ainsi obtenu est dit *satin carré*.

Les satins de 5 de la figure 5 forment un satin carré; la figure 7 représente le satin carré de module 13. Nous démontrerons immédiatement que *pour un module premier p, on ne peut avoir qu'un seul satin carré.* En effet, désignons par a et b les décochements de deux satins carrés de module p; les nombres $a^2 + 1$ et $b^2 + 1$ sont divisibles par p; en conséquence, leur différence $a^2 - b^2$ ou $(a + b)(a - b)$ est un multiple de p et, par suite, le nombre premier p diviserait l'un ou l'autre des deux facteurs

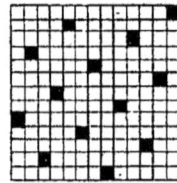

Fig. 7.

$(a + b)$ ou $(a - b)$; on devrait donc avoir soit $a = b$, soit $a + b = p$. On aurait donc un seul satin ou bien deux satins complémentaires.

En second lieu on peut démontrer que *pour un module premier impair p, on ne peut avoir de satin carré, si p est un multiple de* 4 *augmenté de* 3; *et qu'on a un satin carré si p est un multiple de* 4 *augmenté de* 1. En effet, pour former les satins de module premier p, on peut prendre comme raison a, de la progression arithmétique fondamentale, un des $(p-1)$ premiers nombres entiers; mais les raisons 1 et $(p-1)$ forment le groupe du sergé; les autres nombres se groupent quatre à quatre et ne peuvent former deux groupes dans lesquels on aurait un cas d'égalité; par conséquent, des $p = 4q+3$ nombres, il en reste $4(q-1)$ formant $(q-1)$ groupes de nombres distincts; ainsi, pour $p = 4q+3$, on ne peut avoir de satin carré.

Mais si $p = 4q-1$, on a $4(q-2)$ nombres formant $(q-2)$ groupes de nombres distincts, et il reste encore 1 et $(p-1)$, formant un satin carré, ce qu'il fallait démontrer.

SATINS DE MODULE QUELCONQUE.

La plus grande partie des résultats qu'on obtient pour les satins de module premier p, s'appliquent également dans le cas où le module est un nombre quelconque m, pourvu qu'on prenne, pour la raison a de la progression arithmétique, un nombre premier avec le module m. De même, les définitions et les propriétés des satins complémentaires, associés ou carrés sont encore vraies pour un module quelconque.

Nous devons cependant signaler deux importantes exceptions : la première a trait au nombre des satins carrés qui, dans le cas d'un module quelconque, peut être aussi grand que l'on veut, en prenant un module suffisamment élevé; la seconde fait connaître un nouveau satin, qui sera défini dans le paragraphe suivant. Dans le cas du module premier p, le nombre a peut prendre $(p-1)$ valeurs, comprenant les valeurs 1 et $(p-1)$, qui correspondent au sergé, comme dans le cas d'un module non premier; mais dans le cas d'un module quelconque, le nombre des valeurs de a, premier avec le module, et qu'on appelle *l'indicateur* de m, est le nombre des entiers inférieurs à m et premiers avec lui.

SATIN SYMÉTRIQUE.

On a vu que, lorsque le module est premier, aucun nombre, sauf l'unité ne peut être égal à son associé; mais si le module m n'est pas premier, on peut trouver un nombre a qui soit égal à son associé. Dans ce cas, $a^2 - 1$ est divisible par m; ainsi, par exemple, si le module est 8, comme le nombre $3^2 - 1$ est divisible par 8, il s'ensuit que 3 est égal à son associé, suivant le module 8. Lorsque de telles conditions sont réalisées, on peut déduire d'une case hachurée quelconque la case voisine, par le moyen d'un même décochement dans les deux sens $\uparrow$ et $\rightarrow$. La combinaison des deux opérations donne lieu à des cases hachurées symétriquement disposées deux à deux par rapport aux deux diagonales d'une case hachurée quelconque.

La figure 8 représente le satin symétrique de module 12, et la figure 3, le satin symétrique de module 8. Ceci nous amène à chercher quelles sont les valeurs de a pour lesquelles $a^2 - 1$ et $a^2 + 1$ sont multiples de m. Les premières valeurs sont données par les satins symétriques, et les secondes, par les satins carrés.

Notons que ces valeurs de a sont distinctes dans les deux cas, exception faite du cas du *drap* où $a = 1$, $m = 2$. En effet, si une même valeur de a rendait $a^2 - 1$ et $a^2 + 1$ divisibles par m, la même chose arriverait pour leur différence 2.

Avant de donner le tableau des dessins fondamentaux, nous exposerons quelques principes très faciles à démontrer. *Lorsque le module est un multiple de 4, le satin qui a pour décochement la moitié du module, diminuée de l'unité, est un satin symétrique.* En effet, si l'on pose $a = 2m + 1$, on a pour le module $4m$

$$a^2 - 1 = 4m(m-1).$$

Il s'ensuit que, d'une case hachurée quelconque, on peut déduire les

*6

autres de deux en deux, dans le sens de la diagonale; ce sont des points de liage séparés par une case vide. En effet, le double du décochement est égal au module diminué de deux unités; l'opération consiste donc à descendre de deux fils, de deux en deux colonnes (*fig.* 9, A). Ainsi, $a = 3$ pour le satin de 8 (*fig.* 3).

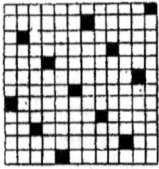

Fig. 8.

Si le décochement est égal au tiers du module $3m$, diminué de l'unité, les points de liage seront encore en diagonale, mais séparés par deux cases vides (*fig.* 9, B).

Si le décochement est égal au quart du module $4m$, diminué de l'unité, les points de liage seront encore en diagonale, séparés par trois cases vidés (*fig.* 9, C) et, en général, *pour que deux points de liage soient situés sur la même diagonale, il faut que le décochement, augmenté ou diminué de l'unité, soit un diviseur du module.*

On observera encore que le diagràmme de la figure 9 ne peut reproduire tous les points de

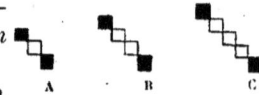

A   B   C

Fig. 9.

liage, mais seulement la moitié, le tiers, le quart... pour chacun d'eux. De plus, cela ne peut non plus avoir lieu pour les satins de module premier, ni pour les satins carrés de modules impairs.

TABLEAU DES DESSINS FONDAMENTAUX.

Le Tableau suivant a été calculé d'après les principes exposés plus haut il contient, sauf pour le sergé, les décochements des dessins fondamentaux comprenant 95 fils au plus. La première colonne contient les modules M, et la deuxième, les plus petits décochements D; quand le satin est carré, le nombre D est suivi de la lettre Q; lorsque le satin est symétrique, le nombre de la colonne D est suivi de la lettre S; les modules 2, 3, 4, 6 ne peuvent donner lieu qu'au *drap* ou au *sergé*. En comprenant le drap et les sergés des divers modules, on obtient ainsi 930 dessins fondamentaux :

> 94 *sergés*,
> 22 *satins carrés*,
> 65 *satins symétriques*,
> 749 *satins ordinaires*.

APPENDICE.

Les démonstrations précédentes ne supposent que la connaissance des théories les plus élémentaires de l'Arithmétique. Nous traiterons ici de quelques autres propriétés qui réclament des connaissances un peu plus élevées de la théorie des nombres. Nous commencerons par le théorème suivant : *Les centres de trois cases quelconques d'un échiquier de grandeur indéfinie ne sont jamais les sommets d'un triangle équilatéral ni ceux d'un polygone régulier, si ce n'est le carré.*

Les démonstrations pour le triangle équilatéral et l'hexagone régulier ont été données par nous (*Soc. math. de France*, séance du 7 nov. 1877).

S l'on considère l'échiquier comme indéfini dans tous les sens, le centre d'une case, l'un de ses sommets ou le milieu d'un de ses côtés forment des centre de symétrie. Appelons A, B, C les centres de trois cases, et supposons-les aux sommets d'un triangle équilatéral; le milieu M de la ligne BC est évidemment dans un centre de symétrie de l'échiquier, et, par suite, le point D symétrique de A par rapport à M est aussi le centre d'une case. Dans le triangle isoscèle ABD, on a

$$\overline{AD}^2 = 3\,\overline{AB}^2,$$

mais dans l'échiquier, on a

$$\overline{AB}^2 = a^2 + b^2 \qquad \text{et} \qquad \overline{AD}^2 = c^2 + d^2,$$

a, *b*, *c*, *d* étant des entiers; on aura donc

$$c^2 + d^2 = 3(a^2 + b^2),$$

ce qui est impossible.

M. C.-A. LAISANT a donné une autre démonstration très élégante, beaucoup plus simple et plus générale, convenant à tous les polygones. En effet, si l'on prend pour axe des x et axe des y deux droites parallèles aux côtés de l'échiquier et passant par le centre A, les tangentes des angles BAX et CAX sont rationnelles; la même chose devrait donc avoir lieu pour la tangente de l'angle CAB; or cet angle n'est une partie aliquote de la circonférence que dans le cas de l'angle droit.

NOMBRE DES SATINS DE MODULE 2^m.

Nous démontrerons maintenant le théorème suivant : *Si le module est une puissance de 2 et que le décochement m ne soit pas inférieur à 3, on ne peut avoir un satin carré, mais il existe un satin symétrique unique, et le nombre total des satins distincts est égal à $2^{m-3}+1$, en comprenant le sergé.*

En effet, ils ne sont pas carrés, puisque le décochement *a* est impair et qu'on peut poser

$$a = 4n \pm 1, \qquad a^2 + 1 = 8n(2n \pm 1) + 1;$$

par conséquent, $a^2 + 1$ n'est pas divisible par 8; nous supposons le module au moins égal à 8, puisqu'il n'y a pas de satin, outre le drap et le sergé, ayant les modules 2 et 4.

En second lieu, il n'y a qu'un seul satin symétrique ou son complémentaire. En effet, on doit avoir

$$(a-1)(a+1) \equiv 0 \qquad (\operatorname{mod} 2^m)$$

et, puisque les facteurs $(a-1)$ et $(a+1)$, ayant 2 pour différence, ont 2 pour plus grand commun diviseur, on doit avoir

$$a \pm 1 = 2^{m-1}.$$

En troisième lieu, le nombre des entiers a inférieurs au module et premiers avec lui, est 2^{m-1}; mettant de côté les quatre valeurs

$$1, \quad 2^m - 1, \quad 2^{m-1} - 1, \quad 2^{m-1} + 1,$$

qui conviennent au sergé et au satin symétrique, il reste $\frac{1}{4}(2^{m-1}-4)$ ou $2^{m-3}-1$ pour le nombre des satins ordinaires, et, en tout, $2^{m-3}+1$ satins.

<h3 style="text-align:center">NOMBRE DES SATINS DE MODULE p^m.</h3>

Supposons que p soit un nombre premier impair, $(m \geq 2)$. On aura la proposition suivante : *Lorsque le module est une puissance de p, on ne saurait avoir de satin symétrique; mais on a toujours un satin carré, et un seul, si le nombre premier p est un multiple de 4, plus l'unité.*

On n'a pas de satin symétrique; puisque p^m divisant a^2-1, il devrait diviser l'un des deux facteurs $(a-1)$ ou $(a+1)$, qui ne peuvent avoir d'autre diviseur commun que 2. On a donc seulement $a=1$ ou $a=p^m$, ce qui ne donne uniquement que le sergé.

En second lieu, pour le module p^m, il ne peut exister deux satins distincts; en effet, si a^2+1 et b^2+1 sont divisibles par p^m, il en sera de même pour leur différence $a^2-b^2=(a+b)(a-b)$; mais ces deux facteurs n'ont d'autres facteurs communs que ceux qui divisent leur somme $2a$, nombre premier avec p^m. On a donc nécessairement $a=b$ ou $a+b=p^m$ (satin complémentaire).

En troisième lieu, le nombre des entiers a, inférieurs au module et premiers avec lui, est

$$\varphi(p^m) = p^{m-1}(p-1).$$

Donc, laissant de côté les valeurs $a=1$ et $a=p^m-1$, qui donnent le sergé, il reste

$$N = \varphi(p^m) - 2,$$

valeurs de a.

Quand p est de la forme $4q+3$, ce nombre N est multiple de 4, et donne lieu à $\frac{1}{4}N$ satins ordinaires; on ne peut avoir de satin symétrique, ni plus d'un satin carré. Mais si $p=4q+1$, le nombre N n'est plus un multiple de 4, et l'on a un satin carré correspondant à ce nombre.

Pour vérifier, on fera voir comment on peut trouver le décochement du satin carré de module p^m, dans le cas où l'on suppose $p=4q+3$; pour cela, on peut employer un des trois moyens suivants :

1° Indiquons par a la valeur du décochement du satin carré de module p^m, et par x celle du décochement du satin carré de module p^{m-1}; on a, par hypothèse, la relation

$$a^2 + 1 = l p^m,$$

où l est connu; posons

$$x = a + y p^m,$$

il viendra

$$x^2 + 1 = (2 a y + l) p^m + y^2 p^{2m},$$

d'où, puisque $x^2 + 1$ est divisible par p^{m+1}, on conclut que $2ay + l$ est multiple de p; on déduira y d'après la propriété fondamentale de la progression arithmétique, qui correspond à la définition du satin, et l'on en déduira x.

2° On peut déterminer directement le décochement x du satin carré de module p^m, lorsqu'on connaît celui a du satin carré de module p, sans qu'il soit nécessaire de passer par les modules intermédiaires. Supposons qu'on ait

$$a^2 + 1 \equiv o \quad (\bmod\, p)$$

et désignons par i l'imaginaire $\sqrt{-1}$; il viendra

$$(a^2 + 1)^m = (a + i)^m (a - i)^m.$$

D'après la formule du binôme, on aura

$$(a + i)^m = A + B\, i,$$

A et B étant connus, ensuite

$$(a^2 + 1)^m = A^2 + B^2 \equiv o \quad (\bmod\, p^m).$$

Ainsi, le satin carré est déterminé, en procédant de A en A lignes, et de B en B colonnes. Soit β l'associé de B, module p^m; on aura

$$(A\beta)^2 + 1 \equiv o \quad (\bmod\, p^m)$$

et ainsi, le décochement du satin est le reste de la division de $A\beta$ par p^m.

3° Enfin, on peut employer l'élégante méthode des équipollences de l'illustre professeur G. BELLAVITIS, et interprétant géométriquement les deux méthodes de calcul indiquées. Si le quadrillage est exact, cette méthode est sans doute bien préférable en pratique à celle du calcul.

NOMBRE DE SATINS DE MODULE QUELCONQUE.

Représentons par $m = ABC \ldots$ un module quelconque décomposé en ses facteurs premiers (et premiers entre eux) et posons

$$A = 2^\alpha, \qquad B = b^\beta, \qquad C = c^\gamma.$$

Si m est impair, α est nul. — Nous résoudrons ensuite la question suivante :

Trouver une valeur de x, telle que l'on ait.

$$(1) \qquad x \equiv A_0 \quad (\text{mod } A), \qquad x \equiv B_0 \quad (\text{mod } B), \qquad \ldots$$

Nous déterminerons facilement, en nous servant de la proposition fondamentale de la progression arithmétique, les nombres $r, s, t, \ldots$ qui vérifient les *congruences* suivantes :

$$\frac{m}{A} r \equiv 1 \quad (\text{mod } A), \qquad \frac{m}{B} s \equiv 1 \quad (\text{mod } B), \qquad \ldots;$$

on aura

$$x = \frac{m}{A} A_0 r + \frac{m}{B} B_0 s + \frac{m}{C} C_0 t + \ldots \qquad (\text{mod } m).$$

D'autre part, il n'y a qu'une seule valeur de x, comprise entre 0 et m, vérifiant les congruences données, puisque la différence de deux valeurs de x doit être divisible par m, vu qu'elle l'est par $A, B, C, \ldots$ Ceci admis, indiquons par X une des deux expressions $x^2 - 1$ ou $x^2 + 1$. Afin que le satin de décochement x et de module m soit symétrique ou carré, il faut et il suffit que X soit divisible par m ou qu'il soit séparément divisible par $A, B, C, \ldots$; cette conséquence équivaut à la condition de l'existence de satins carrés. Nous voyons immédiatement qu'il ne peut y avoir de satin carré de module m, si l'un des nombres $A, B, C, \ldots$ est multiple de 4, plus 0 ou 3; supposons que cela ne soit pas, et désignons par $A_0, B_0, C_0, \ldots$ les nombres qui rendent

$$A_0^2 + 1, \quad B_0^2 + 1, \quad C_0^2 + 1, \quad \ldots$$

divisibles respectivement par $A, B, C, \ldots$; ces nombres sont les décochements des satins carrés de modules $A, B, C, \ldots$; désignons aussi par A_0, $B_0, \ldots$ les nombres qui rendent

$$A_0^2 - 1, \quad B_0^2 - 1, \quad \ldots$$

divisibles par $A, B, \ldots$; ces nombres sont les décochements des satins symétriques de modules $A, B, \ldots$ de manière qu'on aura dans ce cas les relations

$$A_0 \pm 1 = A, \qquad B_0 \pm 1 = B, \qquad C_0 \pm 1 = C, \qquad \ldots$$

Maintenant, si nous déterminons x par le système (1), nous obtiendrons pour x le décochement d'un satin carré ou d'un satin symétrique de module m. D'autre part, il est facile de voir qu'on obtient ainsi tous les décochements possibles de ces deux variétés de satins.

En outre, le nombre des valeurs de x est égal au nombre des systèmes des valeurs de $A_0, B_0, \ldots$

Nombre Q des satins carrés de module m. — Si m est impair ou double d'un impair, et contient h facteurs premiers différents, tous de forme

$4q+1$, on a dans ce cas $Q = 2^{h-1}$ pour le nombre des satins carrés distincts. Si le module m est divisible par 4, on n'a aucun satin carré.

Nombre S des satins symétriques de module m. — On aura $S = 2^{h-1}$, si m est impair ou double d'un impair ; si le module est quadruple d'un impair, on a $S = 2^h$; enfin, si m est multiple de 8, on a $S = 2^{h+1}$.

Nombre O des satins ordinaires de module m. — Désignons par $\varphi(m)$ l'indicateur de m ; on a évidemment

$$O = \frac{1}{4}[\varphi(m) - 2Q - 2S].$$

Nombre des satins distincts de module m. — Désignons par N le nombre des satins distincts de module m, comprenant le sergé et les satins carrés ou symétriques ; on a

$$N = O + Q + S.$$

Remarque. — Le plus petit module pour lequel il y ait en même temps un satin carré et un satin symétrique est 65 ; on a même, dans ce cas, deux satins carrés.

Paris, 15 janvier 1880.

M.	DÉCOCHEMENTS.	M.	DÉCOCHEMENTS.	M.	DÉCOCHEMENTS.
5	2 Q.	36	5, 11, 17 S.	66	5, 7, 17, 23 S, 25.
7	2.	37	2, 3, 4, 5, 6 Q, 7, 8, 10, 13.	67	2, 3, 4, 5, 6, 7, 8, 9, 10, 12, 13, 14, 16, 18, 23, 29.
8	3 S.	38	3, 5, 7, 9.	68	3, 5, 7, 9, 11, 13, 19, 33 S.
9	2.	39	2, 4, 5, 7, 14 S, 16.	69	2, 4, 5, 7, 8, 11, 13, 19, 20, 32 S, 28.
10	3 Q.	40	3, 7, 9 S, 11 S, 19 S.	70	3, 9, 11, 13, 17, 29 S.
11	2, 3.	41	2, 3, 4, 5, 6, 9 Q, 11, 12, 13, 16.	71	2, 3, 4, 5, 6, 7, 8, 11, 15, 16, 17, 20, 21, 22, 23, 26, 28.
12	5 S.	42	5, 11, 13 S.	72	5, 7, 11, 17 S, 19 S, 23, 35 S.
13	2, 3, 5 Q.	43	2, 3, 4, 5, 6, 8, 9, 10, 12, 15.	73	2, 3, 4, 5, 6, 7, 8, 10, 11, 13, 14, 15, 16, 17, 19, 25, 27 Q, 31.
14	3.	44	3, 5, 7, 13, 21 S.	74	3, 5, 7, 9, 11, 13, 19, 23, 31 Q.
15	2, 4 S.	45	2, 4, 7, 8, 14, 19 S.	75	2, 4, 7, 8, 11, 13, 14, 17, 26 S, 29.
16	3, 7 S.	46	3, 5, 7, 11, 17.	76	3, 5, 7, 9, 13, 21, 23, 27, 37 S.
17	2, 3, 4 Q, 5.	47	2, 3, 4, 5, 6, 7, 9, 10, 11, 13, 15.	77	2, 3, 4, 5, 6, 8, 9, 10, 12, 15, 16, 18, 20, 25, 34 S.
18	5.	48	5, 11, 7 S, 17 S, 23 S.	78	5, 7, 17, 19, 25 S, 29.
19	2, 3, 4, 7.	49	2, 3, 4, 5, 6, 9, 13, 17, 18, 20,	79	2, 3, 4, 5, 6, 7, 8, 9, 11, 12, 14, 15, 18, 19, 23, 27, 28, 29, 32.
20	3, 9 S.	50	3, 7 Q, 9, 13, 19.	80	3, 7, 9 S, 11, 13, 17, 19, 31 S, 39 S.
21	2, 4 SS.	51	2, 4, 5, 7, 8, 11, 16 S, 20.	81	2, 4, 5, 7, 8, 11, 13, 14, 17, 26, 31, 32, 35.
22	3, 5.	52	3, 5, 7, 9, 11, 25 S.	82	3, 5, 7, 9 Q, 11, 13, 17, 21, 23, 31.
23	2, 3, 4, 5, 7.	53	2, 3, 4, 5, 6, 7, 8, 10, 11, 12, 14, 17, 23 Q.	83	2, 3, 4, 5, 6, 7, 8, 9, 10, 11, 13, 16, 17, 18, 19, 20, 22, 24, 27, 30.
24	5 S, 7 S, 11 S.	54	5, 7, 13, 17.	84	5, 11, 13 S, 19, 23, 29 S, 41 S.
25	2, 3, 4, 7 Q, 9.	55	2, 3, 4, 6, 7, 12, 13, 16, 19, 21 S.	85	2, 3, 4, 6, 7, 8, 9, 11, 13 Q, 16 S, 18, 22, 23, 24, 26, 29, 38 Q.
26	3, 5 Q, 7.	56	3, 5, 9, 13 S, 15 S, 17, 27 S.	86	3, 5, 7, 9, 11, 13, 15, 21, 25, 27.
27	2, 4, 5, 8.	57	2, 4, 5, 7, 10, 11, 13, 16, 20 S.	87	2, 4, 5, 7, 8, 10, 13, 14, 16, 17, 19, 23, 28 S, 37.
28	3, 5, 13 S.	58	3, 5, 7, 9, 11, 15, 17 Q.	88	3, 5, 7, 9, 13, 15, 17, 19, 21 S, 23 S, 43 S.
29	2, 3, 4, 5, 8, 9, 13 Q.	59	2, 3, 4, 5, 6, 7, 8, 9, 11, 14, 18, 19, 24, 25.	89	2, 3, 4, 5, 6, 7, 8, 9, 12, 13, 14, 16, 17, 20, 23, 24, 25, 27, 28, 29, 34 Q, 36.
30	7, 11 S.	60	7, 13, 11 S, 19 S, 29 S.	90	7, 11, 17, 19 S, 23, 29.
31	2, 3, 4, 5, 7, 11, 12.	61	2, 3, 4, 5, 6, 7, 8, 9, 11 Q, 13, 16, 17, 21, 23, 24.	91	2, 3, 4, 5, 6, 8, 9, 11, 12, 16, 19, 20, 22, 25, 27 S, 31, 32, 36.
32	3, 5, 7, 15 S.	62	3, 5, 7, 11, 13, 15, 23.	92	3, 5, 7, 9, 11, 15, 17, 19, 21, 33, 45 S.
33	2, 4, 5, 7, 10 S.	63	2, 4, 5, 8 S, 10, 11, 13, 17, 20.	93	2, 4, 5, 7, 8, 10, 11, 13, 14, 16, 19, 22, 25, 32 S, 34.
34	3, 5, 9, 13 Q	64	3, 5, 7, 11, 15, 19, 23, 31 S.	94	3, 5, 7, 9, 11, 13, 15, 23, 33, 35, 39.
35	2, 3, 4, 6 S, 8, 11.	65	2, 3, 4, 6, 7, 8 Q, 9, 12, 14 S, 17, 18 Q, 19.	95	2, 3, 4, 6, 7, 8, 9, 11, 13, 14, 17, 18, 23, 29, 31, 39 S, 41, 42.

M. Ch. LALLEMAND,

Membre de l'Institut,

Inspecteur général des Mines (Paris).

LA CARTE DU MONDE AU MILLIONIÈME ET LES ERREURS DUES A SON MODE DE CONSTRUCTION (*).

912 (∞) 0011

4 Août.

I. — EXPOSÉ PRÉLIMINAIRE.

Sur l'initiative du gouvernement anglais, une Conférence internationale s'est réunie à Londres, en novembre 1909, à l'effet d'arrêter des bases uniformes pour l'exécution d'une Carte du monde à l'échelle du millionième. Cette Conférence a choisi, pour la construction de la carte, un système polyconique de développement, susceptible d'être ainsi défini :

L'ellipsoïde terrestre est divisé en 60 fuseaux par des méridiens espacés de 6° en 6°, à partir de Greenwich.

Pour chaque fuseau PEJQ (*fig.* 1), le méridien central PEQ est développé, sans déformation, en P′EQ′, sur sa tangente équatoriale ET′.

Dans ce développement, un point A de ce méridien vient en un point A′ tel que

$$EA' = arc\ EA.$$

D'autre part, soient :

AB, un parallèle quelconque ;
TAB, le cône tangent à l'ellipsoïde le long de ce parallèle.

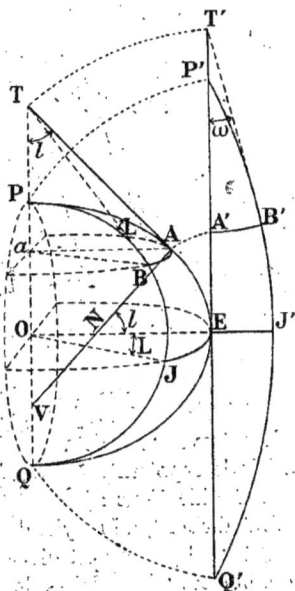

Fig. 1.

Développons la surface de ce cône sur son plan tangent le long de la génératrice AT. La base AB du cône devient, dans ce plan, un arc de cercle ayant TA pour rayon.

(*). Cette Communication a été faite également à la Section de Géographie.

Appliquons maintenant ce plan sur le plan tangent en E à l'ellipsoïde, le point A étant mis en coïncidence avec A', et la génératrice AT venant en A'T' sur la tangente ET' au méridien central. Sur ce plan rabattu, l'arc AB, d'amplitude égale à 3° au plus, est représenté, en vraie grandeur, par l'arc de cercle A'B' ayant T' pour centre.

Faisons de même pour tous les autres parallèles et réunissons, par un trait continu P'B'J'Q', les extrémités B' des arcs de même amplitude L; la courbe obtenue figure un méridien.

Dans le développement, ce méridien se trouve dilaté, car, évidemment, on a :

$$P'J'Q' > P'EQ'$$

et P'EQ', avons-nous dit, représente en grandeur exacte le méridien central du fuseau.

Chacun des méridiens intermédiaires est, de même, figuré par une courbe reliant entre eux les points représentatifs des intersections de ce méridien avec les parallèles successifs.

En résumé, dans ce développement d'un fuseau, le méridien central

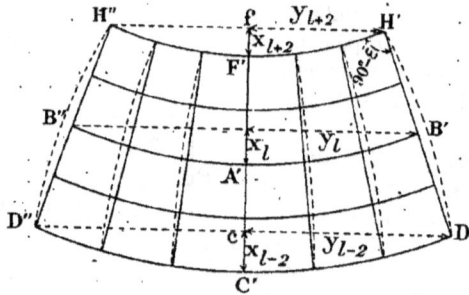

Fig. 2.

et les divers parallèles seraient représentés en vraie grandeur, tandis que les méridiens, autres que l'axe du fuseau, accuseraient une dilatation croissant avec leur distance à l'axe.

Mais la représentation ainsi obtenue du fuseau entier subit ensuite deux modifications :

Tout d'abord, au moyen de parallèles espacés de 4° en 4° à partir de l'équateur, le fuseau est divisé en 44 compartiments trapézoïdaux, plus deux pointes triangulaires de 2° de hauteur.

Dans chacun des compartiments constituant une feuille de la Carte, chaque méridien curviligne est remplacé par la corde joignant ses points de rencontre avec les deux parallèles extrêmes (fig. 2).

De là résultent :

1° Pour les méridiens, une diminution de longueur qui compense en partie l'allongement primitif;

2° Pour chacun des parallèles autres que les deux extrêmes, un retrait qui va croissant du milieu vers les bords.

En outre, conformément à une mesure adoptée, sur ma proposition, par la Conférence, tous les méridiens subissent un retrait supplémentaire égal à la moitié de l'allongement des méridiens extrêmes, H′D′ et H″D″. Abstraction faite du signe, l'erreur maxima de longueur des méridiens se trouve ainsi réduite de moitié.

Dans ces conditions et eu égard au degré de précision compatible avec l'échelle, j'ai pu établir des formules simplifiées permettant de construire la Carte et de calculer, avec une approximation suffisante, les altérations subies par les angles et par les distances mesurées sur cette carte.

L'exposé de ces calculs fait l'objet de la présente Note.

II. — ÉTABLISSEMENT DES FORMULES.

Pour pouvoir tracer le réseau des méridiens et des parallèles d'une feuille de latitude moyenne l, il suffit de connaître (*fig.* 2) :

1° La hauteur centrale de la feuille,

$$C'F' = S_{l-2}^{l+2};$$

2° Les flèches extrêmes,

$$\begin{cases} C'c = x_{l-2}; \\ F'f = x_{l+2}; \end{cases}$$

3° Les demi-largeurs extrêmes,

$$\begin{cases} D'c = y_{l-2}, \\ H'f = y_{l+2}. \end{cases}$$

Par les points H′, F′ et H″, d'une part, D′, C′ et D″, d'autre part, on fait passer deux arcs de cercle (*), que l'on divise en six parties égales pour avoir les points d'attache des méridiens intermédiaires à nombres ronds de degrés. Ces points sont ensuite réunis, deux à deux, par des lignes droites, dont les deux extrêmes et la droite centrale sont à leur tour divisées chacune en quatre parties égales, ce qui donne les points de passage des trois parallèles intermédiaires à nombres entiers de degrés. Par les trois points ainsi obtenus de chacun de ces parallèles, on fait de même passer un arc de cercle.

Il reste à calculer les valeurs approchées de S, x et y, en fonction de l.

1° LONGUEUR S DU MÉRIDIEN CENTRAL. — Soient :

a, le rayon équatorial du globe terrestre;

b, le rayon polaire;

(*) Vu la petitesse des flèches x qui, on le verra plus loin, ne dépassent guère 4 mm pour des cordes de 0,50 m de longueur, on peut construire ces arcs simplement au moyen d'une règle flexible, passant par les trois points donnés, savoir les deux extrémités de l'arc et le sommet de la flèche.

e, l'excentricité;

α, l'aplatissement;

l, la latitude du point A (*fig.* 1), exprimée en degrés;

S_0^l, la longueur rectifiée d'un arc de méridien compris entre les latitudes o° et l.

D'après des formules connues (*), on a :

$$e^2 = \frac{a^2 - b^2}{a^2} = 1 - \frac{b^2}{a^2},$$

avec :

$$\frac{b}{a} = 1 - \alpha;$$

d'où :

$$e^2 = 1 - (1 - \alpha)^2 = 2\alpha - \alpha^2;$$

et

$$S_0^l = a(1 - e^2)\left(\frac{M \pi l}{180} - \frac{1}{2} N' \sin 2 l + \frac{1}{4} P' \sin 4 l + \dots \right)$$

avec :

$$\begin{cases} M = 1 + \dfrac{3}{4} e^2 + \dfrac{45}{64} e^4 + \dots, \\[2mm] N' = \dfrac{3}{4} e^2 + \dfrac{60}{64} e^4 + \dots, \\[2mm] P' = \phantom{1 + \dfrac{3}{4} e^2 +} \dfrac{15}{64} e^4 + \dots, \end{cases}$$

On en tire :

$$(1) \quad S_{l-2}^{l+2} = a(1 - e^2)\left\{ \frac{M\pi}{45} - \frac{1}{2} N'[\sin 2(l+2) - \sin 2(l-2)] \right.$$
$$\left. + \frac{1}{4} P'[\sin 4(l+2) - \sin 4(l-2)] + \dots \right\}.$$

D'après les mesures géodésiques les plus récentes et pour un globe terrestre réduit au millionième, on aurait (**) :

$$\begin{cases} a = 6378,4 \text{ mm}, \\[2mm] \alpha = \dfrac{1}{297}. \end{cases}$$

Les termes dont la valeur numérique n'atteint pas 0,05 mm étant négligeables dans l'espèce, la relation (1) peut s'écrire :

$$S_{l-2}^{l+2} = \frac{\pi a}{45}\left(1 - \frac{\alpha}{2} \right) - \frac{3}{2} a \alpha \sin 4° \cos 2 l.$$

ou, plus simplement, en remplaçant a et α (***) par leurs valeurs ci-dessus :

$$(2) \qquad S_{l-2}^{l+2} = 444,50 \text{ mm} - 2,25 \text{ mm} \cos 2 l.$$

(*) FAYE, *Cours d'Astronomie et de Géodésie professé à l'École Polytechnique.*

(**) Conférence générale de Londres et Cambridge, 1909 (*Procès-verbaux de l'Association géodésique internationale*);

(***) L'aplatissement ne joue ici qu'un rôle très secondaire. Si, par exemple, à

2° LARGEURS y ET FLÈCHES x. — L'arc A'B' (fig. 1 et 2), avons-nous dit, appartient à un cercle dont le rayon (fig. 1),

$$B'T' = A'T' = AT.$$

calculé dans le triangle rectangle TAV, a pour valeur

$$AT = AV \cot l = N \cot l,$$

N = AV étant la grande normale en A à l'ellipse méridienne.

D'autre part, ω désignant l'angle au centre A'T'B' (fig. 1), corrélatif de l'arc A'B', on a :

$$\begin{cases} x_n = B'T'(1 - \cos\omega) = N \cot l(1 - \cos\omega); \\ y_n = B'T' \sin\omega \quad\quad = N \cot l \sin\omega \end{cases}$$

avec

$$A'B' = A'T'.\omega = \omega N \cot l,$$

Mais, sur le parallèle AB (fig. 1), L étant la longitude de B, comptée à partir du méridien central PAE, pris comme origine, on a, d'autre part,

$$AB = \pi A a \frac{L}{180} = \frac{\pi L}{180} N \cos l,$$

car, dans le triangle rectangle A aV,

$$A a = AV \cos l = N \cos l.$$

Comme

$$A'B' = AB,$$

il faut que

(3)
$$\omega = \frac{\pi L}{180} \sin l.$$

D'où, si l'on développe en séries, ω étant toujours inférieur à 3°,

$$\begin{cases} 1 - \cos\omega = \frac{1}{2}\left(\frac{\pi L}{180}\right)^2 \sin^2 l - \dots, \\ \sin\omega = \frac{\pi L}{180} \sin l \left[1 - \frac{1}{6}\left(\frac{\pi L}{180}\right)^2 \sin^2 l + \dots \right]. \end{cases}$$

D'après une formule connue, on a, d'autre part,

$$AV = N = a(1 - e^2 \sin^2 l)^{-\frac{1}{2}} = a\left(1 + \frac{e^2}{2} \sin^2 l + \dots\right).$$

l'ellipsoïde adopté l'on substituait l'ellipsoïde de Clarke, pour lequel on a

$$a = 6378,25 \text{ mm},$$

$$\alpha = \frac{1}{293,5},$$

la valeur calculée de $S/\pm\frac{2}{2}$ ne serait pas modifiée de 0,01 mm.

Si, dans les développements ci-dessus, on néglige les termes dont l'influence sur la valeur numérique de $x_{l\!L}$ et de $y_{l\!L}$ est inférieure à 0,05 mm, il vient :

$$\left\{ \begin{aligned} x_{l\!L} &= \frac{a}{4}\left(\frac{\pi \mathrm{L}}{180}\right)^2 \sin 2l + \dots, \\ y_{l\!L} &= \frac{\pi \mathrm{L}a}{180}\cos l\left(1 + \frac{e^2}{2}\sin l\right)\left[1 - \frac{1}{6}\left(\frac{\pi \mathrm{L}}{180}\right)^2 \sin^2 l\right], \end{aligned} \right.$$

ou

$$(4) \quad \left\{ \begin{aligned} x_{l\!L} &= 0,486\,\mathrm{mm}\ \mathrm{L}^2 \sin 2l, \\ y_{l\!L} &= 111,3\,\mathrm{mm}\ \mathrm{L} \cos l\left[1 + \left(\alpha - \frac{\mathrm{L}^2}{9\times 2160}\right)\sin^2 l\right]. \end{aligned} \right.$$

Si L = 3°, on a simplement

$$(4\ bis) \quad \left\{ \begin{aligned} x_l &= 4,4\,\mathrm{mm}\ \sin 2l, \\ y_l &= 334,25\,\mathrm{mm}\ \cos l - 0,25\,\mathrm{mm}\ \cos 3l \quad (*). \end{aligned} \right.$$

3° Déformations linéaires et angulaires.

a. Allongement des méridiens. — A part le méridien central de la feuille, avons-nous dit, tous les autres méridiens sont dilatés. L'allongement maximum (*fig.* 2),

$$\sigma = \mathrm{H}'\mathrm{D}' - \mathrm{C}'\mathrm{F}' = \mathrm{H}'\mathrm{D}' - \mathrm{S}_{l-2}^{l+2},$$

a lieu pour les deux méridiens extrêmes de droite et de gauche.

D'après les formules (4), on peut écrire :

$$\left\{ \begin{aligned} \Delta x &= x_{l+2} - x_{l-2} = 0,486\,\mathrm{mm}\ \mathrm{L}^2[\sin 2(l+2) - \sin 2(l-2)] \\ &= 0,97\ \mathrm{mm}\ \mathrm{L}^2 \sin 4° \cos 2l, \\ \Delta y &= y_{l+2} - y_{l-2} = 111,3\,\mathrm{mm}\ \mathrm{L}[\cos(l+2) - \cos(l-2)] + \dots \\ &= -222,6\,\mathrm{mm}\ \mathrm{L}\ \sin 2° \sin l + \dots \end{aligned} \right.$$

ou, finalement

$$(5) \quad \left\{ \begin{aligned} \Delta x &= 0,0677\,\mathrm{mm}\ \mathrm{L}^2 \cos 2l, \\ \Delta y &= -7,77\ \mathrm{mm}\ \mathrm{L}\ \sin l. \end{aligned} \right.$$

Pour L = 3°, on a

$$(6) \quad \left\{ \begin{aligned} \Delta x &= 0,6\,\mathrm{mm}\ \cos 2l, \\ \Delta y &= -23,3\,\mathrm{mm}\ \sin l. \end{aligned} \right.$$

D'autre part, avec

$$\left\{ \begin{aligned} \mathrm{H}'\mathrm{D}' &= \mathrm{S}_{l-2}^{l+2} + \sigma, \\ cf &= \mathrm{S}_{l-2}^{l+2} + \Delta x, \end{aligned} \right.$$

(*) En effet :

$$\sin^2 l \cos l = \frac{1}{2}\sin l \sin 2l = \frac{1}{4}(\cos l - \cos 3l).$$

on a évidemment

$$\overline{\Delta y}^{2} = \overline{H'D'}^{2} - \overline{cf}^{2} = (H'D' - cf)(H'D' + cf)$$
$$= (\sigma - \Delta x)(2\,S_{l-\frac{2}{2}}^{l+\frac{2}{2}} + \sigma + \Delta x)$$
$$= 2\,S_{l-\frac{2}{2}}^{l+\frac{2}{2}}(\sigma - \Delta x) + \left(\sigma^{2} - \overline{\Delta x}^{2}\right).$$

Comme on peut aisément le vérifier, la très petite différence $\left(\sigma^{2} - \overline{\Delta x}^{2}\right)$ étant ici négligeable à côté de $\overline{\Delta y}^{2}$, comme aussi, dans l'expression de $S_{l-\frac{2}{2}}^{l+\frac{2}{2}}$, le terme $2,25\,\text{mm} \cos 2l$ à côté de $444,5\,\text{mm}$, on peut finalement écrire, avec une approximation suffisante,

$$\sigma = \Delta x + \frac{\overline{\Delta y}^{2}}{2\,S_{l-\frac{2}{2}}^{l+\frac{2}{2}}} = \Delta x + \frac{\overline{\Delta y}^{2}}{889\,\text{mm}},$$

ou, d'après les relations (5),

(7) $\sigma = 0,07\,\text{mm}\,L^{2}(\cos 2l + \sin^{2}l) = 0,07\,\text{mm}\,L^{2}\cos^{2}l.$

Pour L $= 3^{o}$, on a simplement

(8) $\sigma = 0,6\,\text{mm}\cos^{2}l.$

On restreindra d'environ moitié ce maximum en diminuant de $0,63\,\text{mm}\cos^{2}l$ par mètre, l'échelle méridienne de chaque feuille, ce qui aura pour effet de réduire de $0,3\,\text{mm}\cos^{2}l = 0,15\,\text{mm}\,(1 + \cos 2l)$ la longueur de tous les méridiens. Celle du méridien central deviendra ainsi :

(9) $S'_{l.} = S_{l-\frac{2}{2}}^{l+\frac{2}{2}} - 0,15\,\text{mm} - 0,15\,\text{mm}\cos 2l = 444,35\,\text{mm} - 2,4\,\text{mm}\cos 2l,$

et les deux méridiens situés, de part et d'autre du centre, à 2° d'écart en longitude, seront ramenés à leur longueur correcte, car, d'après la formule (7), pour

$$L = 2^{o},$$

on a sensiblement

$$\sigma = 0,3\,\text{mm}\cos^{2}l.$$

D'après l'équation (7), pour un méridien quelconque, distant de L^{o} du méridien central, l'erreur résultante sera dès lors, à très peu près,

$$\sigma_{ll.} = 0,07\,\text{mm}\,(L^{2} - 4)\cos^{2}l.$$

L'allongement relatif correspondant a pour valeur

(9 bis) $\dfrac{\sigma_{ll.}}{S'_{L}} = \dfrac{0,07\,\text{mm}}{444,5\,\text{mm}}(L^{2} - 4)\cos^{2}l = \dfrac{1}{6350}(L^{2} - 4)\cos^{2}l.$

Les maxima ont lieu à l'équateur ($l = 0^{o}$) et sur les méridiens extrêmes des feuilles (L $= 3^{o}$), où l'allongement atteint 1 mm sur 1,27 m et correspond à une erreur de 1 km sur 1270 km.

b. Retrait du parallèle moyen d'une feuille. — Dans chaque feuille, avons-nous dit, les méridiens curvilignes sont tous remplacés par leurs cordes. Dès lors, à l'exception des parallèles extrêmes, qui gardent leur longueur correcte, tous les autres se trouvent réduits. Le retrait maximum correspond évidemment au parallèle moyen et a pour mesure, en chaque point, le double de la flèche comprise entre un arc méridien tel que $H'B'D'$ (*fig. 2*) et sa corde $H'D'$.

Vu la petitesse relative des flèches x, le retrait en question Δ_l est représenté par la différence entre la corde $2y_l$ du parallèle moyen, prise avant la rectification des méridiens, et la moyenne des cordes correspondantes, $2y_{l-2}$, $2y_{l+2}$, des parallèles extrêmes.

D'une manière générale, avec une feuille large de $2\,L^o$, on aurait, pour le retrait Δ_{lL} dont il s'agit,

$$\Delta_{lL} = 2y_{lL} - (y_{(l-2)L} + y_{(l+2)L})$$
$$= 222\,\text{mm}\,L \left\{ \cos l - \frac{1}{2}[\cos(l-2) + \cos(l+2)] \right\} + \dots$$
$$= 222\,\text{mm}(1 - \cos 2^o)\,L \cos l$$

ou, finalement :

$$(10) \qquad \Delta_{lL} = 0,14\,\text{mm}\,L \cos l.$$

Et pour $L = 3^o$,

$$(10\ bis) \qquad \Delta_l = 0,4\,\text{mm} \cos l.$$

Comme pour les méridiens, ce maximum pourrait être réduit de moitié en augmentant de $0,1$ mm $\cos l$ la longueur de toutes les demi-cordes (*). D'après la formule (4 *bis*), cette longueur deviendrait alors

$$(4\ ter) \qquad y_l = 334,35\,\text{mm} \cos l - 0,25\,\text{mm} \cos 3 l.$$

Les deux parallèles situés à $1^o,4$ au-dessus et au-dessous du parallèle central de la feuille auraient, seuls, une grandeur correcte et, sur le parallèle moyen, le retrait se réduirait à

$$(11) \qquad \Delta'_{lL} = 0,07\,\text{mm}\,L \cos l.$$

En chaque point du parallèle moyen, ou des deux parallèles extrêmes, le retrait ou l'allongement relatifs seraient sensiblement

$$(11\ bis) \qquad \frac{\Delta'_{lL}}{y_{lL}} = \frac{0,068\,\text{mm}\,L \cos l}{222,6\,\text{mm}\,L \cos l} = 0,0003 = \frac{1}{3300}.$$

(*) Bien qu'elle n'ait pas été envisagée par la Conférence de Londres, cette petite amélioration peut, sans inconvénients, être introduite dans la construction de la Carte.

Ce rapport, on le voit, est indépendant de la latitude et constant le long du parallèle.

c. Altérations angulaires. — Considérons un cercle infinitésimal tracé sur la sphère. Vu l'allongement des méridiens et le retrait des parallèles dans le développement, ce cercle sera représenté par une petite ellipse très peu aplatie, dont les axes, faciles à calculer, fourniront une mesure indirecte de l'altération des angles, chaque couple de diamètres rectangulaires du cercle répondant, comme on sait, à un couple de diamètres conjugués de l'ellipse et la déformation angulaire cherchée étant la différence entre 90° et l'angle de ces deux diamètres.

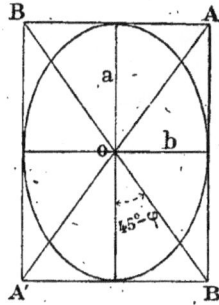
Fig. 3.

Cette déformation atteint son maximum φ pour le couple des diamètres conjugués AA′, BB′ (*fig.* 3), diagonales du rectangle ABA′B′ formé par les tangentes aux quatre sommets de l'ellipse.

Soient a et b les axes de celle-ci.

Chacun des deux diamètres en question forme, avec le grand axe, c'est-à-dire avec le méridien, un angle $(45° - \varphi)$ satisfaisant à la relation :

$$\frac{b}{a} = \tan(45° - \varphi) = \frac{1 - \tan\varphi}{1 + \tan\varphi};$$

d'où

$$\frac{1 - \dfrac{b}{a}}{1 + \dfrac{b}{a}} = \tan\varphi$$

ou simplement, vu la petitesse de φ et de l'aplatissement $\left(1 - \dfrac{b}{a}\right)$,

$$1 - \frac{b}{a} = 2\varphi.$$

Calculons successivement, pour le parallèle moyen et pour les parallèles extrêmes, es altérations angulaires qu'entraînent, d'une part, l'allongement relatif des méridiens (formule 9 *bis*), et, de l'autre, le retrait relatif des parallèles (formule 11 *bis*), du fait du remplacement des méridiens courbes par leur corde, dans la hauteur de chaque feuille.

1° Sur le *parallèle moyen*, en un point de longitude L par rapport au milieu de la feuille, soit r le rayon du petit cercle envisagé sur la sphère. Les deux axes de l'ellipse qui lui correspond dans le développement ont respectivement pour grandeur,

dans le sens du méridien : $a = r\left[1 + \dfrac{(L^2 - 4)}{6350}\cos^2 l\right];$

» parallèle : $b = r\left(1 - \dfrac{1}{3300}\right).$

En négligeant les termes trop petits, on peut écrire :

$$\frac{b}{a} = 1 - \frac{1}{3300} - \frac{(L^2 - 4)}{6350} \cos^2 l$$

et

$$\varphi_{il.} = \frac{1}{2}\left(1 - \frac{b}{a}\right) = \frac{1}{6600} + \frac{(L^2 - 4)}{12\,700} \cos^2 l,$$

ou bien, φ étant exprimé en minutes,

(12) $$\varphi_{il.} = 0'52 + 0'27(L^2 - 4)\cos^2 l.$$

Le maximum, atteint aux extrémités du parallèle moyen ($L = 3^\circ$), est

(12 *bis*) $$\varphi_l = 0'52 + 1'35 \cos^2 l$$

et à l'équateur ($l = 0$)

$$\varphi_0 = 1'9.$$

2° Sur les *parallèles extrêmes*, en des points tels que M et N (*fig. 4*), où le retrait en largeur fait place à une égale extension, $\varphi_{il.}$ s'écrit par contre :

(12 *ter*) $$\varphi'_{il.} = -0'52 + 0'27(L^2 - 4)\cos^2 l.$$

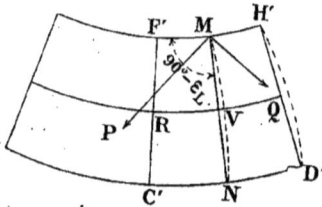

Fig. 4.

D'autre part, en ces mêmes points, l'angle droit formé, sur l'ellipsoïde, par le méridien et le parallèle, éprouve, sur la carte, du fait de la substitution de la corde MN à la courbe MVN, une altération $\varepsilon_{il.}$ dont près de la moitié retombe sur les directions inclinées à 45° de part et d'autre du méridien et, suivant le cas, s'ajoute à la déviation $\varphi'_{il.}$ ou s'en retranche.

Pour la direction MP, inclinée à 45° vers l'intérieur de la feuille, la résultante $\zeta_{il.}$ est égale à la somme des deux effets,

(13) $$\zeta_{il.} = \frac{1}{2}\varepsilon_{il.} + \varphi'_{il.}.$$

Au contraire, pour la direction MQ, inclinée à 45° vers l'extérieur, les deux déviations se retranchent l'une de l'autre et l'on a :

(14) $$\zeta'_{il.} = \frac{1}{2}\varepsilon_{il.} - \varphi'_{il.}.$$

Reste à calculer $\varepsilon_{il.}$

La tangente en chaque point B' (*fig. 1*) à la courbe P'B'J', représentative d'un méridien, est le rayon T'B' joignant ce point au centre de l'arc de cercle A'B' figuratif du parallèle correspondant. Avant leur rectification, les méridiens, dans le développement, sont donc les trajectoires orthogonales des parallèles. Après la rectification, l'angle du méridien et du parallèle au point M (*fig.* 4), par exemple, de la carte, est égal à 90° moins le petit angle ε_{lL} fait, en ce point, par la corde MN avec la tangente à la courbe méridienne MVN.

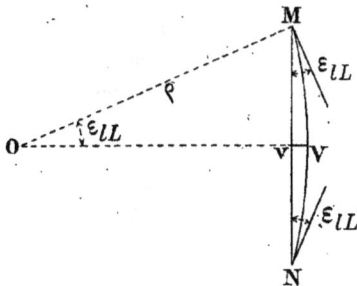

Pour simplifier le calcul de ε_{lL} et vu la faible courbure du méridien en cause, on peut, dans la hauteur d'une feuille, assimiler la courbe MVN à un arc de cercle passant par les trois points M, V, N (*fig.* 4 et 5) et attribuer à cet arc la longueur de sa corde.

Fig. 5.

Soit ρ (*fig.* 5) le rayon de ce cercle.

Le petit angle ε_{lL}, égal à l'angle au centre de l'arc MVN, satisfait aux relations approchées ci-après :

$$\begin{cases} \Delta_{lL} = 2 \cdot V\nu = 2(OV - O\nu) = 2\rho(1 - \cos\varepsilon_{lL}) = \rho\varepsilon_{lL}^2 + \dots, \\ S_{l-2}^{l+2} = MN = 2M\nu = 2\rho \sin\varepsilon_{lL} = 2\rho\varepsilon_{lL} + \dots \end{cases}$$

En faisant état des formules (2) et (10), on tire de là

$$\varepsilon_{lL} = \frac{2\Delta_{lL}}{S_{l-2}^{l+2}} = \frac{0,28\,\text{mm}\ L\cos l}{444,5\,\text{mm}} = \frac{1}{1635} L\cos l = 2'1\,L\cos l,$$

et pour $L = 3°$,

(15) $$\varepsilon_l = \frac{1}{545}\cos l = 6'3\cos l.$$

D'après les formules (12 *ter*), (13) et (14), on a finalement, à très peu près,

(16) $$\begin{cases} \zeta_{lL} = 0'27[-2 + 4L\cos l + (L^2 - 4)\cos^2 l], \\ \zeta'_{lL} = 0'27[+2 + 4L\cos l - (L^2 - 4)\cos^2 l], \end{cases}$$

et, pour $L = 3°$,

(17) $$\begin{cases} \zeta_{lL} = 0'27(-2 + 12\cos l + 5\cos^2 l), \\ \zeta'_{lL} = 0'27(+2 + 12\cos l - 5\cos^2 l). \end{cases}$$

Au pôle ($l = 90°$), on a :

$$\varepsilon_{90°} = 0, \qquad \zeta_{90°} = -0'5, \qquad \zeta'_{90°} = +0'5 ;$$

et à l'équateur ($l = 0°$), dans les coins des feuilles,

$$\varepsilon_0 = 6', \qquad \zeta_0 = 4', \qquad \zeta'_0 = 2'5.$$

En résumé, les altérations d'azimuts, à peu près nulles aux pôles, atteignent leur maximum à l'équateur et dans les quatre angles des euilles.

4° ASSEMBLAGE DES FEUILLES LIMITROPHES. — Dans un même fuseau, les feuilles successives s'assemblent entre elles tout naturellement, puisque le parallèle supérieur d'une feuille A, par exemple (*fig.* 6), est commun

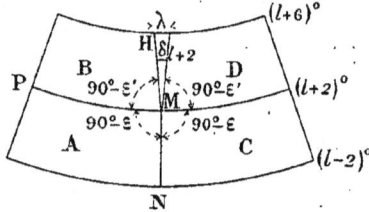

Fig. 6.

à cette feuille et à la feuille B qui vient immédiatement au-dessus.

De même, par raison de symétrie, tous les fuseaux étant identiques, les bords rectilignes latéraux des feuilles ont même grandeur pour une latitude donnée. L'ajustage se fait dès lors immédiatement aussi entre deux feuilles contiguës, telles que A et C, appartenant à une même zone.

Si maintenant, pour compléter un ensemble de quatre feuilles A, B, C, D, on assemble, avec la feuille C, la feuille supérieure contiguë D, il se produit alors, entre les feuilles B et D, un vide angulaire δ_{l+2} facile à calculer, puisqu'on connaît les angles, $(90^\circ - \varepsilon)$ et $(90^\circ - \varepsilon')$, que les deux tronçons consécutifs, HM et MN, du méridien forment, au sommet M, avec le parallèle séparatif PM des deux feuilles superposées. Comme nous l'avons vu (formule 15), on a, en effet,

$$\varepsilon = \frac{1}{545}\cos l = 6'3 \cos l,$$

l étant la latitude moyenne de la feuille A.

De même, l'angle ε' correspondant au sommet M de la feuille immédiatement supérieure B (*fig.* 6), de latitude moyenne $(l+4)$, a pour expression

$$\varepsilon' = \varepsilon_{l+4} = 6'3 \cos(l + 4).$$

Finalement, l'angle δ_{l+2} étant égal à la somme, en M, des quatre angles ε et ε', on a :

$$\delta_{l+2} = 2(\varepsilon_l + \varepsilon_{l+4}) = 12'6[\cos l + \cos(l + 4)]$$

ou bien, à très peu près,

$$\delta_{l+2} = 25'2\cos(l + 2);$$

$(l + 2)$ étant la latitude du point M, on peut, d'une manière générale, écrire :

$$\delta_l = 25'\cos l.$$

L'angle de brisure, en M, du méridien, en passant d'une feuille à la suivante, est la moitié du chiffre précédent, soit

$$\varepsilon + \varepsilon' = 12'5 \cos l.$$

La petite lacune λ laissée entre les coins supérieurs, H et H', des deux feuilles B et D, est, d'autre part, à très peu près égale à

$$\lambda = S_{l+2}^{l+6} \times \delta_{l+2} = 444,5 \text{ mm} \times \frac{4}{545} \cos(l+2)$$

ou, d'une manière générale, l désignant ici la latitude du point M,

$$\lambda_l = 3,25 \text{ mm} \cos l.$$

III. — Résumé et conclusions.

Le tableau suivant présente les expressions simplifiées des divers éléments d'une feuille de la carte et celles des erreurs maxima correspondantes.

Une application est ensuite faite de ces formules pour les diverses latitudes.

Tableau résumé des formules pour une feuille de latitude moyenne l.

1. Longueur réduite du méridien central.... .... $S_l = 444^{mm}, 5 - 2^{mm}, 25 \cos 2l$

2. Flèche d'un parallèle............ $x_l = 4^{mm}, 4 \sin 2l$

3. Différence entre les flèches des parallèles extrêmes de la feuille...... $\Delta x_l = 0^{mm}, 6 \cos 2l$

4. Demi-corde d'un parallèle........ $y_l = 334^{mm}, 35 \cos l - 0^{mm}, 25 \cos 3l$

5. Différence entre les demi-cordes des deux parallèles extrêmes........ $\Delta y_l = -23^{mm}, 3 \sin l$

6. Allongement absolu d'un méridien distant de L° du méridien central. $\sigma_{lL} = 0^{mm}, 07 (L^2 - 4) \cos^2 l$

7. Allongement relatif d'un méridien distant de L° du méridien central, $\dfrac{\sigma_{lL}}{S_l} = \dfrac{1}{6350} (L^2 - 4) \cos^2 l$

8. Allongement absolu des méridiens extrêmes (L = 3°)............. $\sigma_l = 0^{mm}, 35 \cos^2 l$

9. Allongement relatif des méridiens extrêmes (L = 3°)............. $\dfrac{\sigma_l}{S_l} = \dfrac{1}{1270} \cos^2 l$

10. Retrait absolu du parallèle moyen.. $\Delta_l = 0^{mm}, 2 \cos l$

11. Retrait relatif du parallèle moyen.. $\dfrac{\Delta_l}{y_l} = \dfrac{1}{3300}$

12. Altérations maxima d'azimuts :

    sur le parallèle moyen .... $\varphi_{lL} = 0', 52 + 0', 27 (L^2 - 4) \cos^2 l$

    aux extrémités de ce parallèle. $\varphi_l = 0', 52 + 1', 35 \cos^2 l$

    sur les parallèles extrêmes.... $\varepsilon_{lL} = 2', 10 L \cos l$

    aux quatre coins de la feuille.. $\varepsilon_l = 6', 3 \cos l$

13. Hiatus angulaire dans l'assemblage de quatre feuilles autour d'un sommet commun, de latitude l... $\delta_l = 25' \cos l$

14. Lacune linéaire extrême correspondante...................... $\lambda_l = 3^{mm}, 25 \cos l$

Application des formules précédentes.

ZONES.	LATITUDES EXTRÊMES.	LATITUDES MOYENNES. l.	HAUTEUR centrale d'une feuille. $444^{mm},35+\tau$ $\eta=-2^{mm},25\cos 2l$	FLÈCHES. x.	DIFFÉRENCE des 2 flèches extrêmes. Δx.	DEMI-LARGEURS. y.	DIFFÉRENCE des demi-largeurs extrêmes. Δy.	ALLONGEMENT des méridiens extrêmes. σ.	RETRAIT du parallèle moyen. Δl.	HIATUS ANGULAIRE total de 4 feuilles assemblées autour d'un même sommet. δ.	HIATUS LINÉAIRE extrême correspondant. λ.
		°	mm	mm	mm	mm	mm	mm	mm	'	mm
Z..		90	+2,2	0,3		11,7	//	//	//	0,9	0,1
	88				−0,6						
V..		86	+2,2	0,9		35,0	−23,2	0	0	2,6	0,3
	84				−0,6						
U..		82	+2,2	1,5		58,15	−23,1	//	//	4,4	0,6
	80				−0,5						
T..		78	+2,0	2,1		81,0	−22,8	//	//	6,1	0,8
	76				−0,5						
S..		74	+1,9	2,6		103,5	−22,4	//	//	7,8	1,0
	72				−0,5						
R..		70	+1,7	3,1		125,4	−21,9	//	0,1	9,4	1,2
	68				−0,4						
Q..		66	+1,5	3,5		146,8	−21,3	//	//	11	1,4
	64				−0,3						
P.,		62	+1,2	3,8		167,4	−20,6	0,1	//	12,6	1,6
	60				−0,3						
O..		58	+1,0	4,1		187,15	−19,8	//	//	14,1	1,8
	56				−0,2						
N..		54	+0,7	4,3		206,9	−18,8	//	//	15,5	2,0
	52				−0,1						
M..		50	+0,4	4,4		223,85	−17,8	//	//	16,9	2,2
	48				0,0						
L..		46	+0,1	4,4		240,6	−16,8	0,2	//	18,1	2,3
	44				+0,1						
K,.		42	−0,2	4,3		256,2	−15,6	//	//	19,3	2,5
	40				+0,1						
J..		38	−0,5	4,2		270,5	−14,3	//	0,2	20,4	2,6
	36				+0,2						
I..		34	−0,8	4,0		283,5	−13,0	//	//	21,4	2,75
	32				+0,3						
H..		30	−1,1	3,6		295,1	−11,6	0,3	//	22,2	2,9
	28				+0,4						
G..		26	−1,4	3,3		305,3	−10,2	//	//	23	3,0
	24				+0,4						
F..		22	−1,6	2,8		314,0	−8,7	//	//	23,7	3,05
	20				+0,5						
E..		18	−1,8	2,3		321,15	−7,2	//	//	24,2	3,1
	16				+0,5						
D..		14	−2,1	1,8		326,7	−5,6	//	//	24,6	3,2
	12				+0,6						
C..		10	−2,1	1,2		330,8	−4,0	//	//	24,95	3,2
	8				+0,6						
B..		6	−2,2	0,6		333,2	−2,4	//	//	25,15	3,25
	4				+0,6						
A..		2	−2,2	0		334,0	−0,8	0,35	0,2	25,2	3,25
	0										

Conclusion. — Un simple coup d'œil jeté sur le tableau précédent montre que les erreurs, soit linéaires, soit angulaires, du mode de développement adopté pour la Carte internationale du monde au millionième, sont *pratiquement négligeables* et ne sauraient créer de difficultés à l'assemblage d'un groupe de feuilles contiguës. Ces déformations, inhérentes à la construction, sont en effet de beaucoup inférieures aux déformations hygrométriques du papier sur lequel seront tirées les feuilles.

Vu la convergence des méridiens, la largeur des feuilles va en diminuant à mesure qu'on se rapproche du pôle. Au-dessus de 60° de latitude, il a, par suite, été décidé qu'on réunirait ensemble deux ou plusieurs feuilles de la même zone, de manière à conserver, pour la feuille multiple, une largeur sensiblement constante. A cet égard, de la formule donnant les demi-largeurs, on déduit aisément les chiffres du tableau ci-après :

ZONES :	P.	Q.	R.	S.	T.	U.	V.
Latitudes séparatives : 60°	64°	68°	72°	76°	80°	84°	88°
Largeur des feuilles à la base..............	334^{mm},8	293^{mm},4	250^{mm}	206^{mm}	162^{mm}	116^{mm}	69^{mm},2
Nombre de feuilles susceptibles d'être groupées en une seule.....	2	2	2	3	4	6	10
Largeur totale, à la base, de la feuille multiple..	669^{mm},6	586^{mm},8	500^{mm}	618^{mm}	648^{mm}	696^{mm}	692^{mm}
Nombre total de feuilles multiples dans la zone.	30	30	30	20	15	10	6

Pour un hémisphère entier, le nombre total des feuilles, simples ou multiples, s'établirait dès lors comme suit :

de 0" à 60°,	15 zones à 60 feuilles chacune, ci.		900 feuilles
de 60° à 72",	3 —	30	—	90 —
de 72" à 76°,	1 —	20	—	20 —
de 76" à 80",	1 —	15	—	15 —
de 80" à 84°,	1 —	10	—	10 —
de 84° à 88",	1 —	6	—	6 —
de 88° à 90",	1 —	1	—	1 —

Total........ 1042 feuilles

Soit, pour le globe entier................... 2084 feuilles

NAVIGATION. — GÉNIE CIVIL ET MILITAIRE.

M. Jules SÉVERIN,

Publiciste scientifique (Paris).

UTILISATION DU FLUX ET DU REFLUX
SURTOUT SUR LE LITTORAL DE LA MANCHE,
COMME FORCE MOTRICE, SOURCE D'ÉLECTRICITÉ.

52.56 : 621.311

2 Août.

Le 1er avril 1908, je fis paraître un Livre de science, *Toute la Chimie minérale par l'électricité*, qui fut l'objet de nombreux éloges dans la presse scientifique, et entr'autres d'un compte rendu très flatteur de M. Georges Lemoine, professeur de Chimie à l'École Polytechnique, dans la *Revue de la Société scientifique de Bruxelles*, d'octobre suivant.

Un Chapitre (*Forces dont dispose la France*), au moment où les applications électriques se développent à pas de géant en dehors de nos frontières, recherchait les ressources dont dispose notre pays, qui n'a pas les glaciers de la Suisse, ni des chutes comme celles du Niagara, et, s'appuyant sur le journal *La Nature*, indiquait 1 million de chevaux par les glaciers, 7 à 8 millions par les chutes des rivières, et j'ajoutais le littoral de *la Manche* comme ayant, d'après l'*Annuaire des Marées*, une différence de hauteur du flux et du reflux en moyenne de 6,20 m, allant jusqu'à 5,5 m au Havre et 8,20 m à Granville. Une énergie aussi considérable et qui représente, sur 700 km de côte et 1 km de pénétration dans les côtes, 6 millions de chevaux-vapeur, soit six fois les chutes de Niagara, est-elle utilisable, et comment? Tel est le problème posé, et quand on pense que les différences de hauteur ne dépassent pas 2,50 m sur les côtes d'Espagne et 1,80 m dans les mers de Chine, le joyau particulier dont dispose la France.

A la première question, je réponds que des meuniers, en Bretagne, utilisent déjà la force des marées, avec une turbine et un bassin naturel, pour faire tourner leurs moulins, soit à Vannes, dans le Golfe du Morbihan sur le côté sud, soit à Dahouët, par Lamballe, sur le côté nord. Les États-Unis en tirent profit à Rockland, au moyen de trompes de Taylor, systèmes qu'il ne faut pas confondre avec celui que M. Bouchaud-Praceiq a établi à Royan, et qui, par une ingénieuse combinaison, emploie la force des vagues, mais ne rend que 10 chevaux de force, tandis que, dans celui que je vais indiquer, il s'agit pour 1 km² de bassin, de près de 10 000 chevaux.

Calculons cette force sur les données moyennes à Granville, soit 8,20 m de hauteur. La mer, s'élevant de 8,20 m en 6 heures 12 minutes, monte par conséquent de 1,32 m par heure, soit 2,64 m en 2 heures. Nous attendons 2 heures pour avoir cette pression, et nous n'écoulons que 1,32 m pour la conserver. Nous aurons donc 13 200 000 hl à écouler par heure, avec une pression de 2,64 m, et, à raison de 100 kg tombant de 1 m de haut par seconde (en tenant compte des 25 °/₀ de perte des turbines) pour faire un cheval-vapeur, nous aurons 9678 chevaux pendant les quatre heures restantes de la marée. Pendant les douze minutes supplémentaires, nous ferons couler rapidement l'eau qui reste dans le bassin, pour en chasser tout le sable qui y serait entré à marée haute. Nous sommes, à la marée basse, exactement dans les mêmes conditions : la mer monte par rapport au bassin ; nous attendons 2 heures, et nous en obtenons encore 9678 chevaux. Ce travail, reproduit quatre fois par jour lunaire, de 24 heures 50 minutes, porte à 16 heures le travail ainsi effectué pendant cette durée.

La question est donc de trouver une turbine ou un assemblage de turbines pouvant débiter 366 m³ à la seconde.

Dans celles construites par la maison Escher, Wyss et C⁰, de Zurich, et installées à la Coulouvrenière, à Genève, la hauteur de chute du Rhône qui les alimente varie de 1,68 m à 3,70 m ; notre chute de 2,74 m peut en être considérée comme une moyenne ; leur débit est de 6 m³ à 13,35 m³, soit environ 10 en moyenne par seconde. Elles fonctionnent, à la satisfaction des habitants de Genève depuis 20 ans, et nous pouvons les prendre pour types des turbines à grand débit et à faible pression. Elles sont d'ailleurs très bien construites, comme toutes celles qui se font en Suisse, au dire des ingénieurs qui ont utilisé une chute de 1 200 chevaux à Belgarde et de ceux qui les ont visitées.

Il y a un autre établissement de construction à Vevey, et qui rentre dans les catégories de turbines qui ne peuvent nous servir. C'est un tube qui lance de l'eau sous pression sur une couronne d'aubes. Elles sont faites pour de hautes pressions et un faible débit, car jamais un tube ne permettra d'écouler une portion même importante de 366 m³ par seconde, tandis que celles dont je parle ont un orifice circulaire d'écoulement en maçonnerie de 2,50 m de diamètre recouvert d'un disque tournant, qui contient trois couronnes d'aubes. Le débit moyen étant de 10 m³ par seconde, si, au lieu de 2,50 m de diamètre, je porte à 6,17 m, je débiterai 61 m, et, en employant 6 turbines, 366 m³ par seconde.

Pour compléter mon information, je rendis visite à M. Bétant, qui dirige avec une grande compétence les travaux de la Coulouvrenière, et je lui demandai son avis pour employer les mêmes turbines à l'utilisation du flux et du reflux de la mer, ce qu'il approuva hautement. Je lui demandai, pour un débit plus grand, si l'on pouvait adopter un plus grand diamètre, ce qu'il approuva également. Pensez-vous, lui dis-je, s'il y avait un peu de sable entraîné, car certaines turbines exigent des eaux décantées, que les vôtres, douées de larges ouvertures, et n'ayant qu'un pivot central, il y aurait le même inconvénient? Il ne le pensa pas.

Je profitai de mon voyage en Suisse pour éclaircir une dernière question. Les fleuves ont un niveau presque constant, et ne remontent pas vers leurs sources. Mon intention était de faire travailler ces turbines, sous forme de siphons renversés, de manière à utiliser la différence de pression dans un sens ou dans l'autre, et à n'avoir qu'un jeu de vannes à faire mouvoir. On me répondit qu'on pourrait en citer des exemples.

En conséquence, je propose de construire de la manière suivante : Que la pression vienne du bassin ou de la mer, l'eau entre dans une chambre en maçonnerie, assez grande pour ne pas perdre sa pression ; elle est écumée par le haut, au moyen d'une tôle mobile, qui permet d'y laisser entrer le moins de sable possible. Une vanne mobile lui permet alors d'entrer sous la turbine et d'y exercer sa différence de pression de 2,64 m ; puis, après avoir agi sur les aubes, elle remonte vers le niveau le plus bas, que ce soit la mer ou le bassin, et une nouvelle vanne lui permet de s'y déverser. Il est évident que, quand 'a marée sera en sens inverse, un jeu de vannes, dirigé en sens inverse, lui permettra de travailler exactement de même.

Dans les marées hautes, j'aurai 12 m au lieu de 8, avec une montée d'eau plus rapide. Il me suffira, dans la chambre en maçonnerie, d'actionner 9 turbines au lieu de 6 et, dans les marées basses, où je n'aurai que 4 m, je n'en emploierai que 3. J'aurai à attendre moins longtemps pour avoir les 2,64 m de pression dans le premier cas, et une durée plus longue (de travail, mais plus longtemps dans le second avec une durée de travail moindre. Rien n'empêche même de les actionner avec une pression moindre, comme on le fait à Genève, en limitant leur débit par un obturateur, qui ne les laisse travailler qu'en partie dans ce dernier cas. Mais, pour ce cas seulement, n'ayant plus que moitié des turbines ou moitié d'écoulement, et une pression de 2 m au lieu de 2,64 m, nous n'aurons plus que 3555 chevaux pendant 3 heures, huit fois par jour, dont nous retrouverons largement la compensation au moment des hautes marées, car nous aurons un écoulement plus rapide et plus de temps pour travailler.

Une objection plus sérieuse me fut posée : Que ferez-vous entre deux marées? Ici, je dois donner une indication de ce qui a été imaginé en Amérique. Un ingénieur canadien, M. Taylor, de Montréal, qui a étonné le monde par la hardiesse de ses conceptions, et les a réussies en pratique, a établi d'abord sur la rivière de l'Ontonagon, dans le Michigan, dont la chute était de 3 m, trois puits de 100 m, où l'eau tombe, rencontre un système de trompes que cet ingénieur a extraordinairement perfectionnées et qui lui permettent d'entraîner l'air extérieur à la pression du bas, soit 10 kg par centimètre carré, dans un bassin où l'air, par sa différence de densité, monte en haut et peut être utilisé, et l'eau de la rivière remonte à 97 m et suit son cours normal. Le rendement est de 82 °/₀ ; il représente 1000 chevaux l'été et 5000 l'hiver (*Bulletin de la Société d'encouragement pour l'Industrie nationale*, février 1907). La chambre de compression a un volume de 2400 m³. Tel est le système qui fut, à la suite de ce premier uccès, reproduit à Rockland (voir *Bulletin de Mécanique* d'avril 1908). Là, là marée a une force de 2,40 m à 3,20 m, bien inférieure à celle des côtes de *la Manche*. Le bassin est un bassin naturel de 2,6 km², aboutissant à un sas d'écluse de 60 m de longueur, 12 m de largeur, 8,40 m de hauteur. On y a creusé dans le roc des puits de 61 m. La pression de l'air y atteint 5,9 kg. L'eau y entre sur un diamètre de 4,80 m et en ressort sur un de 10,80 m, après son mélange avec l'air. Le rendement est de 3000 à 5000 chevaux. Le principe du transport de l'énergie, d'un côté comme de l'autre, est l'air comprimé, qui peut se substituer dans les machines à la vapeur sous pression. C'est certainement le meilleur moyen de transport à courte distance ; transporté à 16 km, disent les Américains, il ne perd que 0,2 kg sur 5,9 kg de pression initiale, mais de Granville à Paris, sur 328 km, représenterait une perte énorme : 4,4 kg. Dans ce cas, le transport du courant électrique vaut mieux. Mais nous retiendrons ce fait, c'est qu'en employant l'énergie, dont nous disposons, à comprimer de l'air au fond d'un puits, pour en remonter l'eau à la surface du sol, avec des bassins appropriés, l'eau, dans son mouvement de descente, restitue intégralement le mouvement qu'elle a reçu, et permet d'en conserver pour les temps d'inaction. Nous n'avons pas la prétention de nous servir de trompes, pour des côtes aussi sablonneuses que celles de la Manche, et ce qui est bon pour un pays rocheux ne vaudrait rien sur des côtes sablonneuses ; mais les Américains nous ont instruits, en nous montrant dans l'air comprimé sous l'eau un excellent accumulateur de mouvement.

Et maintenant, que nous avons toutes les données, entrons dans le vif de la question. Que coûterait un bassin de 1 km² sur 14 m de haut, limite de la hauteur où la mer peut monter à Granville ou dans les environs ? Au moins 2 fr du mètre cube à remuer, si le travail est fait à bras d'homme en terre ferme, soit 28 millions ; 15 centimes (*), s'il est fait par des dragues à vapeur, en terrain sablonneux, comme a été percé le port de Bizerte, soit 2100000 fr. Nous ne sommes même nullement obligés de commencer par le bassin de 1 km² ; nous pouvons n'aborder que l'hectomètre carré soit 21000 fr seulement, et, si nous le perçons dans un endroit comme Le Havre ou Deauville, où une hauteur de 7 m est suffisante en tous temps,

(*) Ce bas prix est des plus encourageants. Dans le *Résumé des travaux*, qui a paru dans le *Compte-rendu* en octobre, une faute typographique l'avait porté à 15 fr, chiffre absolument effrayant. Nous avons tenu à la rectifier dans une Note.

nous n'aurons plus qu'une somme de 10500 fr à débourser pour une force moyenne de 50 chevaux, et 21000 fr pour 2 hm², si nous avons besoin de 100 chevaux.

Et, si nous craignons d'avoir à curer le bassin et que le sable n'y soit entraîné, signalons celui du Crotoy, construit pour permettre aux bateaux de pêche de naviguer dans un endroit qui s'ensable d'année en année. On y recueille l'eau à la marée haute, on la lâche sous pression à la marée basse, et non seulement le sable est balayé hors du bassin, mais même du chenal qu'il s'agit de débarrasser en sus. Comme nous laissons monter la pression avec laquelle nous travaillons de préférence à la quantité du débit, l'eau lâchée à la fin de l'opération dans la mer serait donc largement suffisante pour entraîner tout le sable qui serait entré dans le bassin.

Il reste le calcul des murs à faire dresser par un architecte, la chambre en maçonnerie et les turbines, mais déjà le bassin lui-même coûte moins cher qu'une chaudière à vapeur; quant aux murs et aux appareils, aucune usine n'en est exempte, et, au lieu du charbon anglais ou allemand, qui coûtent si cher, ce sont les astres eux-mêmes qui travailleraient ensuite pour nous. Si nous nous contentons de faire des produits, un travail intermittent de 12 à 16 heures par jour, d'après le calcul que je vais donner, peut suffire. Si l'on veut éclairer une ville ou alimenter des usines de force motrice, nous avons le moyen de conserver et de distribuer du mouvement. Je ne saurais trop recommander ici d'imiter les Suisses dans leurs sages précautions, comme à Chèvres, de monter les dynamos, ou, comme à la Coulouvrenière, les pompes à compression, sur l'axe des turbines et d'éviter les courroies et les engrenages, qui occasionnent des pertes considérables de mouvement.

Bien que les Américains s'en tirent avec un bassin de 2400 m³ d'air comprimé, cependant il faut reconnaître que la vapeur produite par cheval en 10 heures à 6 atm représente un volume de 28 m³, et, en supposant que l'absence de condensation fasse tomber ce chiffre à 14 m³, cela ferait encore 14000 m³ à conserver. Si l'on veut éviter la machine de secours pendant les temps d'inaction, je ne puis donc trop conseiller la fabrication des produits chimiques et l'électrométallurgie, que j'ai données en entier à cet effet dans mon Livre, et qui peuvent plus facilement supporter quelques lenteurs, c'est-à-dire quelques jours de plus pour la livraison, de manière, en construisant un peu plus grand, de ne vendre que des suppléments d'énergie toujours à peu près fixes, et à ne faire peser les périodes d'inertie que sur des produits qui puissent attendre quelques jours de plus.

Je n'ai point à rappeler ici que la *Westinghouse Electric and manufacturing Company*, de *Pittsburg (États Unis)* transporte déjà l'électricité produite par les chutes du Niagara à 150 km, puisque les mines de Lens le font, et que le transport de l'énergie des chutes du Rhône, sous forme de courant électrique, à 350 km, a été reconnue pratique. Cependant si, au lieu de ces grandes installations dont j'ai parlé, on préfère une installation de 5o chevaux, au Havre ou à Deauville, je vais en donner le calcul, soit pour 1 hm² à 7 m de hauteur maximum.

Marées hautes, différence de niveau, 6,6 m. La mer monte de 1,o6 m par heure. Il faut 2 heures pour avoir 2 m de chute (qui sont dans les données de ces turbines) et l'on travaille 4 heures, 4 fois par jour. On écoule 100 m × 100 m × 1,o6 m = 10 6oo m³. ou 1o6 ooo hl. qui, divisés par 36oo secondes, font 29 chevaux, à 1 m de chute par seconde, et pour 2 m = 58 chevaux.

Marées moyennes, différence de niveau, 5,5 m. La mer monte de o,89 m par heure. Il faut environ 2 heures 3o minutes pour avoir 2 m de chute et l'on travaille 3 heures 3o minutes, 4 fois par jour. On écoule

$$100 \text{ m} \times 100 \text{ m} \times 0{,}89 \text{ m} = 8900 \text{ m}^3$$

ou 89ooo hl, qui, divisés par 36oo secondes, font 24,7 chevaux à 1 m de chute par seconde, et pour 2 m = 49 chevaux $^1/_2$.

Marées basses, différence de niveau, 4,4 m. La mer monte de o,71 m par heure. Il faut près de 3 heures pour avoir 2 m de chute, et l'on travaille 3 heures, 4 fois par jour. On écoule 100 m × 100 m × o,71 m = 71oo m³ · ou 71ooo hl, qui, divisés par 36oo secondes, font 2o chevaux, à 1 m de chute par seconde, et pour 2 m = 4o chevaux.

On a donc 58 chevaux ou 49 $^1/_2$ ou 4o, dont la moyenne est d'environ 5o, pour un travail moyen de 14 heures par jour. Le prix du bassin, percé par des dragues à vapeur, en choisissant un endroit sablonneux, serait de 1o 5oo fr. L'électricité, au xxᵉ siècle, nous permet de refaire tout le travail du charbon au xixᵉ.. L'éclairage, le chauffage, même des hauts-fourneaux pour la métallurgie du fer et de l'acier, celui des tramways comme en Amérique, la distribution de force dynamique sur la voie publique ou à domicile, la fabrication des métaux et des produits chimiques minéraux que j'ai fournie en entier dans mon Livre, se font et se répandent dans tous les pays par l'électricité. La France, qui fut le berceau de tant de découvertes, n'ayant que peu de *houille blanche* à sa disposition, en Savoie ou dans les Pyrénées, un peu plus de *houille verte* trop disséminée et d'une force peu élevée en chaque endroit, trouverait, dans la *houille bleue*, l'utilisation de ce beau joyau qu'est le flux et le reflux dans *la Manche*, le supplément qui lui manque pour reprendre son rang parmi les nations.

C'est dans l'espoir que notre pays sera doté bientôt de ce bienfait, dont les résultats seraient si considérables, que j'ai présenté ce travail.

PHYSIQUE.

M. Albert TURPAIN,

Professeur à la Faculté des Sciences (Poitiers).

MICROAMPÈREMÈTRE ENREGISTREUR.

621.317.4

1ᵉʳ Août.

Dans le but d'enregistrer les courants bolométriques de dispositifs destinés à mesurer l'énergie des décharges orageuses, nous avons combiné un microampèremètre à inscription continue. Cet appareil n'utilise pas l'enregistrement photographique qui présente le grand inconvénient de nécessiter un développement préalable et, par suite, ne permet pas de connaître la valeur de l'intensité du courant inscrit au moment même où elle se produit.

Notre microampèremètre est un galvanomètre à cadre mobile. Le circuit parcouru par le courant à enregistrer forme un cadre mobile dans le champ magnétique d'un électro-aimant de M. Weiss (*fig.* 1). Des pièces polaires de profil spécial concentrent le champ de la partie de l'espace où le cadre mobile se déplace. Un ressort antagoniste ramène le cadre à la position de zéro lorsqu'aucun courant ne parcourt le pont du bolomètre. Il suffit d'entretenir dans l'électro-aimant de M. Weiss un courant d'une intensité de 3^{α} pour développer un champ magnétique capable de produire un couple assez intense pour permettre l'inscription graphique. Une plume et un cylindre d'enregistreur J. Richard réalisent cette inscription.

Avec un cadre mobile n'ayant que 3^{ω} de résistance on obtient un déplacement de l'aiguille de 100 mm pour 10 milliampères, ce qui permet de mesurer un courant de 100 microampères pour un déplacement de l'aiguille de 1 mm. Comme on peut, avec un peu d'habitude, lire des variations d'inscription de $\frac{1}{5}$ de mm, on peut apprécier les 20 microampères.

Si l'on utilise un cadre mobile présentant 260^{ω} de résistance et comportant dix fois plus de tours de fil, on obtient une sensibilité décuple. Un déplacement de l'aiguille de 100 mm correspond alors à 1 milliampère. La mesure de 10 microampères se fait alors, par un déplacement de 1 mm et l'on peut apprécier, en lisant le $\frac{1}{5}$ de mm une variation d'intensité de courant de 2 microampères.

Ce dispositif nous paraît susceptible, en dehors de l'enregistrement des courants bolométriques, pour lequel nous l'avons combiné, de servir à l'inscription par le procédé extrêmement pratique de l'enregistrement graphique, de courants de l'ordre de 20 microampères, en utilisant à cet effet un circuit très peu résistant (3^ω). Si l'on peut sans inconvénient

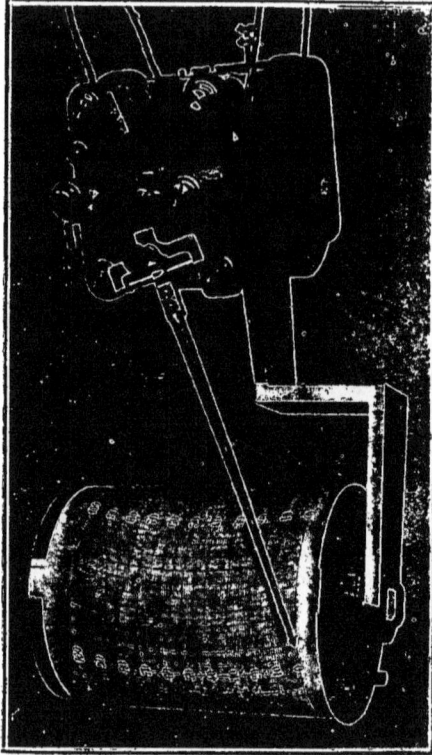

Fig. 1. — Microampèremètre enregistreur de M. Turpain.
Entre les pôles d'un électro-aimant de M. Weiss, entretenu par un courant de 3^ω seulement, on dispose l'équipage à cadre mobile du microampèremètre enregistreur. Avec un cadre de 3^ω, l'aiguille se déplace de $\frac{1}{5}$ de millimètre pour une variation d'intensité de 20 microampères. Avec un cadre de 300^ω, le même déplacement décèle une variation de 2 microampères.

donner au circuit d'inscription une résistance de l'ordre de 300^ω, on peut obtenir l'inscription graphique de courants de l'ordre de 2 microampères (fig. 2).

On peut, sans crainte d'échauffement exagéré, maintenir pendant plusieurs heures un courant de 3^α dans l'enroulement de l'électro-aimant de M. Weiss. La dépense ($3^a \times 36$ volts $= 108$ watts) ne représente que 7 à 8 centimes à l'heure au prix de 0,70 fr le kilowatt-heure.

Ce dispositif a été construit sur nos indications, avec beaucoup de soin,

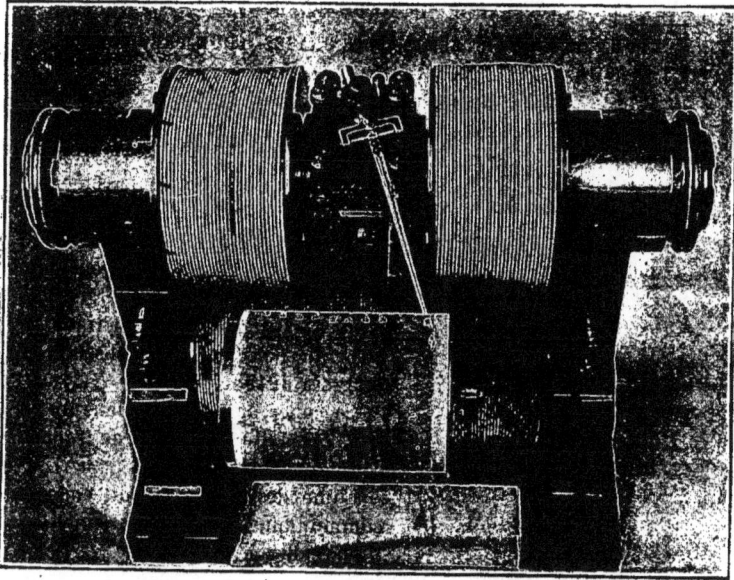

Fig. 2. — Microampèremètre enregistreur de M. Turpain (vue d'ensemble).

L'aiguille de l'équipage mobile se déplace de 100 mm pour 1 milliampère si le cadre mobile a 3^w de résistance et pour 100 microampères en employant un cadre mobile de 280 à 300 ohms. L'appareil peut déceler, par un déplacement de l'aiguille inscrivant un tracé à l'encre sur le tambour mobile enregistreur, une variation de courant de 2 microampères.

La dépense d'entretien de l'appareil (3^a sous 36 volts $= 108$ watts) peut ne s'élever qu'à 7 à 8 centimes à l'heure (0,70 fr le kilowatt-heure).

par la maison J. Richard qui s'est fait une spécialité des instruments de précision de ce genre.

8

M. Albert TURPAIN.

ÉTUDE ET ENREGISTREMENT DES ORAGES. LEUR PRÉVISION.

551-514-591

1ᵉʳ *Août.*

La solution du problème de l'*annonce de l'orage* présente, dans bien des cas, un très grand intérêt pratique; s'il s'agit, par exemple, de prévoir et de parer à la chute possible de la grêle.

Les détecteurs d'ondes électriques, en particulier le cohéreur, sont sensibles à l'effet des décharges électriques d'origine atmosphérique. Le cohéreur permet donc d'observer les orages à distance.

Le cohéreur est placé dans un circuit formé d'une pile et d'un frappeur (*fig.* 1).

L'une des électrodes du cohéreur communique avec une antenne, long fil métallique isolé dressé verticalement.

L'autre extrémité du cohéreur est reliée à la terre. La très grande résistance que présente la limaille du cohéreur s'oppose à ce que le courant actionne le frappeur.

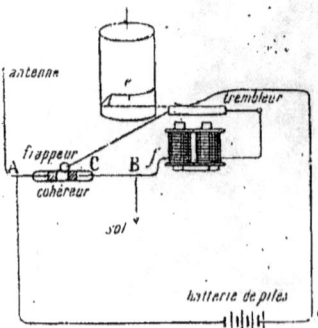

Fig. 1. — Cohéreur appliqué à l'observation et à l'enregistrement des orages. C, cylindre enregistreur; p, plume d'inscription; e, trace d'une décharge.

Mais l'antenne vient-elle à recevoir les ondes électriques ou se trouve-t-elle influencée par une décharge électrique d'origine atmosphérique, même lointaine, et la résistance du cohéreur diminue au point que le courant de la pile traverse l'électro-aimant du frappeur. On dit que le cohéreur est cohéré. Le marteau du frappeur choque alors brusquement le tube cohéreur et le ramène à sa résistance primitive. Une plume d'enregistrement, située à l'extrémité du levier frappeur prolongé, permet d'enregistrer les décharges, c, sur un cylindre C en rotation à l'aide d'un mouvement d'horlogerie.

La figure 2 représente le schéma d'un poste d'observation et de prévision des orages que nous avons établi naguère, en 1902, au domaine de Pavie, à Saint-Émilion (Gironde). Un relais est intercalé dans le circuit du cohéreur.

Il actionne d'une part le frappeur, d'autre part un second relais polarisé. Il fallait, en effet, avertir de la cohération le régisseur séjournant à

200 m du lieu où, sur une hauteur, était établie l'antenne. Une sonnerie électrique, commandée par le relais polarisé, remplissait cet office. Le 19 juin 1902, nous avons pu, alors que le ciel était serein et sans un nuage à l'horizon, prévoir, dès 11 h 30 m du matin, un orage dont le premier

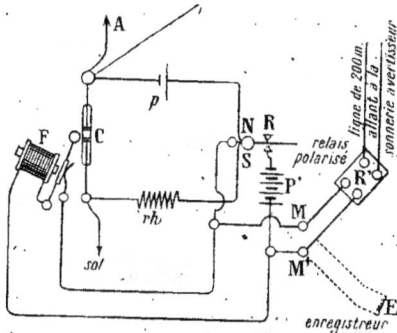

Fig. 2. — Expériences de Saint-Émilion (M. Turpain, 1902).
Schéma des connexions du poste d'observation.

coup de tonnerre ne se fit entendre qu'à 1 h du soir et qui éclatait sur Pavie à 4 h 30 m de l'après-midi. L'orage avait donc été prévu 4 heures 30 minutes avant son arrivée.

Les cohéreurs à limaille sont inconstants, inégaux, ils ne sont jamais semblables à eux-mêmes. Je leur ai préféré, dans le dispositif définitif que sur mes indications la maison J. Richard construit, le cohéreur à aiguilles à coudre. A l'exemple de M. Fényi des aiguilles à coudre sont placées en croix. J'ai adopté la combinaison suivante : sept aiguilles (fig. 3)

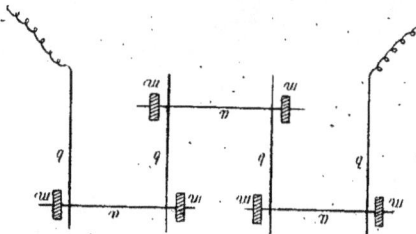

Fig. 3. — Combinaison de six contacts en séries réalisés
au moyen de sept aiguilles seulement.
Le réglage des contacts s'obtient au moyen des masses m
qui permettent de graduer la pression des aiguilles a sur les aiguilles b.

sont croisées de manière à réaliser six contacts en série. Les trois aiguilles a, a, a, posées sur les quatre autres b, b, b, b, sont munies à leurs extrémités de petites masses de cuivre au moyen desquelles on peut graduer la pression. De petits boutons, fixés à la planchette qui supporte le tout, empêchent le déplacement des aiguilles, tout en les laissant mobiles.

La figure 4 représente le dispositif que nous avons combiné, associé à un baromètre enregistreur.

Dans un même circuit se trouvent disposés en série :

1° Les six contacts placés sur une même planchette suspendue en porte à faux;

2° Un électro-aimant dont la palette actionne un levier; une extrémité de ce levier est munie d'une plume d'enregistreur et l'autre extrémité porte un marteau frappeur qui choque la palette et produit la décohération.

Dans la combinaison de ce signaleur d'orages avec le baromètre enre-

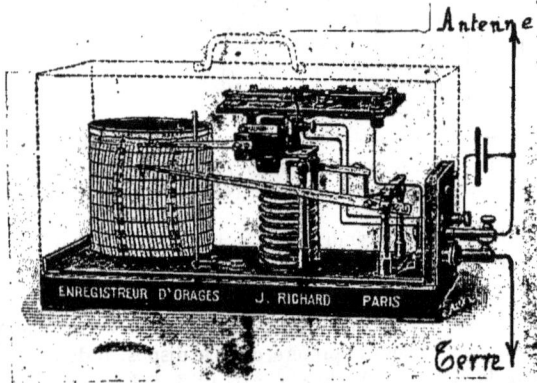

Fig. 4. — Dispositif inscripteur des décharges associé à un baromètre enregistreur Richard (destiné aux petites stations météréologiques).

Sur une planchette sept aiguilles à coudre, en croix, forment six contacts en série disposés entre l'antenne et la prise de terre. Le circuit d'une pile (un élément Leclanché, type Delafond) comprend le cohéreur à aiguilles et un frappeur placés en série. Le levier du frappeur, prolongé par une plume d'inscription, marque les décharges sur le cylindre enregistreur, parallèlement à la pression atmosphérique.

giſtreur, les décharges atmosphériques s'inscrivent parallèlement à la pression. En employant trois cylindres enregistreurs interchangeables, faisant respectivement leur révolution en une semaine, un jour et une heure, on peut commodément observer et enregistrer avec régularité les orages. En temps ordinaire, le cylindre hebdomadaire est en fonction; on le remplace pour l'étude d'une journée orageuse, par le cylindre journalier, et à l'approche d'un orage, par le cylindre horaire.

On trouve des indications complémentaires sur les observations d'orage faites à l'aide de ces dispositifs dans les divers Mémoires et articles que j'ai publiés, et notamment dans *La Télégraphie sans fil et les applications pratiques des ondes électriques* (2ᵉ édition, Gauthier-Villars, 1908, Chap. XI. *Étude des orages*), *Compte rendu de l'Association française de l'Avancement des Sciences: Congrès de Lille*, 1909, p. 375 ; *Les orages et leurs observations* (*La Nature*, 1er mai 1909).

Les conditions optima de l'emploi des contacts, aiguilles sur aiguilles, employés comme cohéreur, correspond à 0,25 volt par contact. Un élément Leclanché (une pile sèche Delafond, type des téléphones, convient parfaitement) suffit tant à la décohération qu'à l'inscription.

On peut encore associer le cohéreur à aiguilles disposé à la manière dont nous l'indiquons, soit avec un statoscope, soit mieux encore avec un milliampèremètre-enregistreur.

Le précédent enregistreur d'orages ne donne que le moment d'une décharge atmosphérique. En combinant un milliampèremètre enregistreur avec le cohéreur à aiguilles, j'ai réalisé un dispositif enregistreur qui permet d'obtenir des renseignements sur l'approche des temps orageux. C'est ainsi que les avertisseurs d'orages à milliampèremètre enregistreur construits sur mes indications par M. J. Richard, et dont sont munis mes postes de Poitiers (Faculté des Sciences) et de La Rochelle, me permettent constamment de prévoir les orages 2 heures, 3 heures et même 4 heures à l'avance. Le milliampèremètre enregistreur de 0 à 100 milliampères de 3 ω de résistance convient parfaitement.

C'est un de ces avertisseurs d'orages à milliampèremètre enregistreur qui fut foudroyé le 15 décembre dernier, au poste de La Rochelle et qui permit d'observer la production d'un éclair globulaire consécutif au foudroiement de l'antenne (voir *La Nature*, 1911, numéro du 22 avril ; *Journal de Physique*, mai 1911, p. 372).

Diverses photographies sont soumises aux membres de la Section de Physique. L'une d'elles représente le dispositif enregistreur d'orages associé à un baromètre enregistreur, suspendu par un bracelet de caoutchouc afin de le soustraire aux perturbations dues aux vibrations mécaniques. Une autre vue montre ce même dispositif comprenant dans son circuit un milliampèremètre enregistreur. Cela permet, tout en relevant parallèlement les inscriptions des décharges et la pression atmosphérique, de suivre l'état de cohération des aiguilles à coudre et de prévoir plusieurs heures à l'avance les orages. Une autre photographie a trait aux antennes et au poste d'observation et de prévision des orages qui fut installé en 1902 à Saint-Émilion. Une autre photographie montre les antennes d'hiver et d'été qui, sur mes indications et à la suite des campagnes d'études des orages faites au Puy de Dôme, ont été installés depuis 1903 à cet observatoire où j'ai toujours reçu du si regretté directeur Brunhes le plus cordial accueil. Une dernière vue représente le poste de Poitiers et son antenne.

Les figures 5 et 6 représentent un enregistreur d'orages associé à un milliampèremètre et logé tout entier dans la cage dudit milliampèremètre enregistreur. La pile seule est à l'extérieur de l'appareil. Un petit voltmètre de 0 à 3 volts permet de s'assurer, en pressant un bouton de contact, que la pile n'est pas encore polarisée et qu'elle fournit bien les 1,4 volts à

Fig. 5. — Poste enregistreur des orages à milliampèremètre enregistreur.
L'appareil est suspendu au moyen d'un fort bracelet de caoutchouc. Il comporte un milliampèremètre enregistreur qui indique à chaque instant et inscrit les états de cohération du cohéreur. Une plume spéciale, visible sur le côté, marque les décharges. Fixée sur le levier du frappeur, ses indications correspondent à une décohération des aiguilles, à un retour, par suite, du milliampèremètre au zéro.

Fig. 6. — Détails du milliampèremètre enregistreur d'orages

1,5 volts nécessaires aux six contacts en série des aiguilles. Ce dispositif à milliampèremètre enregistreur, suspendu comme tous mes appareils au moyen de forts bracelets de caoutchouc, se trouve soustrait complètement à l'influence nuisible des vibrations mécaniques. Il suffit pour le soustraire aux influences des ondes électriques voisines d'anti-inducter tout l'appareil et, au besoin, une certaine longueur de l'antenne. On y parvient en tapissant d'étain toute la cage de l'appareil et en constituant la portion d'antenne à anti-inducter par un fil sous plomb dont le revêtement métallique extérieur est en relation avec la tapisserie d'étain.

Parfois, les ondes parasites dont on cherche à se débarrasser ne sont pas dues à la manœuvre d'interrupteurs ou autres appareils électriques voisins du cohéreur, mais bien à des ondes émises par un poste de télégraphie sans fil. Tel est le cas pour les appareils enregistreurs d'orages de Paris dont les antennes reçoivent les ondes électriques très puissantes émises par la Tour Eiffel. C'est le cas du poste d'observation d'orages installé et surveillé par M. Pouliez, place de la Nation, et qui emploie quelques-uns de mes dispositifs avertisseurs.

On arrive alors à effectuer le départ entre les ondes d'origine atmosphérique et les ondes de télégraphie sans fil, qui, ici, sont les ondes parasites, en réglant la pression des contacts. Ainsi, au poste de la Nation, réglé et surveillé avec beaucoup de soin par M. L. Pouliez, les signaux horaires et les autres émissions de la Tour Eiffel sont marqués par $0,5$ mα l'après-midi et le soir, par 1 mα le matin au lever du soleil (fait constaté journellement). Comme la décohération se produit pour 40 mα, on peut très aisément faire le départ des décharges de télégraphie sans fil. Ce poste de la Nation possède un de mes dispositifs depuis le 15 mars. Il a déjà servi à enregistrer plusieurs orages, et en particulier un qui avait éclaté à l'ouest de Paris à 50 km, et un autre à Crépy-en-Valois.

On peut régler la sensibilité du cohéreur à aiguilles au moyen des masses m (fig. 3), qui assurent une pression plus ou moins forte. Pour éviter que l'humidité ne vienne à faire varier la valeur cohérante du contact aiguille sur aiguille, il est bon de maintenir constamment une substance desséchante dans la cage de l'appareil. Mes dispositifs comportent à cet effet une petite nacelle à Ca Cl^2. On pourrait placer tout le dispositif, frappeur et planchette de cohéreur, dans le vide, mais en dehors de la difficulté qu'il y aurait à assurer le vide dans une enceinte comprenant une planchette de bois, cela rendrait le réglage des contacts et leur vérification assez malaisé et compliquerait assez inutilement le dispositif.

Quand on utilise l'enregistreur à milliampèremètre, on apprécie l'approche ou l'éloignement du météore à la valeur plus ou moins intense du courant admis par le cohéreur. On peut, d'ailleurs, lorsque les inscriptions de la plume des décharges se font trop fréquentes, alors que l'orage est éloigné, diminuer la sensibilité du cohéreur en posant rapidement quelques masses supplémentaires m (fig. 3) à cheval sur les aiguilles B. Des bouts de fils fusibles de plomb manœuvrés au moyen d'une brucelle suffisent à ce réglage supplémentaire et momentané. On peut également shunter légèrement le milliampèremètre pour lui permettre momentanément de ne pas dépasser ses limites d'intensité, malgré le courant plus élevé qu'on admet, grâce à la suppression, dans le cohéreur à aiguilles, sans que la décohération se produisant ramène le tout au zéro. Il est d'ailleurs bon, lors de l'observation d'un orage de l'approche duquel on vient d'être averti, de remplacer le cylindre enregistreur journalier par un cylindre enregistreur horaire.

J'ai également combiné des dispositifs bolométriques d'observation d'orages, qui ne sont susceptibles d'être utilisés que par des observatoires munis d'un personnel habitué aux mesures physiques délicates. Les dispositifs précédents conviennent, par contre, parfaitement aux petites stations. Il suffit de savoir changer les feuilles des tambours enregistreurs pour les utiliser.

A l'insécurité que présente tout cohéreur qui, même fût-il constitué, comme ceux à aiguille de M. Fényi, par des contacts bien définis, ne reste jamais tout à fait semblable à lui-même, le dispositif bolométrique substitue l'échauffement d'un fil de platine pur qui demeure rigoureusement semblable à lui-même au début de chaque réception.

Les indications d'un galvanomètre placé dans le pont du dispositif bolométrique sont alors rigoureusement proportionnelles à la racine carrée de l'intensité des décharges atmosphériques reçues par l'antenne. On peut donc, en comparant les indications des décharges successives, avoir des renseignements sur leurs valeurs respectives et, dans bien des cas, en tirer des indications sur la marche de l'orage.

Le schéma du dispositif est donné par la figure 7. Les fils bolométriques identiques b_1 b_2 (de diamètre variant entre 30^μ et 80^μ) sont disposés côte à côte dans un vase de Dewar, vase à air liquide qui constitue une enceinte pratiquement adiabatique. Les bobines de self-induction B_1 B_2 qui s'opposent au passage des ondes électriques dans le reste du circuit et les localisent dans le fil b_1 sont plongées côte à côte dans une cuve d'huile de pétrole. Les deux bobines de fil de maillechort B et B' destinées à compenser le pont sont également plongées côte à côte dans la cuve d'huile.

L'équilibre du pont est obtenu par la manœuvre du contact C qu'on peut mouvoir au moyen d'une vis micrométrique.

L'arrivée d'ondes dans le fil b_1 produit, par l'échauffement du fil qu'elles occasionnent, un déséquilibre du pont qui se traduit par une élongation du galvanomètre. Cette élongation proportionnelle à l'intensité du courant est donc proportionnelle à la racine carrée de la puissance reçue par l'antenne. C'est cette élongation que j'enregistrais en 1908 et 1909, lors de mes premiers essais de ce dispositif, au moyen du déplacement d'un spot lumineux par le miroir du galvanomètre (*fig.* 7) sur une bande photographique sensible animée d'un mouvement de rotation (enregistreur photographique Richard).

En utilisant comme fil bolométrique b_1 deux ou trois fils de diamètres assez différents, 60^μ, 40^μ et 30^μ, on peut, par exemple, être renseigné jusqu'à un certain point sur le parcours et la distance des décharges d'un même orage.

L'inconvénient que présente l'inscription photographique dont le plus grand est de ne lire ces inscriptions qu'après développement, nous a fait rechercher sur ce point un perfectionnement de notre dispositif. Dès 1909,

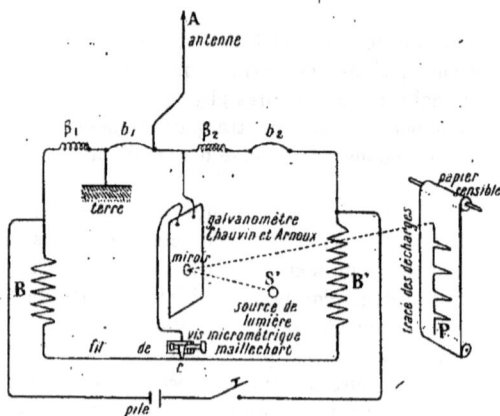

Fig. 7. — Schéma du dispositif d'enregistrement des orages à bolomètre.
Les élongations du galvanomètre enregistrées photographiquement et automatiquement sur la bande de papier P sont rigoureusement proportionnelles aux racines carrées des intensités des décharges reçues par l'antenne. Chaque élongation est par conséquent proportionnelle à la racine carrée de la puissance reçue par l'antenne.

nous avons pu, en suivant à l'œil les mouvements du spot lumineux et, par suite, les effets des décharges successives d'orages réels sur ce dispositif bolométrique, nous convaincre qu'il présentait un réel intérêt. Puisqu'il donne à chaque instant une valeur exacte de la puissance de la décharge reçue, il permet de suivre, dès lors, et cela d'une manière très approchée, les phases successives du phénomène orageux et d'en mesurer exactement la valeur.

Nous avons d'abord cherché à la manière des dispositifs Kodak à développer la bande au fur et à mesure de son impression. Mais cela complique assez notablement le dispositif et ne permet pas de connaître la valeur de l'énergie de la décharge reçue par l'antenne au moment même où elle se produit. Nous nous sommes donc proposés de réaliser l'inscription graphique des courants bolométriques, courants qui n'atteignent pas toujours 1 milliampère et sont le plus souvent de l'ordre de 10 à 100 microampères. Il était nécessaire que le dispositif inscripteur ne présente qu'une très faible résistance, de l'ordre de 2^ω à 3^ω au plus.

Tout récemment, M. J. Richard vient de construire sur mes indications un micro-ampèremètre enregistreur susceptible d'être associé à des dispositifs bolométriques et qui permet d'enregistrer, non pas photographiquement, mais au moyen d'une plume munie d'encre, de o à 10 milliampères avec un déplacement de la plume de 100 mm. 1 mm équivaut donc à 100 micro-ampères. On peut facilement apprécier le $\frac{1}{5}$ de millimètre, c'est-à-dire inscrire à la plume une variation de 20 micro-ampères. Et cependant, le cadre du système mobile ne comporte qu'un circuit de 3$^{\omega}$ à peine de résistance. Ce cadre est placé entre les pièces polaires de profil spécial d'un électro Weiss dans lequel il n'est nécessaire d'envoyer qu'un courant de 3 ampères.

J'espère arriver, avec cet enregistreur, à rendre mes dispositifs bolométriques d'enregistrement de l'énergie des décharges atmosphériques aussi pratiques et aussi faciles à confier à des mains peu expérimentées que le sont mes dispositifs actuels enregistreurs et préviseurs d'orages, avertisseur d'orage avec baromètre ou avertisseur d'orage avec milli-ampèremètre.

L'étude suivie et l'enregistrement certain des phénomènes orageux par les appareils inscripteurs toujours semblables à eux-mêmes présente un très grand intérêt. Lorsqu'on aura, en effet, réuni, concernant ces phénomènes, les documents certains et irréfutables que sont les feuilles d'enregistrement d'appareils robustes, bien étudiés et bien réglés, on pourra sans nul doute en tirer des conséquences aussi importantes que celles qu'on déduit de l'enregistrement de la pression atmosphérique pour la construction des isobares. Jusqu'à présent, les observations d'orages sont tributaires de la conscience et du dévouement plus ou moins grand des observateurs qui notent sur des feuilles d'observations les éclairs, les coups de tonnerre parfois avec beaucoup de soin, parfois aussi en se fiant aux on dit. De semblables documents ne peuvent être comparables. Des appareils tels que ceux que je viens de décrire permettent d'enregistrer automatiquement tous les coups de tonnerre, de suivre un orage, d'enregistrer même l'énergie des diverses décharges successives. Lorsque ces dispositifs se seront répandus, la comparaison des feuilles d'inscription, soit de l'inscripteur à milliampèremètre, soit mieux encore de l'enregistreur à bolomètre, permettront d'obtenir d'une façon certaine la carte des orages d'une région et d'avoir sur chaque orage des renseignements complets et surtout comparables.

On pourra se rendre compte avec certitude si en particulier les dispositifs paragrêles sont efficaces. C'est justement pour prévenir assez à l'avance les viticulteurs de Saint-Émilion de l'approche d'un orage que le poste de Château-Pavie avait été installé et muni de dispositifs préviseurs d'orages en 1902. Cette région était, en effet, dès cette époque, munie de canons paragrêles. On sait que l'efficacité de ce procédé paragrêle parait lié à l'attaque des nuages orageux faite assez tôt et dans une direction convenable, soit par les canons, soit mieux par les fusées paragrêles.

D'autres dispositifs paragrêles automatiques viennent d'être préconisés ayant pour but la décharge continue et préalable des nuages orageux, et empêchant en même temps que la formation même des orages la chute de la grêle. Ces dispositifs sont assez coûteux. L'étude au moyen d'enregistreurs d'orages distribués dans une même région, avant et après que cette région aura été munie des paragrêles automatiques, est susceptible d'indiquer sans conteste si ces dispositifs paragrêles automatiques ont l'efficacité qu'on leur accorde et que, dans l'état actuel de nos connaissances, on ne peut *a priori* leur dénier. De même, le préviseur d'orages disposé à la station de la Nation, chez M. Pouliez, sert à prévenir les agriculteurs de Montreuil. Il leur a déjà fourni cette année de précieuses indications ; les prévisions leur étant téléphonées du poste de la Nation par les soins de M. Pouliez.

Tant du point de vue des progrès de la météorologie électrique que du point de vue, d'intérêt plus immédiatement pratique, du contrôle des divers positifs paragrêles, la réalisation d'appareils enregistreurs d'orages vraiment pratiques et comparables m'a paru désirable. Je me suis efforcé de combiner de semblables enregistreurs et je crois les avoir rendus pratiques. Évidemment, ils sont encore perfectibles, mais tels quels ils me paraissent susceptibles d'être employés avec succès dans la pratique des observatoires.

M. LE Dʳ STÉPHANE LEDUC,

Professeur à l'École de Médecine (Nantes).

ORGANISATION STRUCTURALE DES SOLUTIONS DE CRISTALLOÏDES, DITES SOLUTIONS VRAIES.

2 *Août.*

541.1

A mesure que se perfectionnent et que s'étendent nos investigations, le domaine de l'homogène et de l'amorphe se rétrécit ; il semble que ces expressions doivent changer de sens et désigner, non pas l'absence de structure, mais le fait que nous n'avons encore pas pu connaitre, les structures des corps auxquels elles s'appliquent. L'amorphe semble ne pas exister, tout aurait une structure ; non seulement les tissus, non seulement les molécules, mais l'atome et l'électron lui-même.

Les solutions des cristalloïdes, dites *solutions vraies*, sont considérées comme le type de l'homogène et de l'amorphe ; l'étude y révèle cependant de nombreuses différenciations, des structures compliquées, une organisation véritable.

Lorsqu'on mélange deux liquides différents, de l'eau pure et de l'eau sucrée par exemple, dans le liquide transparent, on aperçoit de nombreux courants, rendus visibles par les différences de réfraction. Je ne connais aucune étude sur ce sujet, soit qu'on l'ait considéré comme sans intérêt, soit qu'on n'eût pas trouvé le moyen de l'étudier.

Aucun des phénomènes de la nature ne doit être considéré comme sans intérêt. L'étude de la physique des liquides, de leurs mouvements et de leurs lois, l'étude de leur organisation et de leur structure doit nécessairement avoir une grande importance pour la Biologie. Les êtres vivants sont formés de liquides dont les parties solides ne sont que le soutien; tous les phénomènes de la vie ont lieu au contact de liquides différents; la compréhension des phénomènes de la vie est donc subordonnée à la connaissance de la physique des liquides.

Les différences de réfraction qui rendent visibles les courants dans un mélange d'eau sucrée et d'eau pure permettent d'entreprendre l'étude des mouvements et de la morphologie des solutions. En accentuant ces différences de réfraction par des incidences obliques, en éclairant les liquides par de la lumière très divergente, on peut photographier, avec des contrastes marqués, la structure des liquides transparents. On peut projeter devant un auditoire les mouvements intérieurs des liquides, leur organisation et l'évolution de leurs structures. Il est peu d'expérience plus attachante que le spectacle animé et changeant du mélange des liquides. On voit les courants naître, s'orienter, se fractionner, le liquide s'organise sous es yeux même du spectateur: on voit apparaître des mailles, des alvéoles l'aspect de tissus cellulaires réguliers et variés suivant les circonstances. Si l'on communique un mouvement au liquide, la structure disparaît, puis reparaît peu à peu orientée régulièrement suivant la direction du mouvement. Les transformations incessantes qui s'accomplissent sous les yeux ne laissent pas l'attention se reposer. C'est une projection cinématographique faite avec le cinématographe de la nature elle-même.

Lorsqu'on éclaire ainsi les liquides, il est extrêmement difficile de trouver des liquides homogènes; toutes les influences déshydratantes, comme l'évaporation, ou hydratantes, les différences de température, l'éclairage de la solution, y font naître des courants et des structures. Les courants liquides sont souvent ramifiés et rappellent la vascularisation des êtres vivants; parfois les courants sont en tourbillons, ou plutôt en spirales comme les nébuleuses, parfois en ellipses, d'autres fois ils se présentent avec l'aspect de surfaces courbes d'une remarquable régularité.

C'est par le mélange de liquides différents qu'on voit naître les structures les plus compliquées et les plus variées. Il semble que tous les liquide donnent naissance à ces structures, mais elles sont plus ou moins visibles, plus ou moins stables. Les structures les plus visibles et les plus stables sont données par les mélanges des nitrates alcalins avec les phosphates tribasiques solubles. Les figures 1 et 2 sont les photographies de structures données: 1, par un mélange d'une solution de nitrate de potassium avec une solution de phosphate tribasique de sodium; 2, par un mélange d'une solution de nitrate de potassium avec une solution de

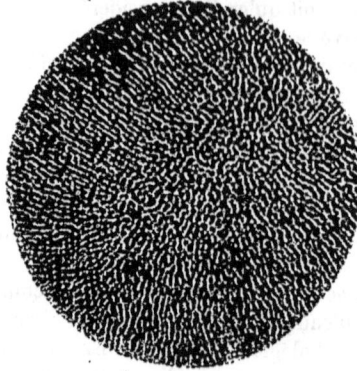

Fig. 1. — Structure résultant du mélange d'une solution de nitrate de potassium avec une solution de phosphate tribasique de sodium.

phosphate tribasique d'ammonium.

Le phénomène s'explique par le mécanisme que j'ai indiqué au Congrès de Cherbourg dans ma Communication sur la cohésion. Les mouvements lents de diffusion transportent les molécules dans leurs champs d'attraction réciproques où elles arrivent animées par une force vive inférieure à la force de cohésion qui l'emporte et réunit les molécules en agglomérations ou granulations, d'où résulte l'aspect de tissus vacuolaires ou cellulaires.

Les structures liquides présentent une ressemblance remarquable avec celle des tissus vivants. Cette apparence de tissus vacuolaires ou cellulaires, connue depuis l'emploi du microscope, est encore considérée comme spéciale aux êtres vivants;

Fig. 2. — Structure résultant du mélange d'une solution de nitrate de potassium avec une solution de phosphate tribasique d'ammonium.

comme la structure de ce qu'on appelle l'organisation. C'est un fait remarquable de voir des structures semblables naître et se développer dans les liquides, dans des conditions physiques analogues à celles où naissent et se développent les tissus vivants. Nous n'avions, jusqu'à présent, aucune connaissance d'un mécanisme physique par lequel pouvaient naître et s'organiser des tissus vacuolaires et cellulaires aussi semblables à ceux des êtres vivants.

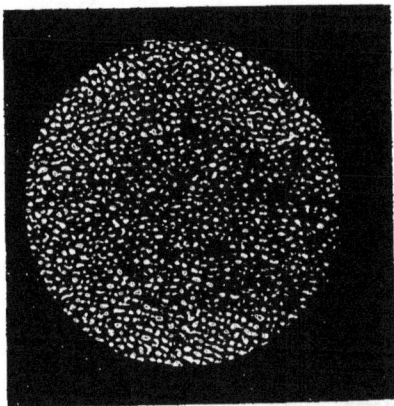

Fig. 3. — Structure résultant du mélange de solutions parfaitement transparentes de cristalloïdes.

L'expérience nous montre que les conditions du développement de pareils tissus sont d'une surprenante simplicité : il suffit de mélanger deux liquides différents. Nous avons désormais une voie pour nous guider dans l'étude expérimentale de l'histogenèse.

M. LE Dr STÉPHANE LEDUC.

LA DIFFUSION DES LIQUIDES.

541.8

2 Août.

La diffusion des liquides ne se fait pas, comme on l'enseigne, par un mélange homogène dont la formation se propage de proche en proche.

J'ai démontré expérimentalement (Congrès de Montauban, 1902) que la diffusion des liquides se fait par des courants rayonnant dans toutes les directions, autour de centres ou pôles, constitués par des centres de pression osmotique plus forte que celle du milieu, pôles positifs, ou de pression osmotique plus faible, pôle négatif de diffusion. Les courants sont de

deux sens, centrifuges et centripètes. Les directions de ces courants constituent les lignes de force de diffusion. Les lignes de force se repoussent
lorsqu'elles émanent de centres ou pôles de même signe, elles vont d'un
pôle à l'autre entre deux pôles de noms contraires.

J'ai démontré l'existence et les lois des champs de diffusion par des
photographies de préparations obtenues en faisant diffuser des liquides
contenant de très fines particules en suspension, telles que celles du
charbon de l'encre de Chine ou les globules du sang.

La diffusion des liquides par des courants rayonnant en suivant les
lois des champs de force est un phénomène géné-
ral; en utilisant les différences de réfraction, on
peut le constater avec des liquides ne contenant
aucune substance en suspension, avec un simple
morceau de sucre pendant sa dissolution dans un
verre d'eau, avec une goutte d'eau pure dans une
solution saline (fig. 1 et fig. 2).

Les liquides, les substances solubles ou dissoutes
ne se mélangent que par des courants. Il faut du
temps pour obtenir un liquide homogène. La diffusion d'une goutte d'eau dans un liquide est la
preuve la plus sensible de son homogénéité, le
champ de diffusion est régulier dans un liquide homogène, plus ou moins déformé dans un liquide hétérogène.

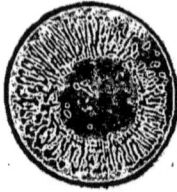

Fig. 1. — Photographie d'une goutte d'eau distillée au début de sa diffusion dans une solution saline.

Toutes les influences physiques troublent l'homogénéité d'un liquide
composé et y produisent des cou-
rants; l'évaporation à la surface, les
inégalités de température, tous les
changements de concentration. Par
exemple, la croissance d'une cellule
osmotique dans une solution y détermine des courants (fig. 3).

Le seul fait d'éclairer une solution
concentrée y fait apparaitre des courants, mobiles avec le liquide de la
solution, disparaissant par l'agitation,
se reproduisant par le repos.

Dans les solutions transparentes et
limpides, où, jusqu'à présent, on n'a
vu que l'amorphe et l'homogène, le

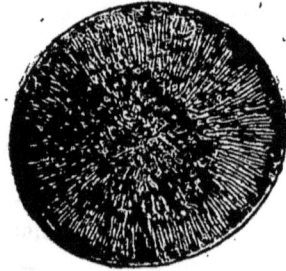

Fig. 2. — Photographie d'une goutte
d'eau distillée pendant sa diffusion
dans une solution saline.

plus souvent existe une structure, une morphologie jusqu'ici insoup-
çonnée, qui sollicite et attend l'étude.

Dans mon Ouvrage *Théorie physico-chimique de la vie*, (Poinat, éditeur),
je montre comment on peut, par diffusion de fines suspensions, reproduire
les figures et les mouvements de la division cellulaire par karyokinèse.
Le fait que les liquides sans suspension, incolores, transparents et lim-

pides, donnent ces mêmes figures analogues aux fantômes magnétiques,
montre que la diffusion, suivant les champs de force, donne aussi le

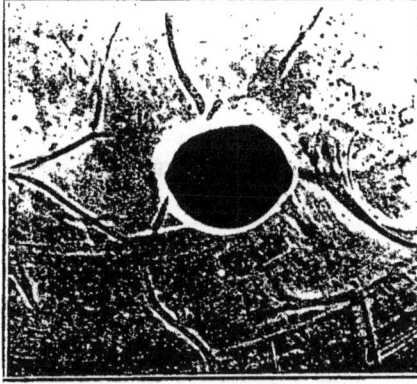

Fig. 3. — Courants dans une solution saline autour d'une cellule osmotique.

mécanisme physique par lequel peut se faire, dans les cellules en voie de
division, les figures dites *achromatiques*.

La diffusion des liquides se fait en suivant les lois des champs de force
(*fig.* 4), la mécanique des liquides pondérables est semblable à celle de

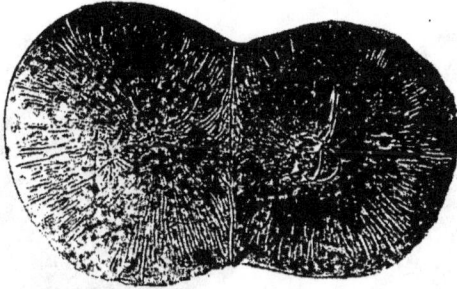

Fig. 4. — Photographie de deux gouttes d'eau distillée
en voie de diffusion dans une solution saline.

l'éther, régie par les mêmes lois dynamiques et cinétiques; une molécule
se déplace dans un liquide comme un ion dans un champ électrique. Au
Congrès de Reims, en 1907, j'ai montré comment les molécules rayonnant
d'un centre de diffusion, donnent naissance à des phénomènes périodiques
qui se propagent en présentant tous les phénomènes de l'Optique: réfraction, dispersion, interférences et diffraction.

L'enseignement qu'on persiste à donner de la diffusion, comme s'effec-

*9

tuant par un mélange homogène dont la formation se propage de proche en proche, est un enseignement contraire aux faits, contraire à la réalité.

M. LE Dᵉ STÉPHANE LEDUC.

LA CELLULE OSMOTIQUE.

541.8

2 Août.

Dans mes Mémoires antérieurs, en particulier au Congrès de Lille en 1909, et dans mon Ouvrage *Théorie physico-chimique de la vie* (Poinat, éditeur), j'ai étudié expérimentalement le pouvoir morphogénique de l'osmose; et surtout les formes résultant de l'association, du groupement des cellules osmotiques; le présent Mémoire se borne à l'étude de la cellule osmotique isolée.

Je me suis servi, pour cette étude, de cellules osmotiques de carbonate et de phosphate tribasique de calcium. Les sels solubles de calcium-chlorure, nitrate, etc., placés dans des solutions concentrées de carbonate ou de phosphates tribasiques alcalins, donnent des cellules osmotiques

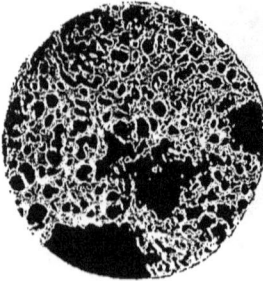

Fig. 1. — Membrane osmotique à apparence perforée (agrandissement 60 diamètres).

Fig. 2. — Photographie de la structure d'une membrane osmotique fibroïde (agrandissement 60 diamètres).

dont les membranes extensibles, souples, élastiques, sont parfaitement transparentes. Ces membranes sont très minces; elles donnent souvent lieu aux colorations des lames minces.

Les membranes osmotiques de carbonate et de phosphate de calcium, malgré leur transparence parfaite, ne sont nullement amorphes; en les examinant à un grossissement de 40 à 120 diamètres, on constate qu'elles ont une structure régulière, elles sont formées d'éléments semblables dans une même membrane, présentant des différences d'une membrane osmotique à l'autre, suivant la composition et les conditions de la production. Les trois principaux types de structures sont :

1º Les membranes présentant une apparence perforée comme les coquilles de foraminifère; la figure 1 est une photographie de ce type de membrane;

2º Des membranes d'apparence fibroïde dont la photographie (*fig.* 2) est un type;

3º La structure la plus fréquemment rencontrée présente l'apparence d'un tissu cellulaire; la figure 3 est une photographie de ce type de membrane.

Ces textures des membranes osmotiques présentent une grande ana-

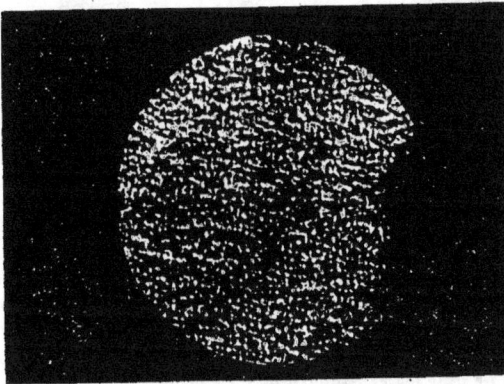

Fig. 3. — Photographie montrant la structure d'une membrane osmotique
(agrandissement 60 diamètres).

logie avec celles des tissus vivants; elles se forment dans des liquides, dans des conditions physiques analogues; leurs éléments constituants offrent avec ceux des tissus vivants des ressemblances de formes et de dimensions. Les dimensions des éléments des textures osmotiques varient de 5 à 20 millièmes de millimètres.

La formation des textures des membranes osmotiques nous présente un mécanisme physique par lequel peuvent se faire les tissus vivants. La connaissance de ces structures est un guide pour l'étude de l'histogenèse.

La transparence des membranes osmotiques de sel de calcium permet d'étudier la structure et les phénomènes intérieurs des cellules artificielles. Vu à un grossissement de 60 à 100 diamètres pendant la croissance et le développement, l'intérieur d'une cellule osmotique est le siège d'une ani-

mation extrême; il y existe une circulation intense, rendue manifeste
par les éléments figurés, les granulations, les bulles de gaz entraînées par
les courants. Souvent, les courants sont si nettement circonscrits qu'il
semble exister à l'intérieur de la cellule un système vasculaire. Les
courants sont de deux sens, centripètes et centrifuges; les courants centrifuges se divisent et se ramifient de plus en plus, les courants centripètes
au contraire vont en convergeant vers le centre, de sorte que le système
circulatoire d'une cellule osmotique se compose : 1º d'un système centrifuge qui va en se ramifiant; 2º d'un système capillaire périphérique;
3º d'un système centripète dont les rameaux convergent vers le centre.

La figure 4 est une photographie d'une cellule osmotique, avec un

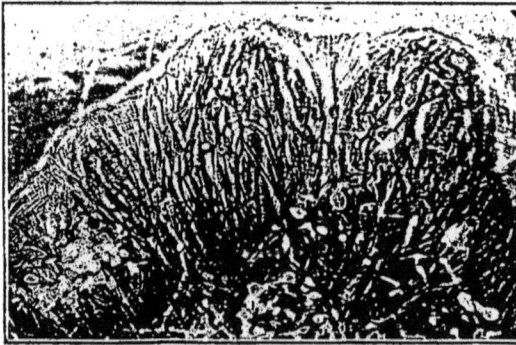

Fig. 4. — Photographie de l'intérieur d'une cellule osmotique transparente
avec un agrandissement de 60 diamètres et mise au point sur les courants centrifuges.

agrandissement de 60 diamètres, et mise au point sur les courants centrifuges dont on peut voir les ramifications vers la périphérie.

Les cellules osmotiques n'absorbent pas seulement les substances
dissoutes, elles peuvent aussi absorber et s'incorporer des substances
flottant dans leur liquide; elles n'absorbent cependant pas toutes les
substances, la plupart des corps flottants glissent sur les membranes
des cellules osmotiques sans être absorbés, sans donner lieu à aucun
phénomène particulier. Il en est autrement avec les substances modi-
fiant autour d'elles la pression osmotique, ces substances peuvent être
incorporées de diverses manières à la cellule osmotique.

Plaçons dans une solution très concentrée de carbonate et de phosphate tribasique alcalin un fragment de chlorure de calcium, il produit
une cellule osmotique qui grossit et se développe, plaçons dans le voisinage de cette cellule un fragment de nitrate de calcium assez petit pour
flotter dans la solution, nous verrons bientôt la grosse cellule s'allonger
vers le nitrate, celui-ci s'avancer vers la cellule, et venir s'appliquer sur
son prolongement. Suivant les conditions relatives de la pression osmo-

tique, le fragment de nitrate peut se fixer sur la cellule et y pousser comme une greffe ou bien on voit, dans la grosse cellule (*fig.* 5), des

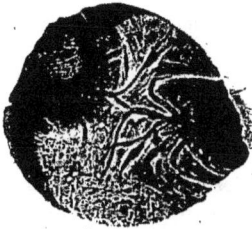

Fig. 5. — Grosse cellule osmotique absorbant une petite. La photographie montre les courants liquides convergeant à droite vers la cellule absorbée.

Fig. 6. — La grosse cellule osmotique a absorbé la petite qui, à l'intérieur est entourée par des courants liquides convergeant vers elle.

courants converger vers le contact ; la membrane de la grosse cellule avance sur le nitrate qui pénètre à l'intérieur, il est alors entouré par des courants liquides (*fig.* 6), peu à peu la cellule de nitrate s'efface et disparaît en s'incorporant à la grosse cellule de chlorure.

M. LE Dr H. GUILLEMINOT.

(Paris).

CONTRIBUTION A L'ÉTUDE DES RAYONS DE SAGNAC.

537.531

2 Août.

Au cours d'expériences d'ordre biologique que j'ai faites sur les rayons secondaires produits par les substances organiques, j'ai été frappé par ce fait que, quand le rayonnement primaire est un faisceau dur et filtré par 5 à 8 mm d'aluminium, le rayonnement secondaire produit présente à peu près la même qualité. Ces deux rayonnements, lorsqu'on étudie leur loi de transmission à travers des lames d'aluminium d'épaisseur croissante, donnent des courbes de transmission à peu près exponentielles et superposables.

Cette observation m'a entraîné à étudier le même phénomène avec les métaux et je l'ai observé nettement pour les rayons secondaires de l'aluminium, tandis que ceux des métaux à poids atomiques élevés m'ont semblé déroger à cette loi.

J'ai cherché à définir la loi de production des rayons secondaires de l'aluminium et pour cela j'ai étudié successivement les RS donnés par l'aluminium quand on l'irradie par un rayonnement primaire très filtré, quasi-monochromatique et les RS donnés par l'aluminium irradié par un faisceau composite.

I. *Dispositif employé.* — Je me suis proposé de doser les RS émis par des feuilles d'aluminium du côté de l'incidence du rayonnement primaire. Pour cela, j'ai adopté les dispositifs suivants qui m'ont permis de faire la mesure de l'effet radiographique et de l'intensité fluoroscopique.

A. *Méthode radiographique.* — Une plaque de plomb de 3 cm d'épaisseur P est percée d'un orifice O, à la partie supérieure duquel vient se placer une cupule de verre au plomb B qui supporte le tube à rayons X.

En dessous de la plaque P on place en E la plaque, la pellicule ou le papier radiographique. En dessous de ce réactif, prend place une deuxième plaque de plomb P' de 2,5 mm d'épaisseur. Cette plaque est percée en O d'un orifice laissant passer le cône de rayons CAD. D'autre part, une couronne FF' est fermée par des secteurs d'aluminium d'épaisseurs croissantes depuis 0,1 mm jusqu'à 5 mm.

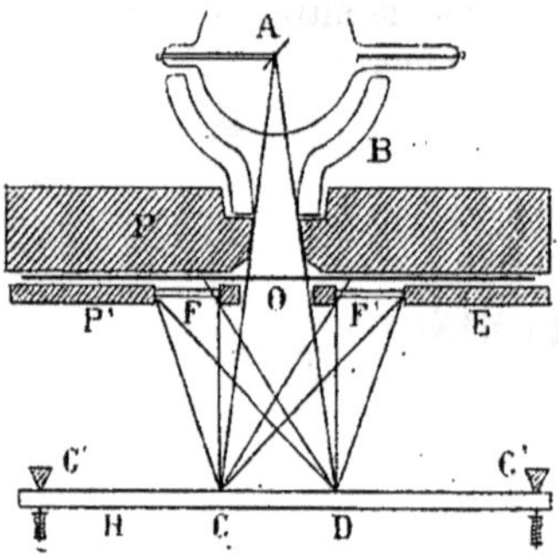

Fig. 1.

A 7 cm en dessous de cet analyseur, prennent place, bloquées contre les butoirs G, G', les feuilles d'aluminium H destinées à produire les rayons secondaires.

Lorsque le tube fonctionne, la région CD émet des rayons secondaires qui traversent de bas en haut les secteurs de l'analyseur FF', tous symétriquement placés par rapport à elle.

Après chaque expérience, avant de développer le réactif E, on constitue tout autour de la couronne FF' une échelle de teintes au moyen d'un échantillon de radium placé dans un tube de plomb de 2 cm de profondeur avec des poses croissant de 1 seconde à 80 secondes.

B. *Méthode fluoroscopique.* — Une plaque de plomb P de 3 cm d'épaisseur est percée d'un orifice légèrement oblique destiné à recevoir la cupule de verre au plomb B et à limiter le cône d'irradiation X. Le tube est protégé de toute part et notamment du côté de la chambre noire K par un écran de plomb. En G, G' on voit, comme dans le dispositif de la figure 1, des butoirs, contre lesquels viennent s'appuyer les lames d'aluminium H étudiées. Les rayons secondaires émis par cette lame sont analysés à travers l'orifice L, devant lequel passent à volonté des filtres analyseurs F.

En E se trouve un petit écran de platino-cyanure de baryum, placé au fond de la chambre noire binoculaire K.

P' est un cylindre de plomb dans lequel glisse le tube T, qui porte à son extrémité R un disque de radium étalon. Le tube T est gradué de manière qu'on sait toujours à quelle distance le radium R se trouve de 'écran E et quel est l'éclat correspondant de la plage L' de l'écran. Ainsi, quand le radium est à 2 cm, l'éclat correspond à une irradiation de 0,250 M ; à 4 cm, 0,100 M ; à 6 cm, 0,055 M, etc. Cet étalonnage a été fait une fois pour toutes par comparaison avec un rayonnement X soigneusement dosé.

L'opération consiste à examiner le rayonnement secondaire d'abord

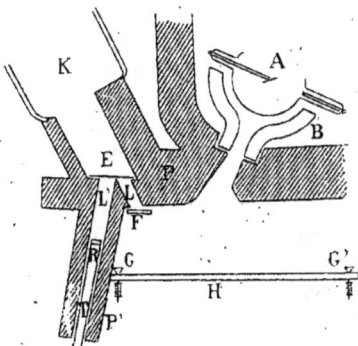

Fig. 2.

sans filtre en F, puis avec des filtres de 1, 2, 3, 5 mm et de comparer l'éclat de la plage fluorescente L de l'écran E avec la plage L'. On éloigne ou on rapproche le radium jusqu'à équivalence et on lit alors l'intensité correspondante.

Un puissant électro-aimant est placé latéralement ; ses pièces polaires sont situées immédiatement en dessous de l'orifice L. Il est destiné à dévier le rayonnement portant une charge électrique quand la lame irradiée en produit ; en ce cas une double fente en plomb convenablement protégée contre le rayonnement primaire se place entre la lame H et l'orifice L.

II. *Résultats relatifs aux faisceaux filtrés.* — On peut désigner les faisceaux X monochromatiques par leur coefficient de pénétration K à travers un filtre d'aluminium de 1 mm. Si un faisceau a une intensité initiale I_0, l'intensité derrière ce filtre sera réduite à $I_0 K$; derrière un filtre de 2 mm à $I_0 K^2$ et, en général, derrière un filtre d'épaisseur l (en millimètres), $I_l = I_0 K^l$.

On voit, d'ailleurs, que cette expression se ramène à la formule ordinaire $I_l = I_0 e^{-\frac{l}{\lambda}}$, quand on caractérise ces faisceaux non plus par K, mais par λ, épaisseur d'aluminium nécessaire pour réduire l'intensité à $\frac{1}{e}$ de sa valeur initiale. La fraction transmise, qui a la valeur $\frac{1}{e}$

pour une épaisseur λ en millimètres, aura en effet pour une épaisseur de 1 mm la valeur $e^{-\frac{1}{\lambda}}$: c'est le coefficient K.

Il suffit donc de poser $K = e^{-\frac{1}{\lambda}}$ pour opérer la transformation.

Dans les mesures ci-après, j'emploierai de préférence la notation $I' = I_0 K'$, parce que ma méthode de mesure repose sur l'emploi d'un analyseur en aluminium gradué de millimètre en millimètre.

Pour construire la courbe d'un faisceau monochromatique, il suffit dans ces conditions de connaître le coefficient K. On porte en abscisses les épaisseurs d'aluminium de l'analyseur en millimètres et en ordonnée, es intensités qui sont respectivement égales à $I_0 K$, $I_0 K^2$, $I_0 K^3$, ..., $I_0 K'$ pour des filtres de 1, 2, 3, ... l millimètres d'épaisseur.

On sait que tout faisceau complexe de rayons X donne une courbe moins inclinée qu'une exponentielle. Son coefficient de pénétration moyen augmente avec l'épaisseur d'aluminium déjà traversée, autrement dit le faisceau durcit en se filtrant.

Si l'on filtre un faisceau X par une épaisseur suffisante d'aluminium, on arrive finalement à obtenir un faisceau émergent dont la courbe tend vers l'allure exponentielle sans cependant l'atteindre jamais rigoureusement. Pratiquement, on peut considérer qu'un faisceau n° 7-8 de Benoist, c'est-à-dire ayant pour coefficient moyen de pénétration 0,650, prend une allure approximativement exponentielle à partir du huitième millimètre d'aluminium traversé où son coefficient moyen de pénétration est environ de 0,860. Je me suis contenté d'un filtrage par 5 mm d'aluminium seulement; voici alors à peu près les coefficients moyens de pénétration du faisceau émergent :

Numéros du faisceau X initial.	K moyen	
	à l'incidence.	à l'émergence.
7-8	0,650	0,850
7	0,625	0,830
6 (faible)	0,575	0,800
5 (fort)	0,535	0,760
5 (faible)	0,500	0,740

Ce sont ces faisceaux filtrés, quasi-monochromatiqués, que je vais d'abord étudier au point de vue de la production des rayons secondaires; mais, auparavant, je dois insister sur ce fait que ces faisceaux sont encore loin de présenter une courbe rigoureusement exponentielle et, en réalité, la limite supérieure du spectre du numéro 7-8 paraît être le monochromatique K = 0,900. Celle du numéro 6, le monochromatique K = 0,870. Pour le numéro 5, K = 0,840. Néanmoins les chiffres suivants me paraissent assez démonstratifs pour faire voir que les RS produits par l'aluminium irradiés par ces faisceaux quasi-monochromatiques possèdent le même coefficient moyen de pénétration.

Le rayonnement primaire et le rayonnement secondaire étant dosé à l'aide d'une unité fluoroscopique arbitraire que je désignerai par la lettre M, voici pour une intensité constante des RX n° 7-8 incidents l'intensité du rayonnement secondaire mesuré en E (*fig.* 2), suivant l'épaisseur de la lame d'aluminium productrice des RS :

Épaisseur de la lame de Al irradiée.......	1^{mm}	3^{mm}	5^{mm}	8^{mm}
Intensités de RS en E (*fig.* 2)..........	0,0033 M	0,0085 M	0,0125 M	0,0142 M
Intensités de RS derrière le filtre F de 3 mm.	»	»	0,0077	0,0082
Rapport de ces deux intensités...........	»	»	0,62	0,58

Toutes les fois que l'intensité des rayons X derrière le filtre F de 3 mm d'aluminium a pu être déterminée, la valeur de K^3 a été trouvée voisine de 0,600. Ce qui donne pour K, 0,850 environ, c'est-à-dire le même coefficient que le faisceau X primaire.

Ainsi, la première loi qui semble se dégager de ces expériences est la suivante :

Un faisceau X très filtré et quasi-monochromatique de coefficient de pénétration K donne un faisceau secondaire de même coefficient de pénétration K, comme s'il s'agissait de RX diffusés.

L'étude de l'intensité de ce faisceau S produit par des lames d'aluminium d'épaisseur croissante va vérifier cette loi.

Considérons les intensités : 0,0033 M, 0,0085 M, 0,0125 M et 0,0142 M correspondant au faisceau secondaire donné par des lames d'aluminium de 1 mm, 3 mm, 5 mm et 8 mm.

Il paraît logique de supposer que la quantité de RS produits par les couches successives d'aluminium irradié si l'hypothèse de la diffusion est exacte doive être simplement fonction de la quantité de RX primaires absorbés respectivement par chacune de ces couches.

Si nous supposons cette lame diffusante, divisée en un nombre n de couches élémentaires et si nous appelons k le coefficient de transmission du faisceau X quasi monochromatique à travers une de ces couches, la quantité de RS produite par la première couche élémentaire sera fonction de la quantité $I_0(1-k)$; par la deuxième, de $I_0(k-k^2)$; par la troisième, de $I_0(k^2-k^3)$; par la $n^{ième}$, de $I_0(k^{n-1}-k^n)$. Ces quantités successives de RS doivent traverser en retour toutes les couches élémentaires qui séparent la face d'incidence de la couche considérée, de sorte que les quantités transmises à l'extérieur du côté de la face d'incidence seront respectivement fonction de $I_0(1-k)$, $I_0(k-k^2)k$, $I_0(k^2-k^3)k^2$, ..., $I_0(k^{n-1}-k^n)k^{n-1}$.

Si l'on fait la somme des RS ainsi émis à l'extérieur on trouve :

$$\Sigma \, RS = z I_0 (1 - k + k^2 - k^3 + k^4 - k^5 \ldots - k^{2n-1}) = z I_0 \frac{1-k^{2n}}{1+k},$$

z représentant un coefficient de diffusion dans la direction considérée.

Si nous supposons qu'il y a un nombre m de couches élémentaires dans 1 mm de la lame diffusante, le coefficient k peut être exprimé en fonction de notre coefficient millimétrique K :

$$k = K^{\frac{1}{m}}$$

et la formule devient

$$\Sigma \, RS = z \, I_0 \frac{1 - K^{\frac{2n}{m}}}{1 + K^{\frac{1}{m}}}.$$

En prenant des couches élémentaires infiniment minces, m tend vers l'infini, $K^{\frac{1}{m}}$ tend vers l'unité et l'exposant, $\frac{2n}{m}$ conserve sa même valeur fixe $2l$, l étant l'épaisseur de la lame en millimètres. On a alors

$$\Sigma \, RS = z \, I_0 \frac{1 - K^{2l}}{2}.$$

Si l'on applique cette formule aux lames diffusantes employées ci-dessus de 1 mm, 3 mm, 5 mm, 8 mm, l'exposant $2l$ prend les valeurs 2, 6, 10, 16 et l'on voit que la somme des RS envoyée dans l'orifice L de l'appareil (*fig.* 2) doit varier comme les nombres 1; 2,45; 3,40; 4,25 pour $K = 0,90$.

Ces chiffres sont très voisins des chiffres expérimentaux trouvés ci-dessus : 1; 2,55; 3,75; 4,26.

A l'aide du dispositif (*fig.* 1), j'ai recueilli l'impression radiographique donnée par ce faisceau S, en graduant les poses d'une façon inversement proportionnelle aux chiffres ci-dessus. Les impressions ont été égales. Il y a un écart de 0,85 à 0,90 pour la valeur de K dans ces deux séries d'expériences, mais il faut remarquer que j'opérais là sur des intensités excessivement faibles et qu'il est extrêmement difficile en ce cas d'apprécier la fraction transmise par un filtre de 3 mm d'aluminium. Si j'ai donné ces résultats en tête de ma démonstration, c'est tout simplement parce qu'ils peuvent servir de point de départ commode pour interpréter les résultats suivants d'une bien plus grande précision.

III. *Coefficient de diffusion* z *des différents faisceaux* X. — Lorsqu'on prend une épaisseur d'aluminium l très grande, K^{2l}, dans la formule

$$\Sigma \, RS = z \, I_0 \frac{1 - K^{2l}}{2},$$

tend vers O et la formule devient

$$\Sigma \, RS = \frac{1}{2} z \, I_0.$$

Quelle que soit la composition d'un rayonnement X, si l'on suppose que le coefficient de diffusion z soit le même pour tous les monochromatiques, on doit arriver à cette conclusion que, à intensité égale des faisceaux X incidents, quelles que soient leur qualité moyenne et leur composition, l'intensité des rayons S produits est la même.

Si, expérimentalement, nous arrivons à démontrer ce fait, cela signifiera que le coefficient de diffusion z est le même pour tous les faisceaux.

J'ai donc pris des faisceaux X d'intensité égale, mais de qualité différente depuis le n° 4 jusqu'au n° 7-8, c'est-à-dire depuis le faisceau de K moyen = 0,400 jusqu'au faisceau de K moyen = 0,675 et j'ai dosé le rayonnement S produit dans les conditions expérimentales ci-dessus

Voici les résultats :

Non filtré :

Numéros.

7 à 8 (0,650 à 0,675)...................... $\Sigma RS = 0,128$
6 (0,600)............................... $\Sigma RS = 0,136$
5 (0,500 à 0,550)........................ $\Sigma RS = 0,123$
4 (0,400 à 0,425)........................ $\Sigma RS = 0,084 (?)$

Filtré (avec une intensité de RS environ six fois plus faible) :

Numéros.

7 à 8	(filtré jusqu'à K = 0,850)	$\Sigma RS = 0,022$
7	» 0,830	$\Sigma RS = 0,025$
6 (faible)	» 0,800	$\Sigma RS = 0,019$
5 (fort)	» 0,760	$\Sigma RS = 0,022$
5 (faible)	» 0,740	$\Sigma RS = 0,013 (?)$

De cette série d'expériences nous pouvons donc conclure que le coefficient de diffusion z paraît être le même pour toutes les qualités de rayonnement, sauf peut-être pour les rayons très peu pénétrants.

IV. *Loi générale de production des RS.* — Connaissant le coefficient de transmission K des différents faisceaux monochromatiques qui composent un rayonnement X, sachant d'autre part que le coefficient de diffusion z de ces différents faisceaux est vraisemblablement le même, il est facile d'établir la formule d'émission d'un rayonnement S produit par une lame d'Al d'épaisseur l quelconque.

Cette formule permettra de déterminer numériquement la qualité et l'intensité du rayonnement S produit.

1° *Détermination de l'intensité.* — Si nous prenons comme exemple le faisceau 7-8 de Benoist qui transmet 0,650 à travers le premier millimètre d'Al, nous pouvons ramener sa courbe de transmission à la moyenne entre les dix exponentielles de coefficient K_I, K_{II}, ..., K_X égaux respectivement à

0,37; 0,43; 0,52; 0,62; 0,74; 0,84; 0,87; 0,89; 0,90.

Si nous considérons individuellement chacun de ces faisceaux types quand un rayonnement X d'intensité initiale I_0 tombe sur une lame d'Al diffusante, d'épaisseur l, l'émission de RS correspondant à chacun d'eux est respectivement

$$\frac{1}{10} z I_0 \frac{1-0{,}32^{2l}}{2}; \qquad \frac{1}{10} z I_0 \frac{1-0{,}37^{2l}}{2}, \ldots$$

Autrement dit, la somme des RS produits par le faisceau total est égale à

$$z I_0 \frac{10-(0{,}32^{2l}+0{,}37^{2l}+\ldots+0{,}90^{2l})}{2 \times 10}.$$

Mais la fraction

$$\frac{0{,}32^{2l}+0{,}37^{2l}\ldots+0{,}90^{2l}}{10}$$

est précisément la fraction transmise par le n° 7-8 à une profondeur $2l$ double de celle de la lame diffusante. Si nous appelons φ_{2l} cette fraction transmise, nous aurons

$$\Sigma \, RS = z I_0 \frac{1-\varphi_{2l}}{2}.$$

La vérification expérimentale de la loi ci-dessus devient alors extrêmement facile. Le Tableau suivant indique les résultats obtenus par les deux méthodes radiographique et radioscopique et les résultats calculés, le tout étant pourcenté de manière à arriver à la fraction 0.5 pour une lame diffusante de $l =$ théoriquement ∞.

| | | Résultats expérimentaux : | |
Épaisseur des lames diffusantes.	Résultats calculés $\left(\frac{1-\varphi_{2l}}{2}\right)$.	Radioscopiques. (Intensité trouvée multipliée par 15,9.)	Radiographiques. (Intensité trouvée multipliée par 2,4.)
mm			
0,1	0,046	»	0,074 (?)
0,5	0,175	»	0,168
1	0,265	0,254	0,251 à 0,300
2	0,353	0,318	0,300 à 0,348
3	0,396	0,366	0,348 à 0,396
4	0,424	0,413	» »
5	0,443	0,461	0,398 à 0,500
8	0,474	0,485	0,500 faible
30 et au-dessus......	lim. 0,500	0,500	0,500

Un écart assez considérable est à noter pour la lame diffusante de 0,1 mm. Il peut s'expliquer : 1° par l'action des RS de l'air qui traversent en retour cette lame; 2° par l'accroissement du pouvoir radiographique comparé au pouvoir fluoroscopique quand on descend vers les rayons peu pénétrants.

$2°$ *Détermination de la qualité.* — Si l'on considère un faisceau X ou S monochromatique de coefficient K et qu'on le filtre par 1 mm, 2 mm, 3 mm, ... d'aluminium, l'intensité du faisceau transmis est égale à l'intensité initiale multipliée par K, K^2, K^3, ... En particulier, si l'on considère, à une distance donnée de la lame diffusante, un faisceau S monochromatique d'intensité $\Sigma RS = z I_0 \dfrac{1 - K^{2l}}{2}$, et qu'on interpose sur son trajet des filtres de 1 mm, 2 mm, 3 mm, ..., l'intensité transmise sera

$$\text{Derrière le filtre de 1}^{mm} \dots \dots \quad \Sigma RS_1 = z I_0 \frac{K - K^{1+2l}}{2}$$

$$\text{Derrière le filtre de 2}^{mm} \dots \dots \quad \Sigma RS_{II} = z I_0 \frac{K^2 - K^{2+2l}}{2}$$

$$\dots \dots \dots \dots \dots \dots \dots \dots \dots \dots \dots \dots \dots$$

Si, au lieu d'un faisceau monochromatique on prend un faisceau ordinaire, il est facile de voir, en répétant le raisonnement ci-dessus et en appelant φ_{2l}, φ_1, φ_{1+2l}, ... les fractions du rayonnement X primaire transmise par des lames d'épaisseur $2l$, 1 mm, $2l+1$, ..., que les intensités des RS transmises par l'analyseur, seront respectivement

$$\text{Orifice sans filtre} \dots \dots \quad \Sigma RS = z I_0 \frac{1 - \varphi_{2l}}{2}$$

$$\text{Filtre de 1}^{mm} \dots \dots \quad \Sigma RS = z I_0 \frac{\varphi_1 - \varphi_{1+2l}}{2}$$

$$\text{Filtre de 2}^{mm} \dots \dots \quad \Sigma RS = z I_0 \frac{\varphi_2 - \varphi_{2+2l}}{2}$$

$$\dots \dots \dots \dots \dots \dots \dots \dots \dots \dots \dots \dots \dots$$

Le Tableau suivant permet de comparer les résultats théoriques avec les résultats expérimentaux. Il a été établi en ramenant à 1 l'intensité du faisceau S mesuré sans filtre, et en pourcentant les intensités derrière les filtres :

Épaisseur de la lame diffusante....		$0^{mm},5$.	1^{mm}.	2^{mm}.	5^{mm}.	8^{mm}.	30^{mm}. et plus.
Résultats calculés.	Filtre 0......	1,000	1,000	1,000	1,000	1,000	1,000
	» 1......	0,518	0,540	0,575	0,621	0,638	0,650
	» 2......	0,302	0,330	0,372	0,431	0,453	0,469
	» 3......	0,198	0,225	0,265	0,324	0,346	0,363
Résultats radioscopiques.	Filtre 0.	1,00	1,00	1,00	1,00	1,00	»
	» 1......	0,49	0,49	0,60	0,59	0,64	»
	» 2......	0,36	0,35	0,42	0,41	0,47	»
	» 3......	0,22	0,24	0,31	0,31	0,36	»
Résultats fluoroscopiques.	Filtre 0......	1,00	1,00	1,00	1,00	1,00	1,00
	» 1......	0,55	0,55	0,56	0,59	0,65	0,68
	» 2......	0,36	0,38	0,38	0,45	0,45	0,48
	» 3......	0,23	0,23	0,29	0,36	0,33	0,33

En faisant la part des erreurs de mesure on voit que les nombres expérimentaux sont assez voisins des nombres théoriques. On remarquera que la courbe de transmission des RS émis par des lames de plus en plus épaisses tend vers une limite qui est précisément la courbe du faisceau X primaire. Ce faisceau a en effet pour cotes à 1 mm, 2 mm, 3 mm, les fractions 0,65; 0,469; 0,363; il suffit de voir la formule ci-dessus pour se rendre compte de ce fait.

Je l'ai contrôlé en radiographiant par 3 heures de pose un radiochromomètre irradié par un faisceau S émis par une zone *très réduite* d'une planche d'aluminium afin d'éviter l'irradiation oblique des secteurs en tous sens. Le numéro m'a paru être le même que celui du faisceau X primaire.

Conclusions. — De ces expériences, je crois pouvoir conclure que les RS non déviables de l'aluminium sont constitués par des RX primaires diffusés et que la formule de transmission du faisceau primaire leur est applicable. La même conclusion me paraît devoir s'appliquer aux RS des substances organiques et, en général, aux RS des corps qui n'émettent, sous l'action des RX, qu'une quantité négligeable de particules cathodiques. Ce ne serait que pour les métaux émettant des particules cathodiques qu'on constaterait un rayonnement non déviable analogue probablement aux rayons γ du radium et dont la qualité serait spécifique, c'est-à-dire particulière au métal considéré. Si ce rayonnement existe pour l'aluminium et les substances organiques, il est trop faible pour avoir été décelable par mes dispositifs expérimentaux.

M. Paul JÉGOU,

Ingénieur, ancien Élève de l'École supérieure d'Électricité (Sablé-s.-Sarthe).

DISPOSITIF PERMETTANT AUX STATIONS RADIOTÉLÉGRAPHIQUES DE RECEVOIR LES MESSAGES ÉMIS PAR DES POSTES ÉLOIGNÉS SANS ÊTRE TROUBLÉES PAR LES ÉMISSIONS D'UNE STATION VOISINE ET PUISSANTE [1].

654.25

5 *Août.*

Dans l'état actuel de la radiotélégraphie, malgré tous les effets de résonance ou de syntonie mis en jeu, quand un poste relativement voisin

---

[1] Dispositif qui a fait le sujet d'essais au poste de Villejuif avec l'autorisation des Postes et Télégraphes. (Mai-Juin 1911.)

d'un ou plusieurs autres (par voisin, il faut entendre ici des postes éloignés d'un poste puissant de plus d'une cinquantaine de kilomètres) émet des ondes énergiques, ses oscillations impressionnent avec forte intensité les appareils de réception de chacun de ces postes, et cela quels que soient les réglages de syntonie qu'on puisse s'efforcer de réaliser, les phéno-

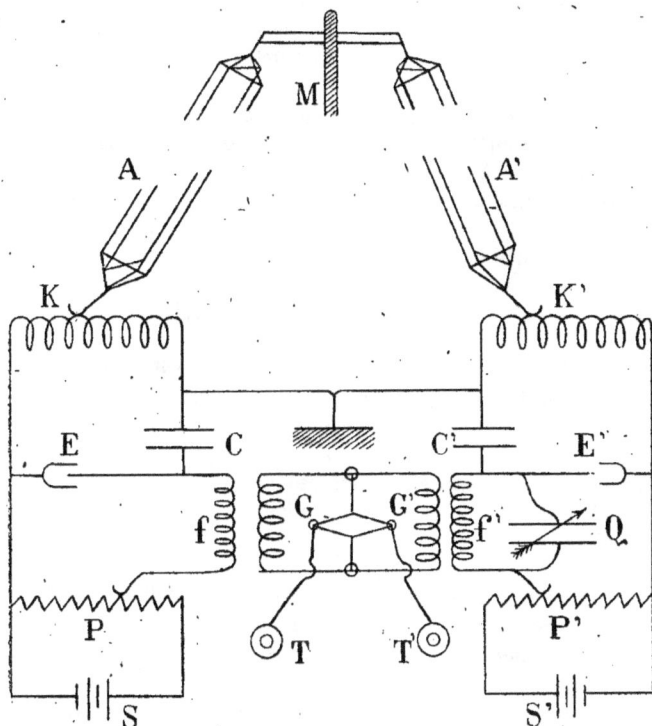

mènes de résonance étant alors presque annihilés par la puissante action qu'exercent ces ondes sur les récepteurs de chacun de ces postes.

Le dispositif que je vais décrire a pour but de remédier à cet état de choses :

On monte en chacun de ces postes sur le mât M deux antennes A, A' auxquelles on donne, si possible, même forme et mêmes dimensions. Chacune de ces antennes, complètement isolée l'une de l'autre, est connectée respectivement à un curseur de résonance KK' relié aux détecteurs suivant le montage bien connu par des condensateurs C, C'. On utilise donc deux résonateurs semblables connectés respectivement à un dispositif détecteur d'ondes quelconque (détecteur électrolytique, détecteur à cristaux ou autres) particulier pour chaque résonateur.

On réalise, somme toute, deux réceptions complètes séparées ayant chacune leur antenne propre et seulement une connexion commune à la terre.

Pour obtenir le but cherché, il importe de combiner les effets de ces deux réceptions, ce qui s'obtient aisément en les associant ou jumelant au moyen de deux bobines transformatrices spéciales B et B', ayant chacune leur enroulement inducteur connecté avec une des deux réceptions et dont les induits sont montés en opposition sur les écouteurs téléphoniques, de façon que ceux-ci révèlent l'effet résultant et différencié des deux réceptions ainsi couplées.

On fait donc ici une nouvelle application du principe de la bobine transformatrice qui a fait le sujet du brevet n° 418663 et qui permet de placer, sans nuire aucunement à la sensibilité des récepteurs hertziens, les écouteurs téléphoniques dans un circuit indépendant du circuit du détecteur.

On se rappellera que la façon de monter cette bobine est alors caractérisée par ce fait que l'enroulement inducteur est constitué par l'enroulement à fil fin et long de la bobine et que l'induit est réalisé par l'enroulement à fil gros et court de cette bobine.

En outre, aux bornes de l'inducteur de la bobine transformatrice de l'une des deux réceptions (celle de droite pour le schéma ci-joint), on a soin de placer un condensateur de faible capacité (o à $\frac{1}{100}$ de microfarad) Q, dont la valeur peut varier d'une façon continue par un dispositif à glissière par exemple. Ce dispositif a été reconnu par nous comme un dispositif simple et commode pour pouvoir régler aisément la valeur du courant recueilli aux bornes de l'enroulement induit de la bobine transformatrice.

Il est maintenant aisé de se rendre compte comment doit être utilisé le dispositif pour résoudre le problème indiqué :

Quand une station radiotélégraphique, relativement voisine d'un poste ainsi équipé, émet des ondes puissantes, celles-ci influencent fortement chacune des deux réceptions du poste considéré, mais on constate toujours un certain renforcement d'action sur la réception qu'on a soin de syntoniser sur la longueur des ondes émises par la station, d'autant plus que les deux antennes réagissent légèrement l'une sur l'autre; celle qui est accordée captant, légèrement aux dépens de l'autre, l'énergie rayonnée.

Celle des deux réceptions qu'il importe de syntoniser pour les ondes puissantes émises par la station voisine est toujours celle qui correspond à la bobine transformatrice dont l'inducteur est shunté par le condensateur variable dont le rôle a été indiqué plus haut. En effet, en réglant convenablement la valeur du condensateur, il est possible de réduire l'action des ondes sur les écouteurs téléphoniques jusqu'à la rendre égale à celle de l'autre réception non syntonisée qui, comme nous l'avons exposé, a un effet moindre sur les écouteurs téléphoniques.

Évidemment, quand les réglages seront tels que les deux actions sur les écouteurs seront égales, l'effet résultant devra être sensiblement nul, puisque les effets sont combinés de façon à ce qu'ils se détruisent mutuellement, et ainsi s'explique aisément comment les oscillations énergiques de la station ne révèlent pas leur passage dans les écouteurs téléphoniques.

Il nous reste à montrer comment ce même poste récepteur est cependant susceptible de révéler l'action des oscillations peu énergiques provenant d'une station éloignée et fonctionnant au même moment que la station puissante et voisine ci-dessus considérée comme station perturbatrice.

Pour cela, on a soin de rechercher pour la réception non syntonisée sur les oscillations de la station perturbatrice (réception de gauche pour le schéma ci-joint) le point de syntonie pour la station éloignée, point d'autant plus net et marqué que les oscillations émises par la station éloignée, dont il s'agit de recevoir les messages, parviennent plus affaiblies. Si ce poste a une longueur d'ondes différente de la station perturbatrice, cette réception restera donc désaccordée pour cette station et les effets neutralisants exposés plus haut subsisteront entièrement.

Au contraire, pour la station éloignée, l'effet sur les écouteurs téléphoniques pourra se révéler nettement, car la réception de gauche étant syntonisée sur les oscillations à déceler, l'induit de la bobine transformatrice correspondante sera traversé par un courant alternatif provoqué par l'action des ondes sur le détecteur correspondant, tandis que l'induit de la bobine transformatrice de la réception de droite ne sera traversé par aucun courant pour deux raisons :

1° Parce que la réception correspondante n'est pas syntonisée sur la longueur d'ondes de la station éloignée et que cette syntonisation peut être assez aiguë si l'action des ondes est relativement faible.

2° Parce que l'action de la bobine transformatrice sur les écouteurs téléphoniques a été réduite au moyen du condensateur associé quand il s'est agi d'opérer le réglage convenable pour étouffer l'effet de la station perturbatrice. Ce réglage ayant déjà pour résultat immédiat de créer une dissymétrie d'action sur les écouteurs téléphoniques quand les actions sur les détecteurs sont égales.

Ainsi, grâce à la grande dissymétrie d'action des deux bobines transformatrices sur les écouteurs téléphoniques, ceux-ci permettent de capter avec toute la sensibilité désirable les messages hertziens émis par un poste éloigné sans être gêné par la station voisine en fonctionnement.

D'ailleurs, le dispositif peut avoir une application plus large : par exemple, quand dans l'espace se trouvent enchevêtrées deux communications dont les ondes de l'une sont relativement plus énergiques que celles de l'autre. En agissant simultanément sur les résonateurs et les potentiomètres, il peut être facile d'étouffer les ondes fortes au profit des ondes faibles.

Les récepteurs ordinaires permettraient facilement de lire le message transmis en ondes fortes sans être gêné par le message transmis en ondes faibles. Le dispositif, que nous venons d'exposer, pouvant très aisément

10

être transformé en récepteur courant; il suffit pour cela de couper simplement le courant sur une des deux réceptions; on peut donc, avec ce nouveau dispositif, lire aussi aisément l'un ou l'autre des messages.

Il importe de remarquer que le dispositif peut, par surcroît et dans une certaine mesure, mettre les récepteurs à l'abri des décharges atmosphériques ou autres influences parasites qui, parfois, gênent si considérablement le service de réception des messages. En effet, les influences extérieures sont des actions électriques (charges purement statiques parfois) dénuées de tout caractère de longueur d'ondes et, par conséquent, doivent influencer simultanément avec une égale intensité les deux réceptions, quels que soient les réglages dissymétriques des curseurs de syntonie.

Ces actions doivent donc tout naturellement se détruire sur les écouteurs téléphoniques par le même mécanisme que celui qui est mis en jeu pour étouffer les émissions puissantes d'un poste voisin.

M. PAUL JÉGOU.

NOUVEL ÉCLATEUR ANTI-ARC POUR RADIOTÉLÉGRAPHIE.

654.25

5 Août.

Dès que la puissance des postes radiotélégraphiques devient quelque peu importante, on constate que le primitif éclateur de Hertz constitué par deux simples boules entre lesquelles jaillit l'étincelle oscillante ne peut plus convenir parce que la chaleur dégagée par l'étincelle devient trop importante, ce qui facilite la formation d'un arc à la place de l'étincelle oscillante.

Tous les éclateurs proposés ont donc pour but d'éviter que le régime de l'arc ne puisse en aucune façon se substituer à l'étincelle oscillante, seule productrice des oscillations de haute fréquence nécessaires pour la télégraphie sans fil.

C'est ce qu'on s'efforce de résoudre aujourd'hui en faisant jaillir l'étincelle soit entre deux cylindres en métal anti-arc, soit entre deux tores parallèles. L'étincelle, en se déplaçant alors constamment le long des génératrices d'éclatement, assure un refroidissement partiel des électrodes qui tend à s'opposer à la formation de l'arc. Malgré cela, pour mieux « souffler » l'étincelle, c'est-à-dire pour lui assurer un caractère oscillant d'une façon plus certaine, on a soin de soumettre l'étincelle à un jet énergique d'air ou à un champ magnétique. Le dispositif d'éclateur qu'on va décrire a pour but d'assurer complètement à l'étincelle, sans autre secours, un caractère oscillant ou, en d'autres termes, de s'opposer d'une façon absolue à l'établissement d'un régime de l'arc. Voici sur quel résultat d'expérience repose ce dispositif : si entre deux boules d'un oscillateur ou éclateur de Hertz alimenté par une puissance constante sur une différence de potentiel constante on fait jaillir l'étincelle oscillante en écartant de plus en plus les boules jusqu'à obtenir l'étincelle la plus longue possible, on constate qu'il suffit d'encercler une des boules de l'éclateur

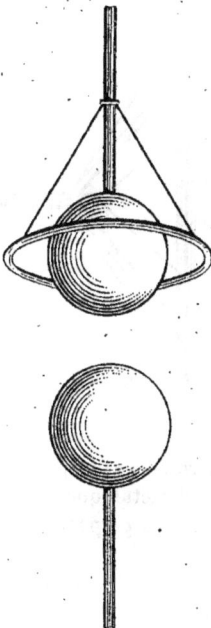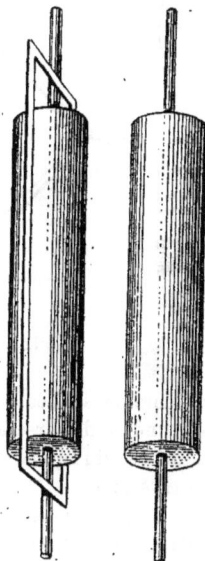

Fig. 1.   Fig. 2.

d'un fil métallique disposé de façon que le plan de ce cercle coupe la sphère suivant son grand cercle perpendiculaire à l'axe de l'étincelle ou de l'éclateur et de relier ce cercle, dont la circonférence a un rayon de 2 cm à 3 cm de plus que la circonférence concentrique du grand cercle de la sphère, au pôle correspondant de cette boule pour pouvoir, sans que l'étincelle cesse de jaillir, augmenter du double la distance explosive entre les boules (fig. 1), ce phénomène ne subsistant que si l'étincelle conserve son caractère oscillant, le fait de pouvoir doubler la distance explosive de l'éclateur pour une même différence de potentiel à ses bornes, écarte évidemment toute tendance à l'établissement du régime de l'arc, car si l'on peut constater l'allumage de l'arc avec les distances explosives usuelles, il est bien impossible d'en supposer l'existence avec ce nouveau dispositif qui permet, sans aucun autre inconvénient ni pour l'amortissement des ondes, ni pour le nombre des trains d'ondes, etc., de doubler facilement cette distance.

D'ailleurs, le principe du dispositif peut être généralisé et s'appliquer facilement à toutes les formes d'éclateurs précédemment créés en profitant de leurs avantages.

A titre d'exemple, on a figuré (*fig.* 2), l'application de ce principe en cas d'éclateurs à cylindres parallèles et (*fig.* 3) on a représenté son appli-

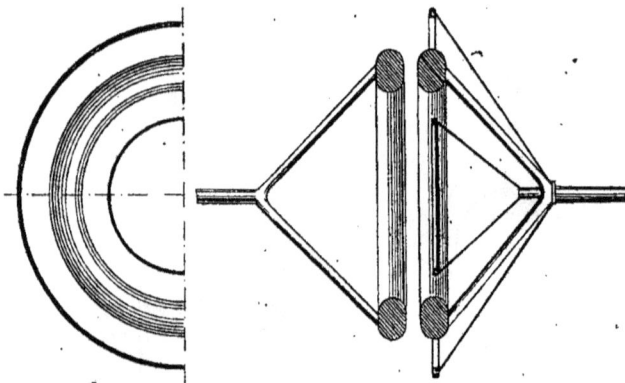

Fig. 3.

cation en cas d'éclateurs constitués par des tores. Dans le premier cas, on entoure un des cylindres d'un rectangle en fil métallique rigide placé suivant le plan diamétral du cylindre considéré et perpendiculaire au plan d'éclatement des étincelles.

Dans le deuxième cas, on encercle un des tores d'un double cercle, l'un extérieur, l'autre intérieur, concentriques aux cercles générateurs du tore.

Ainsi, sans complication, se fait l'application du cercle aux éclateurs créés dans le but de dissiper facilement la chaleur dégagée par l'étincelle.

D'ailleurs, l'application de ce dispositif a encore un autre avantage qu'il importe de signaler.

En effet, si l'on cherche à se rendre compte comment ce cercle peut faciliter d'une façon aussi notable le passage de l'étincelle oscillante entre les boules, on constate que le système est équivalent, au point de vue des décharges électriques, à une pointe et un plateau.

Or, on sait qu'en radiotélégraphie s'est introduit depuis quelque temps dans la technique ce qu'on appelle les *émissions musicales* qui sont obtenues par des décharges de transformateurs alimentés par des courants alternatifs à périodes relativement rapides (500 périodes environ).

On a constaté que pour profiter intégralement des avantages de ces émissions, il importe de recueillir dans les récepteurs à lecture au son, des sons musicaux très clairs et très purs.

L'expérience a prouvé que le meilleur éclateur, à ce point de vue, était constitué par une pointe et un plateau; mais pour des puissances un peu notables, la pointe s'use trop vite, on a alors recours à un éclateur composé d'un tube de cuivre dont la tranche est placée à une faible distance d'un plateau. L'étincelle jaillit entre la tranche de ce tuyau et le plateau avec autant de netteté qu'entre la pointe et le plateau, ce qui se conçoit, étant donné que le tuyau remplace, somme toute, une infinité de pointes, ce dispositif s'use évidemment moins vite.

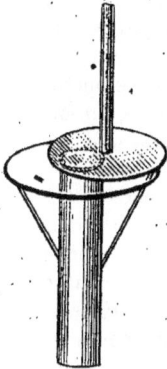

Étant donnée l'interprétation donnée plus haut du phénomène du cercle dont nous exposons les applications principales, il en résulte que l'on pourrait, pour ces émissions, revenir aux éclateurs à cylindres et à tores en ayant soin de les munir du fil enveloppeur décrit et cela sans nuire à la pureté du son.

D'ailleurs, l'application du cercle se fait aisément à l'éclateur que nous venons de décrire et composé d'un tube et d'un plateau.

Fig. 4.

Le cercle est alors placé près du plateau et de façon qu'il entoure le tube à une faible distance et en le fixant rigidement par une ou plusieurs connexions en fil rigide établies avec le tube à quelque distance du cercle lui-même (*fig. 4*).

M. LE Dr MORIN,

Professeur suppléant, Chef des Travaux pratiques de Physique
à l'École de Médecine. (Nantes).

SUR L'ÉTINCELLE GLOBULAIRE AMBULANTE.

537.28.3

4 Août.

Ce phénomène a été découvert par M. le professeur Leduc qui l'a décrit dans une Note inséré aux *Comptes rendus de l'Académie des Sciences* du 3 juillet 1899, puis dans une Communication plus complète au Congrès de l'Avancement des Sciences tenu la même année à Boulogne-sur-Mer. Il a été étudié en particulier par M. Gritters-Doublet (*), par M. le Dʳ Gustave Lebon (**), surtout par le P. Schaffers (***). Ce dernier auteur l'a produit sur des milieux extrêmement variés : plaques et papiers au géla'tino-bromure, bromure, iodure d'argent et autres sels métalliques en émulsion dans divers colloïdes, etc. Plusieurs de mes expériences, répétées dans les mêmes conditions, confirment entièrement ses résultats (****).

Manière d'opérer. — Deux pointes fines, deux aiguilles à coudre maintenues par de petits cylindres de caoutchouc perforés à l'extrémité d'excitateurs à manche d'ébonite (dont le diamètre, ce détail a son importance, est de 2,4 mm) reposent sur deux points d'une plaque photographique simplement isolée par une grande lame de verre, sans qu'il soit besoin d'autre précaution. Les axes des aiguilles sont disposés obliquement, de façon à converger l'un vers l'autre; enfin les excitateurs sont reliés aux pôles d'une machine statique, que l'on met en marche.

On voit alors, soit immédiatement, soit après un temps plus ou moins long, partir de l'aiguille négative et se déplacer lentement sur la plaque un petit globule lumineux d'un diamètre apparent de 1 mm environ : il se dirige vers le pôle positif, lentement, d'une allure régulière où sautillante, suivant un trajet plus ou moins sinueux, jamais rectiligne. Au voisinage de ce pôle il est parfois repoussé comme une balle élastique et revient plusieurs fois à l'assaut de l'aiguille; le plus souvent il est fragmenté, aussitôt atteint par l'effluve positive, en plusieurs petits globules suivant parallèlement et directement leur chemin. Le positif une fois atteint, tout devient obscur : la machine se désamorce, le trajet est rendu conducteur.

C'est là, du moins, ce qui s'observe lorsqu'on se sert, comme l'a fait M. Leduc, d'une petite machine mue à la main. J'ai repris les expériences avec la machine Wimshurst à quatre plateaux de 55 cm, actionnée par un moteur électrique, qui me sert en électrothérapie, ce qui m'a permis de les pousser plus loin. De plus, je me suis trouvé les commencer sur des plaques Lumière à étiquette bleue, vieilles de quinze ans, que je me trouvais avoir en ma possession, et sur lesquelles le phénomène se produit très facilement. J'ai cru voir depuis que cette facilité au lieu de tenir, comme je l'avais supposé, à l'âge des plaques, tient à leur marque et peut-être au fait que j'expérimentais à la lumière du jour : dans ces conditions, on voit le trajet se dessiner peu à peu sous forme d'une ligne mince dont la coloration, suivant le point considéré, est d'un noir bleuâtre ou brunâtre. Il se produit en même temps deux phénomènes :

(*) Cf, *Éclairage électrique,* 9 septembre 1899.

(**) *Évolution de la matière,* p. 154, Flammarion, 1905.

(***) *Les plaques sensibles au champ électrostatique*; Hermann, 1900.

(****) Cette étincelle diffère entièrement de l'étincelle ambulante produite par G. Planté au moyen de sa machine rhéostatique, à travers le diélectrique en mica d'un condensateur.

réduction sans action du révélateur et par véritable électrolyse, du bromure d'argent, qui donne la coloration bleuâtre, brûlure de la gélatine qui donne la coloration brunâtre. Cette brûlure est, en général, beaucoup plus apparente près du pôle positif, parfois plus apparente par transparence, comme si le globule avait cheminé sous la gélatine; on entend parfois à ce moment un léger grésillement, et on sent nettement l'odeur de gélatine brûlée.

Ce globule constitue une forme d'électricité bien particulière; on peut, au point où il se produit, toucher, frictionner la plaque avec le doigt sans le faire disparaître ni dévier de sa route et sans éprouver aucune sensation; le déplacer, le fractionner comme une gouttelette de mercure en le poussant ou en le frappant avec un petit rouleau de papier. Si l'on en approche une pointe métallique tenue à la main, il se trouve attiré par cette pointe, sans disparaître : on peut même le faire naître ainsi. Quelle est sa nature? M. le Dr Gustave Lebon suppose que les atomes électriques s'y trouvent dans un état d'équilibre tourbillonnaire qui lui donne son étonnante stabilité : cette hypothèse me paraît appuyée par l'expérience.

Il peut franchir d'assez grandes distances. Sur une plaque du Dr V. Monckhoven datant de 1896, j'ai fait plusieurs expériences à la lumière : dans la première, avec une distance de 29 cm entre les pôles, un petit globule très pâle a parcouru lentement et régulièrement la gélatine et est allé mourir assez loin du positif après un trajet courbe de 28 cm. Sa vitesse était de 1 mm par seconde environ. Avec une distance de 21 cm, j'ai obtenu de nombreux trajets et à peu près la même vitesse.

Voici comment les choses se passent avec une machine suffisamment puissante : le globule une fois arrivé au positif, la machine peut se désamorcer, mais il suffit souvent, pour continuer l'expérience sans avoir à déplacer les aiguilles, de mettre quelques secondes ses boules polaires en court circuit; la conductibilité du trajet cesse d'exister, peut-être par refroidissement, et le phénomène recommence. Le plus souvent, le désamorcement ne se produit qu'après que les trajets sont devenus très nombreux; parfois, on peut continuer indéfiniment. Pour montrer la facilité de l'expérience, j'ai produit sur mes vieilles plaques des dessins, en changeant la position d'un des pôles.

On obtient de plus beaux résultats en opérant dans la lumière inactinique et en développant la plaque (il faut se servir d'un révélateur très dilué afin de ne pas laisser monter le voile produit par les ultraviolets, dont on ne peut éviter complètement l'action). Le phénomène se produit peut-être un peu moins facilement que sur la plaque voilée. Avec la distance de 8 à 9 cm entre les pointes imposée par le format de projection, la vitesse est plus grande que celle que j'ai citée : elle est de l'ordre du centimètre-seconde et varie un peu avec la force électromotrice, beaucoup avec la marque des plaques, ainsi que la forme du phénomène.

J'ai opéré d'abord sur des Σ. Voici ce qui se produit alors, comme à toutes les fois où le départ se fait un peu attendre : l'effluve positive s'allonge, souvent par saccades, et atteint l'aiguille négative qui n'est pas toujours lumineuse auparavant. Le globule apparaît alors à son extrémité ; en tous cas, il la quitte pour parcourir la gélatine. Parfois le globule quitte brusquement la pointe et se déplace le long de l'aiguille négative, jusqu'au caoutchouc, d'un rapide mouvement alternatif qui fait voir une petite ligne lumineuse et entendre un crissement très particulier. Puis, brusquement encore, il part sur la gélatine avec son allure lente, et la pointe devient obscure. Je l'ai fait partir plusieurs fois en en approchant, sans contact avec la plaque, une pointe métallique tenue à la main ; en diminuant le débit, soit par ralentissement de la machine, soit par création d'une dérivation entre les boules ; en soufflant dessus, c'est-à-dire en augmentant la conductibilité dans son voisinage. Mais une fois en route, je n'ai pu le faire dévier en soufflant.

Le premier globule est suivi ou accompagné d'un second... d'un nombre qui peut être très grand et varie avec la nature de la plaque. Leurs trajets sont parallèles, souvent obliques ou perpendiculaires : ils se coupent à angle droit ou aigu, s'anastomosent, sans paraître impressionnés l'un par l'autre. Plusieurs sont interrompus sur 1 ou 2 mm, le globule ayant sauté au-dessus d'un pont de gélatine non-brûlée : quelques-uns sont en chapelet. La machine étant désamorcée par conductibilité de l'un d'eux et mise en court circuit, le sillon devient parfois lumineux sur tout ou partie de sa longueur lorsqu'on écarte les boules polaires ; ou bien un globule y naît en un point quelconque et se met en marche vers le positif par le même chemin, ou par un autre.

Ce sont les diverses plaques photographiques qui donnent les meilleurs résultats, puis les papiers développables. Sur certains j'ai vu, avant le départ du globule, pousser à partir de l'aiguille négative des arborescences bleuâtres, puis celui-ci partir de l'une d'entre elles. Sur Kodak à surface rugueuse, un sillon est même interrompu sur une longueur de 15 mm par une de ces arborescences. Le globule naît avec une facilité d'autant plus grande que le papier est plus sensible : avec ce dernier j'ai un grand nombre de trajets, tous non terminés. Sur Lumière C à surface lisse, la marche des globules est plus rapide ; il en part deux ou trois à la fois. Lorsque l'un d'eux est arrivé au positif, son trajet devient immédiatement, et pendant quelques instants, lumineux sur toute sa longueur ; parfois un nouveau globule y apparaît. Les trajets sont très nettement marqués, peu flexueux, quelques-uns finement ramifiés ; ils peuvent avoir une longueur de plus de 20 cm. Après un certain nombre, la machine se désamorce.

Sur platino-bromure Crumière mat, les phénomènes sont plus difficiles, les trajets très larges et très courts. J'ai cependant obtenu un trajet de 14 cm qui devient subitement très fin une fois atteint par l'effluve positive. Pendant cette expérience sur ce papier très résistant, j'ai vu des globules fixes sur les angles des morceaux de bois et de carton qui soutiennent ma lame de verre.

Sur Velox, un petit globule a fini par apparaître au bout d'une longue arborisation presque rectiligne suivant la ligne des pôles.

Une expérience sur pellicule Eastmann Kodak : plusieurs globules successifs s'écartent de l'aiguille comme à regret, ne vont qu'à mi-chemin du positif; ils sont alors attirés de nouveau par le négatif, comme s'ils y étaient liés par un fil élastique. Plusieurs, après avoir parcouru la gélatine, remontent même sur l'aiguille pour y vibrer comme je l'ai dit plus haut, puis repartent dans la même direction. La gélatine est brûlée sur une certaine largeur, puis les trajets se ramifient; l'un, commencé assez loin du négatif, en en sortant directement, se compose d'une ligne. le points nettement séparés, un autre ressemble à une branche épineuse.

J'ai essayé en vain sur citrate Solio, blanc ou impressionné : seulement sur les parties très noires (marges de photocopies) de rares globules s'éloignent à 2 mm. Même résultat négatif sur plaques au lactate développées, sur une lame de verre recouverte d'une poudre peu conductrice. Je l'ai produit sur une radiographie développée : la conductibilité étant trop grande, il faut soulever l'aiguille positive. La globule naît au point frappé par l'effluve et se déplace, repoussé par le champ négatif, en dehors de +. On provoque son apparition en éloignant et en rapprochant brusquement l'aiguille, ou en touchant la plaque avec un fil métallique tenu à la main, qui le dépose pour ainsi dire sur la gélatine, sur laquelle il laisse une trace assez nette. Il est petit, peu lumineux, se déplace lentement, d'un mouvement sinueux, et ne dure que quelques instants. Parfois, il gagne le bord de la plaque et y reste stationnaire.

Avec les plaques Lumière étiquette bleue, le phénomène s'obtient dès la mise en marche et présente une allure de régularité qui m'a fait choisir cette marque pour la plupart de mes expériences.

Avec les Jougla étiquette rose, le globule part immédiatement, mais avance difficilement, lentement, d'une allure sautillante avec fréquents retours en arrière, stationnant parfois en un point. Il arrive difficilement à +, alors la machine se désamorce; il se divise assez loin de ce pôle. Il y a surtout brûlure, la gélatine est déchiquetée, et peu d'impression.

Sur lactate d'argent Guilleminot, il en naît en même temps plusieurs, petits, assez rapides, donnant des traits épais, sinueux.

Les Lumière au chlorobromure d'argent donnent des phénomènes extrêmement curieux et amusants : plusieurs globules partent en même temps avec une vitesse et suivant une route capricieuses, retournant souvent en arrière ou restant longtemps immobiles pour disparaître ensuite ou reprendre leur route, ou se mettant tout à coup à vibrer dans tous les sens en dessinant des lignes lumineuses qu'on ne peut mieux comparer qu'à des serpentins d'artifice. Dans les expériences sur le format 4,5 × 10, plusieurs fois je les ai vus disparaître, atteints par l'aigrette positive, avec une minuscule explosion. Au développement, on trouve de délicates arborisations presque perpendiculaires à une tige commune, donnant l'idée d'une branche de fenouil. Parfois cette tige assez grosse et d'une largeur uniforme se continue brusquement par un trait mince. Enfin, près du positif, des sortes de petits bouquets à l'extrémité des branches semblent correspondre aux globules explosés.

J'ai fait sur ces deux dernières marques quelques expériences avec un

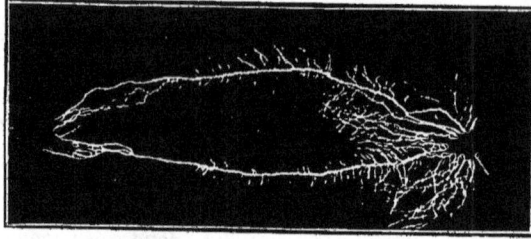

Fig. 1.

seul pôle sur la plaque, celle-ci étant posée sur une surface conductrice reliée à l'autre pôle. Le phénomène se produit moins facilement, surtout si le pôle central est positif. Négatif au centre : trajets allant dans différentes directions par les chemins les plus courts. Positif au centre : un petit trajet moniliforme, s'avançant dans l'effluve à partir d'un point du bord de la plaque, a parcouru sur celle-ci 2 cm.

Les Grishäber, étiquettes rose, blanche et violette, donnent des résul-

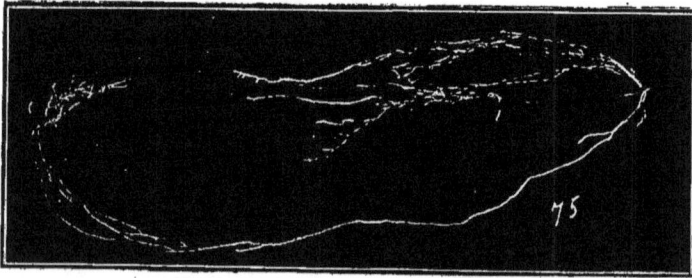

Fig. 2.

tats sensiblement identiques : nombreux globules de marche irrégulière et sautillante, surtout avec les blanches, quelques-uns restant fixes un certain temps, d'autres revenant en arrière; petits globules, véritables globules nains apparaissant probablement dans un sillon et se dirigeant vers le positif. Celui-ci est difficilement atteint, l'est même (violettes) en arrière par des trajets ayant fait un long circuit. Les trajets ramifiés, très nets, s'éloignent énormément de la ligne des pôles.

Action du champ magnétique. — Je me suis servi pour l'étudier d'un aimant en fer à cheval à trois feuillets, pesant 2,4 kg. La déviation produite par lui sur une aigrette de 2 cm entre les boules de ma machine est très nette (la répulsion du moins, autrement il agit trop vite comme corps conducteur) : il agit fortement, dangereusement même, sur le filament d'une lampe à incandescence. Or, il a été placé dans diverses positions, surtout évidemment de façon à ce que ses lignes de flux soient perpendiculaires à la plaque et à la ligne des pôles, sans qu'il en soit résulté aucune modification. L'expérience avait été faite par le Dr Gustave Lebon avec les mêmes résultats et vient certainement à l'appui de son hypothèse sur la nature tourbillonnaire du phénomène : le champ magnétique ne peut faire subir aucune déviation à ces courants circulant dans tous les sens, sensiblement au même point. Un champ très intense devrait, en diminuant ou éteignant leur vitesse, faire cesser le phénomène.

Action des rayons X. — Une douzaine de plaques Lumière étiquette bleue a été impressionnée dans l'obscurité à l'abri de la lumière de l'ampoule. La durée de pose, de la première (n° 86) à la dernière (n° 98), est

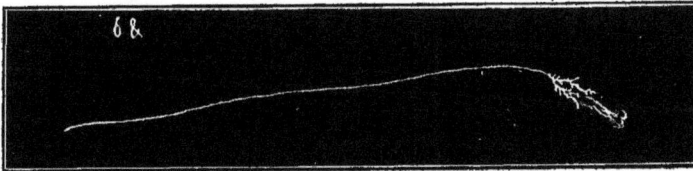

Fig. 3.

de 12 à 300 secondes à 25 cm, ce qui, avec cette installation lente, donne de 1 à 30 M.

Les globules partent plus facilement, en plus grand nombre, et cheminent plus rapidement que sur les mêmes plaques non irradiées; les trajets deviennent sinueux, la marche irrégulière avec fréquents retours en arrière, les globules gagnent difficilement le positif; de nombreux globules nains apparaissent dans les trajets. L'émulsion se rapproche des Grishäber et cette modification est proportionnelle à la durée de l'irradiation. Les traits sont plus fins et plus nets. Chose inattendue, malgré la durée énorme, on a plutôt moins de voile, ce qui tient évidemment à une action antagoniste entre les rayons X et les ultra-violets.

INTERPOSITION D'UN OBSTACLE.

1. OBSTACLE ISOLANT, MOBILE. — Un tube de verre de 5 mm de diamètre a été posé perpendiculairement au milieu de la ligne des pôles sur la plaque légèrement inclinée le négatif en bas, et soutenu par une cale. Il a

été attiré vers + contre l'action de la pesanteur et est revenu brusquement en place. Il s'agit là d'attractions ordinaires électrostatiques : dans les quelques expériences que j'ai faites, la première charge prise par le tube placé au milieu a toujours été négative. Les globules, après un court temps d'arrêt, passent dessous.

2. OBSTACLE CONDUCTEUR, FIXE. — a. *Bande de papier d'étain.* — Sur chlorobromure, deux globules se sont arrêtés en amont de l'obstacle; deux autres ont passé dessous en donnant quelques stries parallèles, et sont restés au contact en aval pendant toute l'expérience assez longue, en impressionnant fortement la plaque; d'autres ayant eu une existence moins durable, ont donné moins d'impression.

Ces résultats ont été obtenus sur d'autres plaques; souvent on voit les globules rebondir sur l'obstacle comme des corps élastiques. J'en présente un sur Grishäber violet : un globule paraît arrêté à 1 mm de l'obstacle, mais l'électricité qu'il contenait a passé dessous; un autre à la même distance s'est divisé en deux parties, dont l'une est restée longtemps en amont. De l'autre côté, deux ont persisté longtemps; d'autres ou ont été plus petits, ou ont duré moins longtemps. Une effluve se montre à un angle.

Dans une expérience faite au jour sur Lumière bleue, je les ai vus disparaître absorbés par la bande, puis reparaître à un des angles un peu aigu et continuer leur route vers +.

b. *Fil ne pouvant rouler.* — On voit un ou plusieurs globules arrêtés par le fil comme par un barrage, pouvant passer et continuer alors leur route aux points où ce fil, non absolument rectiligne, porte moins sur la plaque, la plupart restant en amont tant que dure l'expérience.

3. OBSTACLE CONDUCTEUR MOBILE. — Les globules continuant à briller le long d'un fil métallique doivent, en raison des actions électrostatiques qu'ils subissent, exercer une pression sur ce fil et tendre à le déplacer. Pour vérifier le fait, je me suis servi d'une tige d'acier parfaitement rectiligne et cylindrique, dans l'espèce d'un crochet à broder dont j'ai aiguisé très finement à la lime le bout brisé, afin qu'il ne puisse conserver une charge statique, et que les phénomènes que je vais décrire ne puissent être attribués aux actions exercées sur ce corps lui-même. Les expériences ont été faites sur plaque horizontale ou légèrement inclinée, la tige étant alors maintenue par une cale isolante. *Elle est traînée vers l'aiguille positive par un ou plusieurs globules et s'arrête à une petite distance de cette aiguille, sans jamais l'atteindre.* Parfois, un globule disparaît à son contact et lui communique sa charge qu'on voit s'échapper par la pointe. Une aigrette s'y montre également quand la tige est atteinte par l'effluve positive.

Sur lactate Guilleminot, plaque horizontale, de nombreux globules n'arrivent pas à déplacer l'obstacle.

Sur chlorobromure, plaque rigoureusement horizontale, la tige exécute de brusques oscillations étendues soit presque d'une aiguille à l'autre, soit du milieu où elle a été posée, vers le positif. Les oscillations commencent dans un sens ou dans l'autre; après une douzaine, la tige, traînée par un globule, se rapproche de $+$ et reste en place.

(Les actions électrostatiques sur le corps, dans le cas des charges très rapides qui existent ici, ne sont pas rigoureusement évitées et causent probablement ces oscillations : il faut des phénomènes plus lents et plus réguliers pour donner le temps à l'électricité de s'écouler par la pointe.)

Sur Grishäber, il y a eu parfois entraînement.

Mais les résultats les plus précis sont obtenus sur Lumière bleues: c'est sur ces plaques que j'ai fait toutes les expériences qui vont suivre.

J'ai vu, malgré une inclinaison croissante, la tige finir par être emportée vers le positif. Il était intéressant de chercher à mesurer la valeur

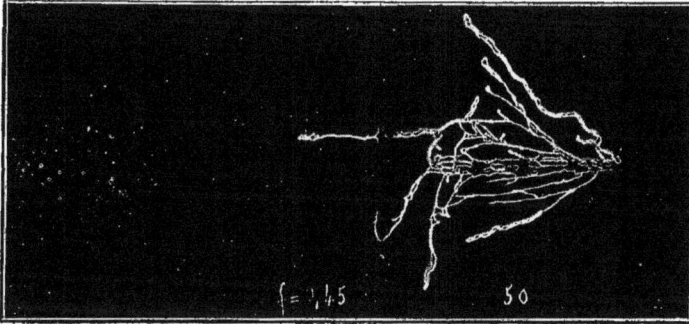

Fig. 4.

de la résistance pouvant être surmontée : je l'ai fait en me plaçant toujours dans les mêmes conditions, avec les mêmes plaques, la même distance de 8 à 9 cm entre les pôles, la même vitesse de la machine. Il suffisait, pour obtenir des résistances très petites, parfaitement graduées et suffisamment connues, de me servir des propriétés du plan incliné. La plaque était posée sur une lame de verre rendue rigoureusement horizontale au moyen d'un niveau à bulle d'air très sensible, une des extrémités soulevée par une ou plusieurs cales de carton mesurant exactement 1 mm (et un morceau de bois de 6 mm). La hauteur du plan était ainsi donnée; sa longueur, les cales étant un peu engagées, était de 10 cm, peut-être un peu plus, mais l'erreur ainsi produite se trouve largement compensée par deux causes agissant en sens contraire : 1º les cales ne sont pas rigoureusement planes, ont toujours quelques bavures qui augmentent leur hauteur; 2º la tige d'acier à laquelle j'attribue dans les calculs une valeur de 5 g pèse en réalité 5,30 g. Les valeurs données sont donc plutôt inférieures.

L'expérience a lieu plus facilement lorsque la machine atteint rapidement sa vitesse, ou qu'on la lui laisse atteindre en court-circuit.

Les déterminations sont faites à partir de 0,05 g et continuent progressivement jusqu'à 0,5 g Là, dans les conditions où j'opérais, on est visiblement à la limite : le soulèvement est faible et pénible. Une dernière plaque, avec soulèvement nul, montre un trajet ayant passé à la fin sous l'extrémité un peu effilée du crochet. On remarque pendant les expériences de nombreux globules rebondissant sur l'obstacle et revenant à la charge : il se trouve enlevé tantôt par un seul, tantôt par plusieurs en même temps, parfois avec une brusquerie qui le lance un peu en avant de leur route.

Dans les conditions où j'opérais, la force produite est de 0,5 g ou 490 dynes.

On peut remarquer sur les dernières plaques que plusieurs des trajets s'écartent beaucoup de la ligne des pôles, deviennent perpendiculaires à cette ligne, ou même s'incurvent en arrière : ce phénomène, tout en étant un peu capricieux, est cependant dans une grande mesure proportionnel à l'inclinaison, *comme si le globule était soumis à l'action de la pesanteur.* L'assertion n'a rien d'inadmissible, que cette forme d'électricité soit soumise à cette action : l'atome n'est-il pas lui-même un tourbillon d'électricité négative ?

Pour la vérifier, j'ai produit le phénomène sur des plaques inclinées de diverses manières, surtout presque verticales avec la ligne des pôles horizontale. Les trajets sur plaque Van Monckhoven sont tantôt au-dessus, tantôt au-dessous, ne montrent rien de systématique; sur gélatino-bromure Guilleminot, ils sont à peu près rectilignes. L'action du champ électrostatique a été affaiblie soit en diminuant autant que possible le débit, soit en traçant en travers de la plaque un trait de crayon conducteur, avec le même résultat négatif. Si la pesanteur agit, son action est donc du moins très faible par rapport au champ électrostatique.

D'après les recherches du P. Schaffers et les miennes, l'étincelle globulaire ambulante ne paraît se produire facilement que dans des milieux de conductibilité en quelque sorte discontinue et parcellaire, comme si le courant passait d'un grain à l'autre du sel composant les plaques à travers son enveloppe de gélatine, ou d'un autre diélectrique, qui lui oppose plus de résistance.

M. Camille MATIGNON,

Professeur au Collège de France.

LE POINT DE FUSION DU QUARTZ.

536.421 : 546.28-3

5 Août.

J'ai déterminé le point de fusion du quartz en opérant dans un four électrique à tube dont la température était élevée progressivement. A côté du quartz se trouvait un morceau de charbon qui pouvait être visé par le spectrophotomètre de Wanner à l'une des extrémités du tube, tandis qu'un deuxième opérateur observait le quartz à l'autre extrémité à travers un verre absorbant et indiquait le moment précis de la fusion.

Le four électrique à résistance dont je me suis servi consiste esssentiel-lement en un tube de charbon chauffé par un courant électrique et noyé dans une substance réfractaire; on évite son oxydation en le faisant parcourir par un courant de gaz azote.

Le quartz employé était un bel échantillon bien transparent.

J'ai commencé par vérifier l'exactitude de la graduation de mon pyro-mètre en déterminant la température de fusion d'un platine pur; j'ai trouvé ainsi 1746°, nombre concordant avec la valeur admise aujourd'hui par les physiciens (1744°).

Cinq déterminations successives effectuées sur des échantillons diffé-rents ont donné des valeurs oscillant autour de 2040°-2050°.

Enfin, j'ai déterminé également comme vérification le point de fusion de l'alumine pure; j'ai trouvé ainsi un nombre voisin de celui déjà obtenu par Ruff.

Comme conclusion, le point de fusion du quartz est très voisin de 2050°.

CHIMIE.

M. Georges LEMOINE,

Membre de l'Institut (Paris).

VITESSE DE DÉCOMPOSITION DE L'EAU OXYGÉNÉE
SOUS L'INFLUENCE DE LA CHALEUR.

546.21 - 2.541.3

2 Août.

L'eau oxygénée en solution dans l'eau a un intérêt particulier pour l'étude des vitesses de réaction, car le produit de sa décomposition est identique, sauf la dilution, au corps primitif, puisqu'elle donne par la chaleur de l'eau et de l'oxygène. Diverses publications ont été faites sur ce sujet, notamment par Spring, mais beaucoup de questions restent à élucider.

Ces études ont, d'ailleurs, leur importance par les enseignements qu'elles fournissent sur la décomposition des corps explosifs; l'eau oxygénée, qui dégage de la chaleur par sa décomposition, est l'un des plus intéressants de ces composés. Dans les recherches actuelles, sa température était maintenue constante, de sorte que la décomposition avait lieu plus ou moins lentement.

I. — Mes expériences ont été faites avec de l'eau oxygénée de Merk qu'on n'employait qu'après l'avoir distillée dans le vide. On la titrait par le permanganate de potasse en solution acide. D'après ce titre et avec les déterminations de densité du liquide, on arrive à établir une relation entre le poids n d'eau oxygénée réelle contenue dans 1 g et le volume V de gaz oxygène qu'elle peut dégager à 15° et 760 vol. Cette relation peut se représenter empiriquement à peu près par une courbe parabolique exprimée par l'équation suivante

$$n = 0,00266\,V - 0,0000013\,V^2.$$

L'eau oxygénée, d'un titre connu, était simplement chauffée sous un volume connu dans des tubes placés dans un bain d'eau à une température constante : le gaz était recueilli sur la glycérine; on mesurait son volume et on le ramenait à 15° et 760 mill; à la fin, on faisait généralement une vérification par le permanganate de potasse.

II. — Voici, pour l'action de la chaleur seule, les résultats obtenus.

Avec de l'eau oxygénée suffisamment diluée, donnant de 200 à 15 vol d'oxygène, la décomposition suit sensiblement la loi des réactions monomoléculaires; en d'autres termes, en appelant p le poids d'eau oxygénée réelle primitive, y le poids d'eau oxygénée décomposée, t le temps et K une constante, on a

$$dy = K(p - y)dt$$

ou

$$d\frac{y}{p} = K\left(1 - \frac{y}{p}\right)dt.$$

De là, par intégration, en prenant $t = 0$ pour $y = 0$,

$$\log\left(1 - \frac{y}{p}\right) = Kt.$$

En construisant la courbe dont les ordonnées sont t et $\log\left(1 - \frac{y}{p}\right)$, elle coïncide sensiblement avec une ligne droite, au moins jusque vers 70 ou 75 °/₀ de décomposition.

On a proposé quelquefois pour cette réaction la formule bimoléculaire

$$d\frac{y}{p} = K\left(1 - \frac{y}{p}\right)^2 dt,$$

mais elle s'écarte davantage de l'expérience.

La vitesse varie naturellement beaucoup avec la température; pour de l'eau oxygénée à 30 vol, soit 0,085 d'eau oxygénée réelle, la demi-décomposition a lieu à peu près :

à la température de......	100°	80°	68°	35°	16°
au bout de..............	0h,22	0h,9	1h,4	50h	790h

III. — Le point sur lequel je tiens à insister est le phénomène observé avec des solutions très concentrées:

depuis l'eau oxygénée à 300 vol,	soit 0,67	d'eau oxygénée réelle
jusqu'à —	493 —	0,98 —

Ces eaux oxygénées très concentrées s'obtiennent par distillation fractionnée dans le vide.

Alors, l'allure de la décomposition change complètement. Avec les eaux oxygénées de faible teneur, la courbe exprimant les valeurs des fractions de décomposition en fonction du temps t est convexe; au contraire, avec les eaux oxygénées très concentrées, elle est d'abord concave, a un point d'inflexion, puis devient convexe.

Cette particularité s'observe aux diverses températures : 16°, 35°, 68°, 80°, 100°.

On reconnaît ainsi que la décomposition s'accélère à mesure qu'il se produit plus d'eau par le fait même de cette décomposition.

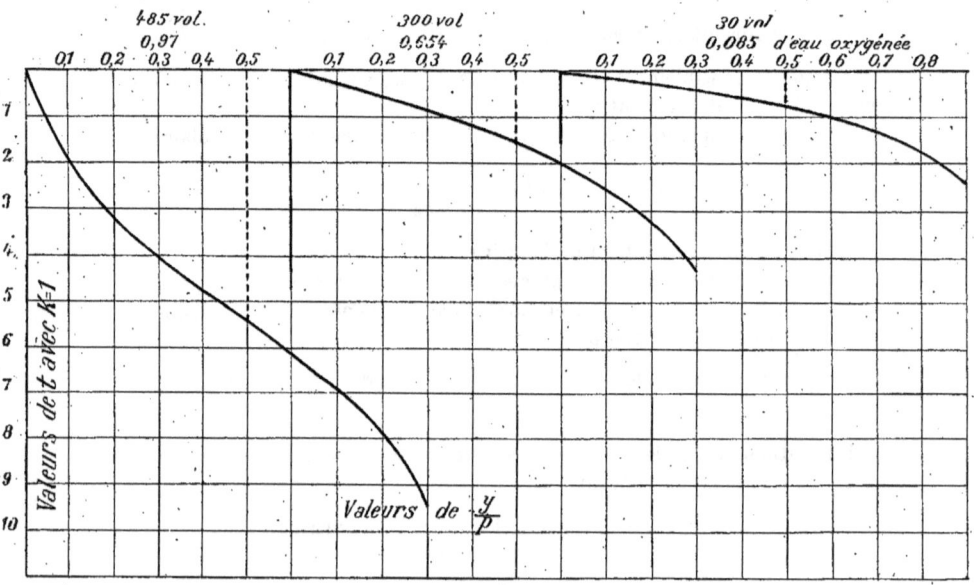

IV. — Pour représenter ce phénomène et coordonner entre elles les observations, j'ai eu l'idée d'essayer une formule tenant compte de la quantité d'eau existant à chaque instant.

Si la chaleur seule était la cause de la décomposition, on aurait pour l'élément de temps

$$dy = K(p - y) dt.$$

Si l'eau intervient, il faut en outre tenir compte de cette quantité d'eau. Si le poids primitif p d'eau oxygénée dans un gramme s'est réduit à $(p - y)$, l'eau oxygénée décomposée est y; la quantité d'eau nouvelle qui en est résultée, d'après les poids moléculaires, est $\frac{18}{34} y$ et elle s'ajoute à l'eau primitive $(1 - p)$. Admettons que la décomposition soit proportionnelle à cette quantité d'eau, on aura

$$dy = K'(p - y)\left(1 - p + \frac{18}{34} y\right) dt$$

ou

$$\frac{d\frac{y}{p}}{dt} = K' p \left(1 - \frac{y}{p}\right)\left(\frac{1}{p} - 1 + \frac{18}{34}\frac{y}{p}\right).$$

L'intégrale, en prenant $t = 0$ pour $y = 0$, est

$$- K'\left(1 - \frac{16}{34} p\right) t = \log\left(1 - \frac{y}{p}\right) + \log\left(\frac{1}{p} - 1\right) - \log\left(\frac{1}{p} - 1 + \frac{18}{34}\frac{y}{p}\right).$$

En se donnant une observation $\left(t \text{ et } \frac{y_0}{p}\right)$, par exemple $\left(t \text{ et } \frac{y}{p} = \frac{1}{2}\right)$, on peut calculer toutes les autres. La coïncidence est satisfaisante.

La même équation s'applique naturellement aux eaux oxygénées de faible teneur : dans ce cas, les résultats numériques sont presque les mêmes qu'avec la formule simple donnée plus haut, au moins pour la première moitié de la décomposition : ils s'en écartent un peu lorsque le liquide commence à s'épuiser.

Cette même formule indique que la courbe a un point d'inflexion et elle en fixe la position : tous calculs faits, à l'aide de la dérivée seconde, il est donné par l'équation

$$\frac{y}{p} = 1,4452 - 0,945\frac{1}{p},$$

Ce point d'inflexion coïncide avec $\frac{y}{p} = 0$ pour $p = 0,654$, ce qui correspond à l'eau oxygénée à 300 vol. de sorte qu'en dessous on n'a que des courbes convexes. Les résultats de l'expérience, dans leur ensemble, et aux diverses températures, sont bien d'accord avec ces indications de la théorie.

La conclusion est donc que la réaction est réglée surtout par la proportion d'eau existant à chaque instant dans le liquide : on peut dire que l'eau agit comme *catalyseur*.

Ce résultat est, conforme à ce qu'on savait déjà et à ce que j'ai vérifié sur la grande lenteur de la décomposition pour les eaux oxygénées très concentrées, n'ayant par exemple que 2 % d'eau : seulement, si d'autres catalyseurs interviennent, la décomposition peut devenir très vive.

V. — Dans ces déterminations une difficulté, constatée déjà par Spring (*), subsiste encore. C'est que les valeurs obtenues pour la constante K, à une température donnée, ne sont pas toujours les mêmes pour les différentes concentrations.

Si elles étaient les mêmes, les formules ci-dessus donneraient pour la moitié de la décomposition des temps proportionnels aux nombres suivants (calculés avec $K=1$)

Eau oxygénée à	485^{vol}	450^{vol}	300^{vol}	242^{vol}	118^{vol}	30^{vol}
Soit teneur pour 1 g.	0,97	0,915	0,654	0,565	0,305	0,085
Temps t pour $\frac{y}{p} = \frac{1}{2}$ ..	3,43	3,58	1,59	1,35	0,94	0,75

Or, l'expérience montre bien que la décomposition se ralentit lorsque la concentration augmente, mais les rapports entre les durées correspondant aux différentes concentrations sont assez variables et pour une concentration donnée on ne retrouve pas toujours exactement les mêmes valeurs à une même température.

Ces irrégularités semblent dépendre surtout de l'état de la surface du verre, comme dans les expériences de capillarité ou d'écoulement des liquides. La nature chimique du vase n'a guère d'influence : en effet, toutes choses étant égales d'ailleurs, j'ai obtenu des résultats presque les mêmes avec des tubes de verre vert, de verre blanc, de cristal et de quartz. D'autre part, dans un tube argenté où le dépôt d'argent a moins de un millième de millimètre d'épaisseur (0,0002 mm), la décomposition est déjà très active à cause de l'action catalytique du métal. Enfin, avec des tubes étroits, les irrégularités sont plus fréquentes et plus prononcées qu'avec des tubes larges (14 mm de diamètre). D'ailleurs, les irrégularités paraissent plus nombreuses pour les solutions très concentrées.

J'ai cherché à m'affranchir de cette influence perturbatrice des parois des vases de deux manières.

J'ai d'abord préparé le verre par divers traitements, à peu près comme pour l'argenture : digestions successives avec l'eau bouillante (distillée sur du permanganate de potasse), l'alcool, l'éther, encore l'alcool, l'eau, l'eau oxygénée et, finalement, dessiccation.

Digestions semblables avec un acide, de la potasse alcoolique, de l'eau, de l'eau oxygénée et, finalement, dessiccation.

(*) Spring, *Bulletin de l'Académie de Belgique*, t. XXX, 1895, p. 32.

On ne voit pas que ces divers traitements·régularisent beaucoup les résultats. On ne réussit pas mieux en chauffant fortement les tubes. Ce qui semble
préférable est de faire les expériences avec des tubes encore humides.

J'ai, d'autre part, cherché à diminuer la proportion de la surface au volume.
Avec une sphère, l'influence de la paroi doit être moindre qu'avec un tube;
avec une très grande sphère, elle deviendrait insignifiante. En fait, avec des
boules soufflées de 70 cm³ on obtient des résultats sensiblement égaux à ceux
des boules de 150 cm³.

J'ai aussi entrepris différentes expériences sur la décomposition de
l'eau oxygénée sous l'influence de différents catalyseurs. Je compte les
publier ultérieurement.

M. Charf m'a beaucoup aidé dans ces recherches : je le prie de recevoir
tous mes remerciments.

M. Jean POUGNET,

Pharmacien Licencié ès Sciences [Beaulieu (Corrèze)]

ACTION DES RAYONS ULTRAVIOLETS SUR L'ESSENCE DE TÉRÉBENTHINE ET SUR QUELQUES COMPOSÉS CHIMIQUES.

535.33−3 : 668.46

31 *Juillet.*

La lumière étant un des facteurs qui entrent en jeu pour provoquer
la formation de la terpine, j'ai essayé si les rayons ultra violets permettraient d'obtenir plus rapidement cet hydrate de térébenthène.

Dans de précédentes expériences (*), j'avais remarqué, en effet, que
les vitesses de réaction étaient accélérées par les radiations de faible
longueur d'onde.

Le mode opératoire que j'ai employé est le même que celui dont je me suis
déjà servi dans mes précédentes recherches (**). Les substances étaient exposées
à des distances différentes, sous le brûleur d'une lampe en quartz à vapeur de
mercure fonctionnant sous 110 volts et 4 ampères.

Des témoins étaient traités en même temps, mais protégés par un écran
en verre.

Enfin, pour les expositions à une très petite distance du brûleur (15 cm et
au-dessous), le tube serait brisé ou le bouchon projeté par la tension des vapeurs
à l'intérieur du tube. Pour éviter cet inconvénient, j'ai muni les tubes à essais

---

(*) *Journal de Pharmacie et de Chimie*, 16 décembre 1910.
(**) *Comptes rendus Acad. Sc.*, 19 septembre 1910 et 1ᵉʳ mai 1911.

en quartz, dans lesquels je plaçais la substance à traiter, d'un long tube effilé dans lequel se condensaient les vapeurs qui retombaient dans le tube à essai.

I. **Action sur l'essence de térébenthine pure.** — 10 cm³ d'essence de térébenthine, placés dans un petit cristallisoir non couvert, à 15 cm du brûleur, sont complètement résinifiés après une insolation de 18 heures.

Si la même quantité d'essence est exposée, dans un tube à essai en quartz, à la même distance du brûleur, on peut obtenir des cristaux de terpine après environ 120 heures.

II. **Action sur un mélange d'essence de térébenthine, alcool et acide azotique.** — Un mélange de 4 parties d'essence de térébenthine, 3 parties d'alcool éthylique, 1 partie d'acide azotique laisse déposer des cristaux de terpine après une insolation de 11 heures à 20 cm du brûleur, après 8 heures à 15 cm et 5 heures à 10 cm. (Avant de déposer la terpine, le mélange brunit peu à peu.)

En opérant sur 45 cm³ du mélange, on obtient 1,15 g de terpine recristallisée dans l'alcool bouillant.

(Le même mélange, abandonné librement à l'air, ne donne de là terpine qu'après 26 jours.)

Si l'on opère à 20 cm du brûleur, on peut se servir d'une capsule ou d'un cristallisoir non couvert; mais pour des distances de 12 cm et au-dessous, il est nécessaire d'employer le tube à essai monté comme ci-dessus. A ces distances, en effet, le mélange, exposé en vase ouvert, prend feu et se résinifie instantanément, pendant qu'il se dégage d'abondantes vapeurs nitreuses.

III. **Action sur essence de térébenthine + alcool + HCl.** — Si dans le mélange précédent on remplace Az O³ H par HCl, on a le liquide proposé par *Flavitzky* comme plus avantageux pour la préparation de la terpine. Nous verrons que cet avantage est loin d'être réel avec les ultraviolets.

En effet, un tel mélange ne dépose quelques rares cristaux de terpine qu'après 43 heures d'exposition à 20 cm du brûleur, 38 heures à 15 cm, 34 heures à 10 cm.

IV. **Action sur essence de térébenthine + SO⁴H².** — Dans ce cas, l'action est très complexe : on obtient une bouillie noirâtre, d'odeur goudronneuse, de laquelle on peut retirer de la terpine.

J'ai commencé la séparation des autres produits contenus dans cette bouillie ainsi que de ceux qui restent dans les eaux mères précédentes dont on a séparé la terpine. Ce travail fera l'objet d'une communication ultérieure.

V. **Action sur la terpine.** — Si l'on soumet aux rayons ultraviolets une solution aqueuse de terpine, placée dans un cristallisoir, à 10 cm du brûleur, on perçoit au bout de 5 à 6 minutes l'odeur caractéristique de jacinthe du terpinol.

VI. **Action sur l'azotate d'argent.** — 10 cm³ d'une solution d'azotate d'argent au $\frac{1}{10}$ sont complètement réduits après une insolation de 6 minutes à 15 cm du brûleur, si on les expose en vase ouvert. Si, au contraire, on les place dans un tube à essai en quartz avec bouchon en verre, la solution n'est réduite qu'après 7 heures, à la même distance du brûleur.

La plus grande rapidité de la réduction en vase ouvert tient à la présence de poussières organiques tombées dans la solution. Il suffit, en effet, de recouvrir le cristallisoir d'une lame de quartz ou de verre uviol pour voir la durée d'exposition monter à 7 heures environ.

VII. Action sur une solution récente d'iodure ferreux. — Une solution au $\frac{1}{10}$ de FeI^2, venant d'être préparée, est oxydée et colorée en brun après 15 minutes d'exposition à 10 cm du brûleur.

Une trace d'acide tartrique (0,01 cg environ pour 10 cm³ de solution) retarde l'oxydation, qui ne se fait plus qu'après 2 heures environ d'insolation.

VIII. Action sur le ferricyanure de potassium. — Une solution de ferricyanure de K au $\frac{1}{10}$ donne très nettement du ferrocyanure après une exposition de 1 heure à 10 cm du brûleur.

Au lieu de la solution, si l'on soumet les cristaux de ferricyanure aux radiations ultraviolettes, on n'observe aucune transformation en ferrocyanure, même après 10 heures d'insolation.

Conclusions. — Ces quelques expériences montrent que les radiations solaires les plus actives dans la formation de la terpine, par les procédés habituels, sont celles de la région ultra violette. Elles confirment aussi les conclusions d'un précédent travail : que les rayons ultra violets sont des agents accélérateurs des vitesses de réaction.

M. Jules SÉVÉRIN,

Publiciste scientifique (Paris).

EXPOSÉ DES PLUS INTÉRESSANTES FABRICATIONS ET ANALYSES ÉLECTROCHIMIQUES.

537.85

31 Juillet.

Depuis la publication de mon Livre, *Toute la Chimie minérale par l'électricité*, dont les Revues scientifiques françaises et étrangères ont fait l'éloge, j'ai été souvent consulté pour des fabrications spéciales à faire par l'électricité. L'étude complète des actions directes, secondaires ou tertiaires, avec analyse et contrôle d'analyse sur chaque produit soluble ou fusible, simple ou mélangé, m'a fait prévoir que tout était possible. J'ai alors tout essayé, au point de vue de tout extraire du produit naturel, et de le réaliser d'une manière irréprochable, en notant les conditions de préparation voulue. Puis, j'ai tout repris une troisième fois, pour comparer avec les méthodes indiquées par d'autres, en faire le contrôle et donner la solution la plus parfaite, en en faisant la rédaction complète.

De plus, j'ai ajouté les préparations faites par la chaleur sans électrolyse. au four électrique. Je l'ai refondue ensuite en entier pour la rendre claire, élégante, en ordre parfait, et le travail, commencé en 1892, a pu ainsi être édité, après avoir été présenté à l'Académie des Sciences avec éloge, en avril 1908. La seconde édition vient de paraître en octobre 1910; elle contient un complément, où l'on peut voir que, sur 28 contrôles refaits à fond, où je donne des renseignements nouveaux, aucune rectification n'est à apporter dans la pratique des précédentes fabrications et analyses.

Mais il n'est pas facile de résumer en une demi-douzaine de pages, 800 pages d'un grand in-octavo. Je ne peux que donner une idée de ce travail considérable. Quand on pense que toutes les actions secondaires y sont rapportées et utilisées, la manière dont se comporte une anode de chaque métal dans les différents bains, la force électromotrice, la résistance en ohms-centimètres de la plupart, les variations selon la forme et la grandeur des vases, la chaleur, etc., les meilleurs bains de dépôt, le tant pour 100 selon la disposition adoptée, le meilleur courant pour le dépôt de chaque métal, ce qui m'a conduit par des courants appropriés à les faire déposer presque tous à leur rang et à les séparer ! Je ne puis qu'esquisser les principales préparations qui me sont propres, et qui s'ajouteront à ce qu'on savait déjà, pour permettre de remplacer celles qui se faisaient, au moyen du charbon, du gaz et des réactions anciennes, par les forces naturelles transformées en énergie électrique, et les reproduisant toutes par des moyens nouveaux.

Suivons maintenant l'ordre de la nomenclature, que j'ai dû adopter pour l'électrochimie, et qui est à peu près celui de la chimie ordinaire, pour en donner une idée. D'abord, pour les éléments de l'eau, je n'ai rien inventé pour dégager l'oxygène et l'hydrogène, mais j'ai imaginé un voltamètre, où les fils de platine ont 1 mm de diamètre, les éprouvettes graduées sont suspendues au-dessus des fils, et où j'emploie 1 litre et demi d'eau acidulée au dixième avec de l'acide sulfurique pur; et j'ai pu, avec cet instrument, vérifier un ampèremètre de la maison Bréguet de 0 à 7 ampères, divisés en vingtièmes, et qui est retombé rigoureusement, alors qu'avec le plus fort voltamètre du commerce, tel qu'on les construit, je n'aurais pu facilement dépasser 0,35 ampère. Puis, dans toutes les préparations qui donnent ces deux gaz, j'indique, par des cloches suspendues au-dessus des électrodes, le moyen de les recueillir comme résidus de fabrication.

Dans la famille du chlore, le fluor a été complètement traité par Moissan. Mais le chlore, obtenu par les chlorures de potassium et de sodium, étant volatil, se perd en partie; la potasse et la soude libres dégagent de préférence l'oxygène et, par fort courant, j'ai vérifié qu'on a moitié de l'un et moitié de l'autre. En faisant intervenir un chlorure alcalino-terreux en sus, comme dans la carnalite, la magnésie, étant insoluble, n'est pas reprise pour le courant; on a la totalité du chlore, qu'on peut brûler avec l'hydrogène dans un chalumeau formé par la juxtaposition de deux tuyaux de pipe, pour faire l'acide chlorhydrique on transformer en hypochlorite mixte de potasse et de magnésie

On précipite cette dernière par le carbonate de potasse pour la vendre aux pharmaciens, on isole le chlorure de potassium et l'on en retire ainsi quatre produits dans une seule électrolyse.

Je donne ensuite la fabrication des chlorates et des perchorates, de l'acide chlorique et perchlorique. Il suffit d'un courant de o,5 ampère par décimètre carré d'anode pour éviter le retour des bases par osmose dans l'acide, et, en mettant un acide initial, à renforcer, au pôle positif, pour en faire indéfiniment une concentration continue, qu'on achève sur le feu. L'acide chlorique, dont on mêle à froid quelques gouttes à l'acide chlorhydrique dans une capsule de verre, redissout tous les dépôts de la cathode, à l'exception du platine et de ses similaires, et en permet l'essai rapide, pour en reconnaître la nature au moyen des réactifs. Quelques centimètres cubes, ajoutés à 5o g d'acide chlorhydrique, dissolvent, sans perte de vapeurs volatiles, tous les minerais porphyrisés, à l'exception de la partie inerte : silex, sulfate de baryte, chlorure d'argent. L'acide perchlorique est assez pur pour doser la potasse.

Les iodures et bromures, dans une eau légèrement acidulée par l'acide chlorhydrique, après avoir fait bouillir en cas de sulfures, sulfites et hyposulfites, donnent par le courant tout l'iode d'abord, le brome ensuite; l'iode est recueilli au moyen de l'amidon et d'une forte agitation; le brome, à l'état de vapeur sur de la tournure de fer. On leur donne ensuite l'affectation qu'on désire, en en réalisant les divers composés.

Le soufre s'extrait des sulfures alcalins ou des autres sulfures transformés en sulfures alcalins, et, pour les analyses, des sulfates alcalino-terreux, chauffés avec du charbon; puis le sulfure ainsi obtenu est, par double décomposition, transformé en sulfure alcalin. Le chlore électrolytique, dégagé sur une anode de platine ou de charbon, pour les dosages, transforme les sulfures en sulfates, qu'on peut doser à la baryte. L'acide sulfureux s'oxyde sur une anode inattaquable pour une densité de courant de 1,5 ampère par décimètre carré d'anode, et l'hyposulfite également avec dépôt de soufre en plus.

Le séléniure de potassium donne tout son sélénium sur l'anode; transformé en sélénite par l'ébullition avec l'acide azotique, sur la cathode; par le chlore électrolytique en excès, il se change en séléniate de potasse; devient irréductible au maximum d'oxydation et ne donne plus aucun dépôt. En faisant toutes mes analyses métalliques par les chlorures, je rends irréductibles les métalloïdes ainsi, et j'évite toutes les impuretés qu'ils déposeraient sur la cathode. Le tellure également se comporte comme le sélénium.

De l'azote, je signalerai, pour abréger, la fabrication de l'acide azotique au four électrique, en combinant l'oxygène et l'azote de l'air, à Notcdden (Norvège). On l'unit à la chaux et l'on obtient du nitrate de chaux qu'on vend à l'agriculture. En combinant l'azote, dont je donne une fabrication continue, au carbure de calcium au rouge, on a la cyanamide, qui sert aussi comme engrais, et produit dans le sol du carbonate de chaux et de l'ammoniaque. Par insufflation d'azote sur un mélange de chaux et de charbon, sous l'influence de l'arc électrique, j'ai obtenu le cyanure de calcium, qui, par double décomposition avec les carbonates alcalins, produit des cyanures purs, et peut régénérer les vieux bains.

Le phosphore s'extrait à Francfort, dans un four électrique fermé à circulation de gaz d'éclairage, en y chauffant le phosphate de chaux mêlé de sable et de charbon. J'indique la préparation de l'acide phosphorique par l'électricité, et le moyen de reconnaître dans un précipité de phosphate ammoniaco-magnésien, l'acide arsénique, la silice, la baryte et la strontiane ou les autres impuretés qui peuvent s'y trouver.

L'arsénite de soude me donne un nouveau moyen, sur la dorure, de produire toutes les nuances si délicates de l'*Art nouveau*.

Le charbon de cornues ancien, dur, compact, aggloméré par des silicates à chaud, résiste dans presque tous les bains froids. Le nouveau contient de grands pores, résiste moins bien. Dans le commerce, on le pile, on l'agglutine avec du goudron, on le recuit. Même passé au four électrique, ce charbon se désagrège et donne toutes les déceptions qui ont obligé à recourir au platine, c'est-à-dire à un métal qui atteint 7500 fr le kilo.

Je relate la fabrication peu encourageante du diamant, celle du carbure de calcium, d'où l'on tire l'acétylène, et une fabrication que j'ai faite du cyanoferride. Je donne également le silicium et les siliciures, le bore et les borures.

Passons rapidement la fabrication du potassium et du sodium par l'électrolyse de leurs hydrates en fusion ignée, bien que j'aie fait des recherches pour la mettre à point; de la potasse et de la soude surtout par le procédé Kellner et l'amalgamation. Un peu d'oxyde mercurique y reste et peut être enlevé par le simple passage du courant ensuite. Pour le lithium, c'est le procédé Bunsen et Matthiessen.

Le baryum est produit par la méthode de Guntz. Des dispositions ingénieuses me permettent, du chlorure dissous, de retirer la baryte au moyen d'une cathode de mercure qui la produit par le bas, alors que la dissolution est portée à l'ébullition, où le chlore, insoluble à cette température, se dégage par le haut. Si j'agis avec une masse d'eau simplement chaude, où le chlore est encore soluble, et que j'opère par deux lames de platine à faible distance, je fais le chlorate de baryte. L'un comme l'autre se séparent par cristallisation en refroidissant.

Le strontium est connu et la strontiane se produit de même.

Dans les alcalino-terreux, le four électrique peut donner les carbures, sulfures, phosphures, cyanures. Le carbure produit dans l'eau l'oxyde hydraté et le gaz acétylène.

Le calcium, même chimiquement pur, a été produit par Moissan et figure dans les *Comptes rendus de l'Académie des Sciences* de 1898, t. CXXVI, p. 1753 J'indique un moyen de produire la chaux, en sel double, avec fort courant, pour qu'elle se détache.

Le magnésium est connu; la magnésie s'extrait de même.

Il en est de même aussi de l'aluminium par la bauxite ou alumine naturelle, dissoute dans la cryolithe et le four Héroult. L'aluminothermie a donné un moyen de préparer tous les métaux qui suivent. Mais la bauxite n'est pas pure; en la traitant par l'acide sulfurique chaud, on écarte la silice. On forme l'alun, on fait cristalliser, puis par un courant de 1 ampère par décimètre carré de cathode, on enlève les dernières traces de silicium et de fer. On dépose ensuite, dans un bain tiède, l'alumine pure : on a en plus l'oxygène et l'hydrogène et l'on régénère l'acide sulfurique et le sulfate de potasse.

Le manganèse est obtenu par l'aluminothermie. Dans l'hydrate de potasse en fusion ignée, mis comme anode, il forme du manganate, que l'acide carbonique transforme en permanganate, avec un résidu de sesquioxyde de manganèse. Le bioxyde se forme sur l'anode dans l'électrolyse du sulfate.

Le chromite de fer ou minérai de chrome, chauffé au four électrique avec du charbon, dónne le fer chromé; mis en anode dans une dissolution d'hydrate ou de carbonate de potasse, il fournit le chromate, puis le bichromate et du sesquioxyde de fer très pur, après un simple lavage. L'acide sulfureux, puis l'électrolyse, donnent l'oxyde de chrome. Cet oxyde de fer par l'aluminothermie et les différents oxydes métalliques, permet d'obtenir des fers et des aciers très purs.

Les métaux suivants : fer, nickel, cobalt et zinc, mis en anodes dans les acides, permettent de fabriquer les sels, l'hydrogène se dégageant jusqu'à la disparition de l'acide. Avec les sels alcalins, la potasse ou la soude précipitent l'oxyde du sel avant qu'il ait atteint la cathode, et l'on a l'oxyde.

C'est ainsi que, dans l'acide chlorhydrique étendu, on peut faire le chlorure ferreux dans une atmosphère d'hydrogène, exempt de chlorure ferrique. En substituant une anode de platine pour dégager le chlore, on le change en chlorure ferrique. De même, l'anode de nickel, dans une dissolution chaude d'acide sulfurique, donne le sulfate de nickel, et le cobalt opère de même dans une dissolution froide. Le zinc opère de même dans les acides faibles, qui l'attaquent à peine.

La fabrication du fer, par chauffage électrique, dans les hauts fourneaux, est connue et donné des produits excellents. J'ai revu toutes les formules de dépôt des métaux, comme pour le nickelage, et indique les conditions pour l'avoir adhérent, comme le cuivrage préalable du fer et du zinc, et le chauffage des bains à 75°, pour que l'anode se dissolve et éviter l'acidité des bains. Les minerais de cobalt et de nickel, écrasés et calcinés, se dissolvent très bien ensuite, à l'état d'oxydes, dans l'acide chlorhydrique étendu. Un courant de 0,3 ampère fait déposer tout le cobalt ensuite sans nickel, ou, si l'on préfère, une quantité dosée de potasse ou de soude, en laissant dégager le chlore dans le liquide, peroxyde tout le cobalt avant le nickel, qui reste en dissolution.

L'acide chlorhydrique étendu forme le meilleur dissolvant de l'oxyde de zinc et le meilleur bain. Le sulfure peut être oxydé par le chlore électrolytique qui se dégage au pôle positif. Je donne le moyen, de la calamine et de la blende, avec un bain d'eau salée et une dynamo mue par les forces naturelles, et quelques substances communes, d'extraire le zinc et l'acide sulfurique purs, avec une dizaine de produits résiduaires : hypochlorites, chlorates, sulfate de soude, oxygène, hydrogène, soude, acide chlorhydrique, etc.

Le cadmium, employé dans les accumulateurs de secours des machines automobiles, peut être réduit dans un bain d'acide sulfurique concentré et récupéré.

D'une étude complète sur les piles, j'extrais ceci : le secret de la constance des piles est dans le maintien de leur acidité. En employant une pile de Bunsen, chargée comme dépolarisant, au lieu d'acide azotique, de 21 g de bichromate de soude pour les modèles ordinaires et 46 g d'acide sulfurique, j'en ai fait une pile presque constante, à grand débit.

Simplifions pour la fin. Le meilleur bain, pour produire l'oxyde stanneux avec anode d'étain, est la solution de sulfate de potasse; de chlorate de soude pour le plomb; de sulfate de potasse un peu tiède pour le cuivre; d'azotate d'ammoniaque pour le bismuth; d'azotate de potasse pour le mercure: de chlorure de magnésium mêlé de magnésie, qu'on reprend par l'acide azotique au dixième pour l'acide aurique ; de chlorate de soude pour l'argent. Des moyens, tirés des actions secondaires, les transforment en suroxydes. Beaucoup de sels sont obtenus directement.

J'ai essayé tous les métaux et les acides. Le plomb et l'acide sulfurique ont une grande supériorité sur les rares combinaisons qui renvoient le courant et peuvent servir d'accumulateurs. D'une étude sur tous les bains et leurs propriétés, j'extrais les meilleures formules de cuivrage, de platinage, de dorure d'argenture, etc.

Enfin, j'arrive à ce qui m'est propre presque en entier : ma méthode d'analyse. Pour les métalloïdes, soufre des sulfures, brome, iode, phosphore, arsenic, j'y parviens par des procédés mixtes.

Pour les métaux, au moyen d'une eau régale, je les transforme tous en chlorures. Seul, le chlorure d'argent est insoluble; repris par le cyanure de potassium avec anode inattaquable en iridium, il me donne l'argent.

Pour une densité de courant de 0,08 ampère par décimètre carré, j'ai ensuite l'or seul. S'il y a du mercure, on ne peut éviter le dépôt simultané. On chauffe et l'on dose le mercure par différence.

Le mercure, quand il n'y a pas d'or, se sépare des autres métaux pour 1 ampère par décimètre carré.

Le platine vient ensuite; excellent dépôt à 0,15 ampère; il est impossible de le séparer du cuivre; s'il y en a, tout précipiter par le zinc, puis dissoudre dans l'acide azotique, le platine reste. En faisant bouillir avec HCl, on reforme les chlorures au besoin.

Le bismuth vient ensuite, toujours pur, à 0,15 ampère, dépôt rouge brun, devenant noir mat pour la moindre cause.

Puis le cuivre est toujours pur à 0,3 ampère.

A 0,4 ampère ensuite, le plomb, qui a eu le temps de se perchlorurer pour devenir soluble, est toujours bon.

Toute cette catégorie se dépose en liqueur acide, avec une force contrélectromotrice ascendante, qui fait tomber le courant à chaque changement de métal. J'ai donc inventé une balance, qu'on règle par un essai préalable pour la quantité de poids qu'un électro-aimant, actionné par le courant, lui permet de supporter : par exemple, 200 g avec le chlorure d'or, 100 g avec le chlorure de cuivre. On la sollicite par un poids moyen de 150 g. Quand l'opération sera terminée pour le premier métal, elle trébuchera et enlèvera la lame du bain. On y trouvera tout l'or déposé sans cuivre, et, dans la solution, tout le cuivre encore dissous, sans que le réactif le plus sensible accuse la présence de l'or.

S'il y a de l'étain, de l'arsenic et de l'antimoine, on ne réussit pas dans ce genre d'analyse. Il faut donc les séparer par le sulfhydrate d'ammoniaque. L'arsenic peut être enlevé, à l'état d'arséniate ammoniaco-magnésien, en redissolvant et en y mêlant une suffisante provision d'acide tartrique. L'étain peut être séparé de l'arsenic par le fer et l'acide chlorhydrique.

S'il y a de l'or ou du platine, leurs sulfures suivraient les précédents, et ils compliqueraient ces opérations. Pour ceux qui auraient cette chance inespérée, ils pourraient recourir aux moyens ordinaires de réduction, comme le sulfate de fer pour l'or et la réduction de tout par le zinc, et la reprise par l'acide azotique qui laisserait le platine.

Tout ce qui pouvait altérer un dépôt de bioxyde de manganèse a disparu, sans donner de peroxydes; il n'y en a jamais avec l'acide chlorhydrique Mais, pour le déposer, il faut transformer le reste en sulfate, en faisant bouillir avec l'acide sulfurique. On aura tout le manganèse sur l'anode et le cadmium, s'il y en a, sur la cathode. Mais le fer le gêne. S'il y en a, neutraliser avec du carbonate de soude, puis par le carbonate de baryte en une nuit de macération, enlever les sesquioxydes de fer, de chrome et d'aluminium. On reprend par l'acide azotique au dixième, on enlève la baryte par l'acide sulfurique. Les trois oxydes, chauffés avec l'azotate de potasse et la potasse au creuset d'argent, isolent le fer; on redissout dans l'acide azotique et l'on traite par le carbonate d'ammoniaque : on a l'alumine; par l'acide sulfureux, puis l'ammoniaque, on a tout le chrome.

A 0,3 ampère, on a ensuite le cadmium; à 0,15, le zinc est toujours pur, mais en réduisant les peroxydes de nickel et de cobalt par l'ébullition en milieu acide; à 0,3 ampère, le cobalt; à 0,2 ampère, le nickel. Nous passons directement à la magnésie qui, en sel double, avec vase poreux ne contenant que du chlorure de sodium, réussit très bien à 0,6 ampère. Pour la chaux, il faut, dans les mêmes conditions de sel double et de vase poreux, pousser à 6 ampères. La strontiane et la baryte, dont on ne trouve pas trace dans les dépôts précédents, dans les mêmes conditions, se déposeront ensuite, en maintenant un dégagement d'acide carbonique pour les rendre insolubles. On les séparera ensuite par l'acide fluosilicique.

Nous sommes dès lors aux alcalis, pour lesquels l'électrolyse est désarmée.

Les difficultés que nous avons rencontrées avec certains produits, dans une analyse absolument générale, obligent de savoir d'abord ce qu'il y a. Aussi ai-je indiqué un moyen rapide de faire d'abord les reconnaissances, dans des minerais où il y a tout au plus deux ou trois métaux à doser, alors que la méthode indiquée n'a été compliquée que parce que nous y avons tout prévu.

M. Georges DENIGÈS,

Professeur à la Faculté de Médecine (Bordeaux).

PRÉPARATION DE LA PSEUDO-MORPHINE PAR CATALYSE MINÉRALE.

615.783.12

4 Août.

La pseudo-morphine (oxymorphine (*), oxydimorphine ou déhydro-dimorphine) n'existe pour ainsi dire pas dans le commerce des produits

---

(*) Ce nom, le plus impropre d'ailleurs de ces divers synonymes, a encore été donné récemment par Freund et Speyer (*Berichte der deutsch. chem. Gesel.*, t. XLII, 1910, p. 3310) à un amino-oxyde différant de la pseudo-morphine et résultant de la fixation d'un atome d'oxygène sur une molécule de morphine soumise pendant longtemps au bain-marie, à l'action d'une eau oxygénée très concentrée.

chimiques. Non seulement les catalogues — même ceux qui mentionnent les substances rares — sont muets sur ce dérivé morphinique, mais il est à peu près impossible d'en obtenir des fabricants sur demande directe. Pour ma part, je me suis vainement adressé aux principales maisons françaises et à deux maisons étrangères.

Cela tient, évidemment, à ce que les procédés employés pour préparer ce composé, même, le plus recommandé, celui de POLSTORFF (*) au ferricyanure de potassium, sont fort laborieux et de très petit rendement.

Après avoir essayé divers agents de condensation, agissant par déshydrogénation, tels que le chlorure ferrique employé si heureusement par COUSIN et HÉRISSEY (**) pour l'obtention du dithymol et du déshydro-dieugénol, sans résultat très marqué, j'ai songé à me servir d'agents catalytiques.

Déjà, dans des travaux fort intéressants, mais orientés surtout dans le but de généraliser ou de préciser l'action des enzymes oxydantes, directes ou indirectes, BOURQUELOT (***) et BOUGAULT (****), avec le suc de Russule, la gomme arabique, où encore la décoction de graine de maïs et l'eau oxygénée, avaient prouvé la possibilité d'obtenir par voie catalytique biologique, de la pseudo-morphine en partant de la morphine (*****).

La difficulté relative de se procurer les agents catalytiques biochimiques et de les obtenir toujours égaux à eux-mêmes, enfin la durée assez longue nécessaire à l'achèvement de la réaction qu'ils provoquent, m'a conduit à chercher un catalyseur minéral exempt de ces inconvénients. Je l'ai trouvé dans le cyanure double de cuivre et de potassium, agissant en présence de l'eau oxygénée, dans les conditions que je vais faire connaître.

On dissout, à chaud, 5 g de chlorhydrate de morphine dans 200 cm³ d'eau et on laisse refroidir; on ajoute 20 cm³ d'eau oxygénée titrant 10 à 12 volumes (ou une quantité équivalente du même produit, à un autre titre) sensiblement neutre ou tout au moins, dont l'acidité n'excède pas celle d'une solution centinormale. On verse ensuite, dans le liquide, un mélange, *préparé à l'avance*, de 10 cm³ d'une solution de sulfate de cuivre à 40 g de sel cristallisé par litre et d'une quantité d'une solution de cyanure de potassium (******) équivalente à NO³ Ag N/10, suffisante (il en faut 30 cm³ environ) pour décolorer strictement la liqueur cuivrique.

(*) *Berichte der deutsch. chem. Gesel.*, t. XIII, 1880, p. 87.

(**) *Journal de Pharmacie et de Chimie* [6], t. XXVII, p. 225 et t. XXVIII, p. 49.

(***) *Journal de Pharmacie et de Chimie* [6], t. IV, p. 482, t. XVIII, p. 628, et t. XX, p. 5.

(****) *Journal de Pharmacie et de Chimie* [6], t. XVI, p. 49.

(*****) *Voir* aussi G. BERTRAND et MEYER, *Comptes rendus Acad. des Sciences*, 21 juin 1909, p. 1681.

(******) Cette solution sera faite dans l'eau avec du cyanure de potassium de bonne qualité, titrant au moins 90°/₀ de cyanure pur et sans addition d'alcali. On l'amènera au titre déci-normal avec le nitrate d'argent de ce titre, en présence de IK comme indicateur et en milieu ammoniacal.

On agite pour mélanger et l'on observe la production d'un trouble presque dès le début de l'opération. En moins d'une minute, il s'accentue nettement, puis augmente de plus en plus. Le précipité formé, d'abord colloïdal, s'agglomère au bout de 3 ou 4 minutes; puis, quelques autres minutes après, il se dégage assez vivement de l'oxygène comme si un produit d'addition, intermédiaire, venait à se décomposer brusquement. A ce moment, le mélange, primitivement jaunâtre, devient plus rouge, puis le précipité se tasse et paraît cristallin; si on l'examine au microscope on le trouve formé de cristaux tabulaires.

Après une heure, on filtre, on lave le précipité d'abord à l'eau froide, ensuite à l'alcool, enfin à l'éther et on le fait sécher, sur le filtre même, au-dessous de 100°.

On obtient, ainsi, un poids de pseudo-morphine représentant 20 à 25 % de celui du chlorhydrate de morphine mis en œuvre. Le produit brut, quoique un peu jaunâtre, est suffisamment pur pour servir de réactif ou constater les principales propriétés de l'alcaloïde.

Pour le purifier, on en dissout à chaud, en un ballon, 1 g dans 100 à 120 cm³ d'ammoniaque à 22° Baumé. Quand la dissolution est complète, on ajoute 5 à 6 g de noir animal lavé, on porte à l'ébullition, on filtre et on lave le noir avec un peu d'eau. Les liquides de filtration et de lavage sont évaporés au bain-marie, à un petit volume, dans une capsule de porcelaine, ou mieux, dans un ballon, sous pression réduite. On obtient, alors, l'alcaloïde cherché en cristaux tabulaires extrêmement nets, même à un faible grossissement.

La préparation qui vient d'être décrite est d'une extrême facilité de réalisation et les diverses phases, très curieuses, qu'elle présente se succèdent assez rapidement pour en faire l'objet d'une expérience de cours En tout cas, elle permet d'obtenir de la pseudo-morphine plus vite qu'avec toute autre méthode et avec un meilleur rendement.

M. G. DENIGÈS.

SUR UN NOUVEAU COUPLE CATALYTIQUE OXYDANT MINÉRAL ET SUR SES APPLICATIONS.

541.12

4 Août.

Je me suis récemment servi (*) de cyanure de cuivre et de potassium pour obtenir, par voie catalytique et en présence d'eau oxygénée de la pseudo-morphine en partant de la morphine.

En poursuivant des recherches sur les phénomènes d'oxydation réalisés à l'aide du cuivre, j'ai trouvé dans le sulfate de cuivre et l'eau oxygénée

---

(*) *Comptes rendus*, t. 151, 1910, p. 1062.

agissant en milieu ammoniacal, un couple catalytique oxydant dont l'action, très générale, est en même temps tout autre que celle du cyanure double.

Son grand avantage est de pouvoir donner des colorations variées avec des corps complexes, à fonction phénolique, que le catalyseur cyanuré n'attaque pas, et d'agir en un milieu dont le degré d'alcalinité est assez faible pour ne point modifier sensiblement les produits organiques mis en œuvre.

Je citerai, parmi eux, la morphine, la cupréine et les dérivés arsenicaux organiques tels que le diamino-dioxyarsénobenzol, substances pour lesquelles ce catalyseur est un réactif des plus sensibles et des plus caractéristiques.

Cas de la morphine. — On met, dans un tube à essai, 10 cm³ d'une solution même très étendue (limite minima 0,03 g par litre) de chlorhydrate de morphine. On lui ajoute 1 cm³ d'eau oxygénée officinale (10 à 12 vol), 1 cm³ d'ammoniaque, puis une seule goutte d'une solution de sulfate de cuivre dont le titre variera de 1 à 4 % de sel cristallisé, selon qu'on aura affaire à des solutions moins ou plus concentrées; ainsi, au-dessous de 0,10 g de sel de morphine par litre, il est indispensable d'opérer avec une solution cuivrique à 1 % si l'on veut avoir, au moins en solution aqueuse simple, le maximum de sensibilité. On agite vivement, d'abord avant, puis après l'addition du sel de cuivre et il se produit, bientôt, une coloration qui varie du rose au rouge intense, suivant la concentration en alcaloïde. La coloration est instantanée avec les solutions aqueuses dont la teneur en morphine atteint, au moins, 1 g par litre. Elle est toujours activée par l'action de la chaleur, mais sans grand avantage, car elle est, alors, plus fugace et passe assez rapidement au jaune rougeâtre.

On opère de même avec toute autre solution de morphine, pourvu qu'elle soit incolore ou à peine colorée. Quand le produit morphinique est insoluble dans l'eau, comme la morphine elle-même, on le solubilise à l'aide de quelques gouttes d'acide chlorhydrique au tiers, puis on étend avec de l'eau distillée au volume de 10 cm³ avant l'addition des réactifs.

Pour le sirop de morphine, on mélange 10 cm³ de sirop, 1 cm³ d'eau oxygénée, 10 cm³ d'ammoniaque et, après agitation, une goutte de sulfate de cuivre à 3 ou 4 %.

Après une nouvelle agitation et quelques minutes de contact, la teinte rosée a pris son intensité maxima et peut être comparée avec des solutions titrées de chlorhydrate de morphine dans du sirop de sucre traitées dans les mêmes conditions, en vue d'une détermination quantitative colorimétrique.

Pour la recherche ou la caractérisation du chlorhydrate de morphine à l'état solide, on place quelques parcelles, même extrêmement minimes, de ce sel dans une petite capsule de porcelaine; on les dissout dans une gouttelette d'eau oxygénée, apportée avec une baguette de verre, on y ajoute, en mélangeant avec l'extrémité d'un autre agitateur qui aura servi à la prélever, une gouttelette du mélange suivant :

	cm³
Solution de sulfate de cuivre à 3 ou 4 °/₀	1
Ammoniaque	5
Eau distillée	10

Il se produit, aussitôt, une coloration rouge, très marquée, de tout le mélange.

S'il s'agit d'un résidu soupçonné morphinique, abandonné au fond d'une capsule par des dissolvants appropriés, dans une recherche toxicologique, par exemple, on ajoute à ce résidu une goutte d'acide chlorhydrique au tiers; on évapore, à sec, à une douce chaleur — au bain-marie, si l'on veut — et, après refroidissement, on le traite comme il vient d'être dit pour le chlorhydrate de morphine en nature. On peut retrouver, ainsi, quelques centièmes de milligramme de cet alcaloïde.

Cette réaction est négative avec la codéine et les autres éthers morphiniques. Elle semble donc liée à la présence de l'oxhydrile phénolique de la morphine et paraît résulter de la formation de produits colorés, peut être à type quinonique, comme ceux que donne le gayacol, en présence de l'eau oxygénée, avec certains catalyseurs naturels (lait, eau de coco, gomme arabique, etc.) ou de dérivés protocatéchiques.

Dans le cas examiné ici, le cuivre en solution ammoniacale, paraît l'agent catalytique, car il agit encore à une extrême dilution; il ne semble pas qu'il puisse être remplacé par d'autres métaux catalyseurs, tels que le fer ou le manganèse.

Cas de la cupréine. — La cupréine est aux alcaloïdes du groupe quino-cinchonique ce que la morphine est au groupe morpholique, c'est-à-dire qu'elle en est le représentant phénolé. Grâce à la fonction phénolique qu'elle renferme (*), elle fournit par l'addition des réactifs sus-indiqués une fort belle réaction colorée.

Pour la réaliser dans toute sa netteté, on met, dans un tube à essai, 10 cm³ d'une solution de sulfate de cupréine à 0,2 % (**), on ajoute 1 cm³ d'ammoniaque, 1 cm³ d'eau oxygénée, à 1 vol environ (***), puis on agite et l'on ajoute 0,1 cm³ d'une solution de sulfate de cuivre à 3 ou 4 %. Après une nouvelle agitation, il se développe bien vite une belle teinte verte qui fonce peu à peu en louchissant et tenant en suspension des corpuscules vert bleu, lesquels, au bout d'un certain temps, se déposent au fond du tube. Le mélange devient limpide en prenant une superbe coloration vert émeraude, si on l'additionne d'un égal volume d'alcool ou si on l'acidule suffisamment avec de l'acide acétique ou chlorhydrique. L'addition d'un grand excès de ce dernier acide, comme du reste d'acide sulfurique, fait passer la teinte au jaune rougeâtre.

On peut, encore, centrifuger le dépôt et le dissoudre dans de l'alcool ou dans un acide dilué pour avoir la solution verte caractéristique.

Dans l'une ou l'autre des façons de procéder, le liquide vert, clarifié, présente une bande d'absorption voisine de l'infrarouge.

(*) Les autres corps du groupe cinchonique dans lesquels la fonction phénolique est bloquée (quinine) ou inexistante (cinchonine) ne donnent pas, en effet, de réaction avec le système H^2O^2, NH^3 et SO^4Cu.

(**) On fait dissoudre, par exemple, 0,10 g de sulfate de cupréine dans 50 cm³ d'eau à la faveur d'une ou de deux gouttes d'acide sulfurique, ce qui est très rapide, même à froid par simple agitation.

(***) Il est utile de ne pas dépasser sensiblement ce titre pour avoir le maximum de sensibilité. Si, d'ailleurs, l'eau oxygénée dont on dispose a un titre de n volumes, on en emploie $\frac{1}{n}$ centimètre cube, dans l'essai.

La réaction qui vient d'être décrite est très sensible : elle est encore perceptible à une dilution cent fois plus grande que celle qui a été prise pour exemple plus haut, c'est-à-dire avec une solution renfermant, par litre, 2 à 3 cg seulement de sulfate de cupréine (*), mais, à cette limite, elle n'est appréciable que par comparaison avec un mélange de 10 cm³ d'eau et d'eau oxygénée, d'ammoniaque et de sulfate de cuivre pris aux mêmes doses que dans l'essai; en outre, elle ne se manifeste plus alors par un précipité, mais seulement par une teinte verte, faible, qui tend à passer, peu à peu, vers le jaune.

Elle est applicable aussi à la cupréine ou à ses sels sous forme solide (parcelles en nature, résidus d'évaporation), en les humectant avec une goutte du mélange de sulfate de cuivre, d'ammoniaque et d'eau, précédemment indiqué pour la morphine, puis, après contact et mélange, avec une gouttelette d'eau oxygénée à un demi-volume, au plus.

On peut enfin l'utiliser pour étudier la localisation de la cupréine dans les plantes qui en renferment, après destruction des catalases, s'il y a lieu.

Cas du diamino-dioxyarsénobenzol (606 d'Ehrlich). — Le sulfate de cuivre ammoniacal, en présence de l'eau oxygénée, agit aussi sur le « 606 », ainsi que nous l'avons montré avec M. Labat (**), en fournissant une réaction colorée des plus intenses.

Si l'on additionne, en effet, 5 cm³ d'une solution au millième seulement de ce produit de 0,5 cm³ d'eau oxygénée à 10-12 vol, de 0,5 cm³ d'ammoniaque et, après agitation, de 0,5 cm³, soit une goutte d'une solution de sulfate de cuivre à 4 % environ, il se développe, après mélange, une coloration bleu vert très intense.

Étendu avec suffisamment d'eau, le liquide qui la présente offre deux bandes d'absorption : une fine, au commencement du rouge; l'autre, plus large, entre le bleu et le vert. D'autre part, la coloration bleue passe au rouge par addition d'un acide fort tel que l'acide chlorhydrique; enfin, le liquide bleu primitif, additionné d'alcool à 90° au moins, de titre, fournit bientôt un précipité bleu qui reste assez longtemps en suspension dans un liquide plus ou moins complètement décoloré, mais qui s'en sépare aisément par centrifugation.

Cette réaction colorée est encore nettement perceptible en opérant sur une solution de « 606 » à 3 ou 4 cg par litre, ce qui correspond à $\frac{2}{10}$ de milligramme, environ, dans la prise d'essai.

(*) Avec les faibles concentrations, il sera nécessaire, pour 10 cm³ de la solution de cupréine de réduire la dose d'eau oxygénée à 0,5 cm³ et celle de la solution cuivrique à une goutte.

(**) *Bulletin de la Société de Pharmacie de Bordeaux*, 1911, p. 97.

M. A. BARILLÉ,

Pharmacien principal de 1re classe de l'Armée en retraite (Paris).

ACTION DE L'EAU DE SELTZ SUR LE PLOMB, L'ÉTAIN ET L'ANTIMOINE. CAUSES D'INTOXICATION PAR ALTÉRATION CHIMIQUE.

4 Août.

663.643 : 614.348

Les expériences originales que nous venons d'entreprendre ont pour but d'indiquer l'action exercée par l'eau de seltz sur le plomb, l'étain et l'antimoine, métaux qui entrent dans la composition des armatures dites *têtes de siphon*.

Dans le Tableau qui suit figurent nos résultats déduits de l'analyse chimique.

Lames métalliques mises en expérience pendant six mois.	Métal dissous par litre d'eau de seltz.		Observations.
	Acide stannique.	Sulfate de plomb.	
Plomb pur...................	»	0,0625	D'après Moissan, on doit considérer comme dangereuse une eau de seltz contenant 0,002 de plomb par litre.
Étain pur...................	0,0125	»	
Têtes de siphon laminées contenant %. { Étain..77,52.	0,0381	»	
Plomb. 19,47.	»	0,0905	
Têtes de siphon laminées contenant %. { Étain..58,76.	0,0308	»	D'après Meillère, les sels d'étain dans l'eau de seltz peuvent être toxiques.
Plomb. 40,10.	»	0,110	
Étain vendu pour étamage et renfermant : plomb, 0,519 %.	0,0325	0,106	Pour nous, toute eau de seltz stannifère, à saveur métallique, est nocive.

En consultant ce Tableau, nous voyons tout d'abord qu'en dépit des règlements de police qui, grâce aux instances récentes et justifiées de M. le professeur A. Gautier, limitent toujours à 10 % le taux légal du plomb, il circule à Paris, néanmoins, des siphons dont l'armature contient 40 % de plomb.

Nous voyons en outre : 1° qu'une lame de plomb pur ou d'étain pur abandonne à l'eau distillée de seltz une quantité de métal beaucoup plus faible qu'une lame constituée par un alliage de plomb et d'étain, par suite de l'absence de toute action électrolytique.

2° Les quantités de plomb et d'étain dissous deviennent sensiblement constantes au bout de six mois, quelle que soit la composition centésimale de l'alliage.

Nous devons admettre, pour expliquer ces anomalies apparentes, que la vitesse de diffusion du plomb dans le liquide carbonique est plus considérable pour les alliages riches en métal plombifère que pour ceux dont la teneur en plomb est plus faible. Mais si l'expérience dure un certain temps, ces stades d'enrichissement progressif cesseront d'être appréciés pour faire place à un état d'équilibre parfaitement déterminé, le même pour tous les alliages, quel que soit celui mis en expérience. Il en est de même pour l'étain.

Il ne faut pas en déduire que la quantité de plomb entrant dans la composition des poteries d'étain n'ait qu'une importance relative. Il faut en conclure qu'un étain au titre légal de 0,50 % de plomb est aussi dangereux, au point de vue de l'hygiène qu'un étain allié à de très fortes proportions de plomb.

La tolérance concédée est donc encore trop élevée.

3° L'eau de seltz attaque plus fortement le plomb dans ses alliages que l'étain.

L'eau de seltz stannifère nous semble également nocive, sa saveur désagréable attire l'attention. Il n'en est pas de même du plomb; rien n'avertit de sa présence, sa saveur étant presque nulle ou légèrement sucrée. Qui sait si les accidents toxiques consécutifs à l'ingestion quotidienne des boissons dites *apéritives*, ne survenant souvent qu'au bout de plusieurs mois, ne seraient pas dus partiellement à l'absorption continue de doses infinitésimales de plomb?

En Allemagne, les têtes de siphon doivent contenir au maximum 1 % de plomb ou être composées d'étain allié à 10 % d'antimoine.

Nous avons constaté que cet antimoine entrait également en dissolution dans l'eau de seltz. Au bout de deux mois, l'antimoine a été précipité à l'état de sulfure et dosé sous forme d'oxyde. Nous en avons trouvé par litre 0,157 g.

La dissolution de l'antimoine dans l'eau de seltz est favorisée également par une action électrolytique, transformant ce métal en sous-oxyde et autres combinaisons toxiques. Nous y avons trouvé, en même temps, du plomb et des traces d'arsenic provenant des impuretés de l'antimoine commercial.

Ces résultats non encore signalés ont leur importance.

Les fabricants d'eaux gazeuses devront garnir intégralement la partie métallique intérieure de l'appareil siphoïde, dans tout son trajet, soit d'un revêtement protecteur en verre ou en porcelaine fine, soit d'un vernis siliceux approprié, inattaquable et ne se fendillant pas à l'usage, le tube central traversant l'appareil étant en cristal. Ce dispositif devrait être réglementé et rendu obligatoire.

En résumé, quelle que soit la teneur en plomb métallique, des garnitures des siphons d'eaux gazeuses et même réduite au titre légal admis pour les étamages, il peut se dissoudre à la longue une quantité à peu près constante de plomb et même d'étain.

Ces deux métaux ne peuvent exercer sur l'organisme qu'une influence morbide spécifique. Pour se prémunir contre de tels dangers, il ne faut consommer que des eaux gazeuses récemment fabriquées, ou mieux, contenues dans des récipients à l'abri de tout contact métallique.

Dans cet ordre d'idées, nous nous occupons de remplacer l'étain plombifère, actuellement en usage, par de l'*aluminium pur* dont la transformation en têtes de siphon vient d'être reconnue possible. Ces expériences nouvelles seront, après une expérimentation identique, l'objet d'une autre communication.

Dans les boîtes de conserves où, à la place de l'acide carbonique, nous avons en jeu des acides organiques, comme l'acide sarcolactique, autrement énergiques, il s'effectue, au contact du couple étain-plomb, du fer-blanc, avec complication possible de la présence du fer, des réactions chimiques d'un autre ordre, susceptibles d'occasionner, par un usage fréquent, des intoxications alimentaires redoutables.

M. Adolphe LEPAPE,

Ingénieur-Chimiste (Paris),

SUR LE FRACTIONNEMENT DES GAZ RARES DE L'AIR PAR LE CHARBON DE BOIS REFROIDI. PRÉPARATION DE L'ARGON, DU KRYPTON ET DU XÉNON PURS.

546.29

4 Août.

Les recherches qui font l'objet de ce Mémoire constituent des études préliminaires sur l'action du charbon de bois sur les gaz rares (hélium, néon, argon, krypton, xénon) de l'atmosphère, en vue de la préparation de l'argon, du krypton et du xénon purs.

Les remarquables travaux de Sir James Dewar (*) sur l'absorption des gaz par le charbon de noix de coco refroidi fournissent le principe d'une méthode

(*) Ces travaux ont été résumés par M. le professeur H. E. Armstrong dans une Notice qui termine les *Proceedings of the Royal Institution* de 1909.

de choix pour le traitement des gaz rares (*). Ces éléments, qui sont réfractaires
à tout réactif chimique, sont, par contre, facilement absorbés par le charbon
de noix de coco refroidi. La condensation des gaz rares par le charbon est d'autant plus considérable que la densité du gaz est plus élevée et que la température est plus basse.

Le fractionnement rationnel des gaz rares par le charbon exige l'étude complète du système gaz-charbon en fonction des nombreux éléments variables du
phénomène d'absorption (température, pression, volume et composition du
gaz, etc.). La nature de ce phénomène et ses lois sont encore mal connues.
En outre de sir James Dewar, les auteurs (**) qui ont étudié l'absorption des gaz
par le charbon de bois ont trouvé des relations assez complexes, et ils ont
principalement opéré sur des gaz simples ou sur des mélanges de gaz ordinaires. Pour reconnaître la manière dont se comporte un mélange de gaz rares
vis-à-vis du charbon refroidi, il faut être en possession d'une méthode qui
permette de doser chacun des éléments du mélange; or, depuis que MM. Moureu et Lepape ont institué une méthode de dosage du krypton et du xénon (***),
ceci est possible pour le mélange argon-krypton-xénon.

En ce qui concerne la préparation des gaz rares purs, on peut l'effectuer
par distillation fractionnée, à condition de traiter d'énormes quantités de gaz
(méthode de Sir W. Ramsay et M. Travers); cette méthode a fourni récemment
à Sir W. Ramsay de notables quantités de krypton pur et de xénon pur (****).
L'hélium peut être obtenu en chauffant les minéraux radioactifs (thorianite,
fergusonite, etc.) qui le contiennent sous forme de gaz pur (*****). Tout récemment, M. H.-E. Watson a préparé le néon pur en fractionnant par le charbon de
noix de coco, à la température de l'air liquide, le mélange hélium-néon provenant de la liquéfaction de l'air par le procédé de M. G. Claude (******). La méthode au charbon a été également appliquée en vue d'obtenir le krypton pur
et le xénon pur par MM. Valentiner et Schmidt (*******). Ces auteurs traitaient
le résidu d'évaporation lente de l'air liquide par du charbon refroidi à —120°; en
réchauffant le charbon à —80°, il se dégageait du krypton pur; puis, dans une
nouvelle opération, en portant le charbon à une température supérieure
à +20°, on obtenait du xénon pur.

Nous pensons qu'il est possible d'obtenir le krypton et le xénon purs

---

(*) On sait tout le parti qu'ont tiré de cette méthode MM. le professeur Moureu
et ses collaborateurs au cours de leurs recherches sur les gaz rares des sources
thermales (Ch. MOUREU, Conférence faite devant la Société chimique, le 20 mai
1911).

(**) En particulier : M. Travers (*Proc. of the Royal Society, A*, 21 juillet 1906)
et Miss Homfray (*Proc. of the Royal Society, A*. t. LXXXIV, 1910, p. 99).

(***) Ch. MOUREU et LEPAPE, *Comptes rendus de l'Académie des Sciences*, 1911. La
méthode n'est pas assez exacte pour permettre une étude très précise de l'absorption
sélective, mais elle donne des indications très suffisantes au point de vue de l'application à la préparation des gaz purs.

(****) *Proceed. of the Royal Soc. A*, t. LXXXI, 1908, p. 195.

(*****) Actuellement, MM. Moureu et Lepape poursuivent l'étude de la préparation
de l'hélium pur, à l'aide du fractionnement par le charbon à —192°, du mélange
hélium-néon de la source de Bourbon-Lancy (hélium de Laire).

(******) H.-E. WATSON, *Journ. of the chemical Society*, 1910, p. 810.

(*******) *Sitzungsber. K. Akad. Wiss. Berlin*, t. XXXVIII, 1905. 168.

sans utiliser de très basses températures et, en particulier, sans passer par la liquéfaction préalable de ces gaz, et, de plus, en partant d'un mélange initial à faible concentration en krypton et xénon. Ce mélange primitif est simplement le mélange global des gaz rares de l'air, et il n'y a pas lieu de s'adresser à une autre source, puisque, ainsi que MM. Moureu et Lepape l'ont récemment établi, le rapport du krypton et du xénon à l'argon ou à l'azote est constant dans les mélanges gazeux naturels (*).

Dans nos expériences, nous avons traité un volume constant d'argon brut de l'air (mélange des gaz rares de l'air) par un poids fixe de charbon de noix de coco, à diverses températures, et nous avons dosé, dans la fraction du gaz non absorbée par le charbon, le krypton et le xénon.

Nous avons employé 20 cm³ d'argon brut de l'air; ce gaz était obtenu par la méthode en usage au Laboratoire de M. le professeur Moureu (**) (circulation de l'air atmosphérique dans un appareil formant circuit fermé, et contenant, avec d'autres réactifs, du calcium métallique destiné à absorber l'azote et l'oxygène). Le charbon de noix de coco (1 g) était contenu dans un petit tube en U, en verre d'Iéna, relié, d'une part avec une cloche barométrique et, d'autre part, avec une trompe à mercure dont l'extrémité inférieure du tube-chute pouvait se placer sous la cloche. Ce dispositif permettait la circulation du gaz sur le charbon d'une manière continue et pendant une durée définie. Au moyen de robinets, il était possible d'isoler le tube à charbon; un manomètre et un tube à anhydride phosphorique complétaient l'appareil. Le charbon était refroidi au moyen d'acétone tenant en dissolution soit de la neige carbonique (—30°), soit du chlorure de méthyle (—17°, —10°), ou par du chlorure de méthyle (—23°) ou de la glace fondante. Pour purger préalablement le charbon ou dégager le gaz fixé après chaque absorption, on pouvait chauffer le tube à charbon au moyen d'un four électrique à résistance.

Chaque expérience était effectuée de la manière suivante : on introduisait dans l'appareil 20 cm³ d'argon brut de l'air et on laissait le gaz circuler sur le charbon refroidi pendant une demi-heure. On réunissait ensuite dans la cloche barométrique tout le gaz resté libre jusqu'à ce que le manomètre indiquât une pression de 2 mm de mercure sur le charbon. A ce moment, on isolait le tube à charbon, on réchauffait celui-ci et l'on mesurait le volume du gaz qu'il avait fixé. Ensuite, on effectuait sur le gaz non absorbé par le charbon refroidi un dosage du krypton et du xénon. Ce dosage était réalisé par la méthode spectrophotométrique décrite par MM Moureu et Lepape (***) et que nous ne pouvons exposer ici.

Nous avons étudié l'absorption de 20 cm³ d'argon brut de l'air par 1 g de charbon de noix de coco, aux températures suivantes : —30°, —23°, —17°, —10°, 0°, +10°. La pression d'absorption a varié de 15,5 cm à 20 cm, mais cette pression était maintenue constante dans chaque expérience. Nous avons effectué au moins trois expériences, qui sont sensiblement concordantes, à chaque température. Pour le krypton, les résultats sont réunis dans le Tableau suivant; ils sont exprimés par les deux dernières colonnes, qui indiquent, l'une

(*) *Comptes rendus*, 27 mars et 16 octobre 1911.

(**) *Voir* Ch. Moureu, Conférence faite devant la Société chimique, le 20 mai 1911.

(***) Ch. Moureu et A. Lepape, *Comptes rendus*, 13 mars et 16 octobre 1911.|

le rapport de la quantité de krypton non absorbée, à la quantité de krypton totale, et l'autre, le rapport, en unités arbitraires, de la quantité de krypton absorbée à la quantité totale de gaz absorbée par le charbon.

Température d'absorption.	Pression d'absorption en cm.	$\dfrac{\text{Kr. libre}}{\text{Kr. total}}$ o/o.	$\dfrac{\text{Kr. fixé}}{\text{Gaz fixé}}$
— 30............,.,..	15,5	12	11,7
— 23..............	17	20	15
— 17....,..........	18	30	14
— 10.................	18,5	50	12,5
0.............	19	50	12,5
+ 10.........:.....	20	80	5,7

Pour le xénon, nous avons toujours observé que, dans les conditions où nous nous sommes placé, la proportion de xénon dans le gaz libre était inférieure à 5 % de la quantité totale de xénon.

En outre, aux températures de —23° et 0°, nous avons soumis le même échantillon de gaz à trois fractionnements successifs et identiques. A —23°, nous avons remarqué que dès le second fractionnement, la proportion de krypton dans le gaz libre tombait à 5 %. A 0°, au contraire, il nous fut impossible de mettre en évidence l'efficacité des deux fractionnements qui ont suivi le premier.

Les résultats précédents montrent que la proportion du krypton resté libre diminue rapidement quand la température s'abaisse; cependant, malgré tout le soin apporté aux mesures, nous avons constaté une anomalie persistante aux températures 0° et —10°, pour lesquelles la proportion de krypton libre serait la même. Peut-être cette anomalie est-elle due à l'action de l'un des nombreux facteurs de ce phénomène complexe et que nous n'avons encore étudié que très sommairement.

Relativement à la préparation de l'argon pur, on voit qu'on peut la réaliser facilement par le fractionnement de l'argon brut de l'air à une température relativement peu inférieure à 0°. Cependant, au cours des recherches de MM. Moureu et Lepape sur le dosage du krypton et du xénon, la température a été abaissée jusqu'à —40°.

Au sujet du krypton, la dernière colonne du Tableau précédent est intéressante, — bien que les nombres soient seulement approximatifs —, elle montre que la proportion du krypton dans le gaz fixé passe par un maximum quand la température décroît. Il était aisé de prévoir ce fait, car, au fur et à mesure que la température s'abaisse, la quantité d'argon absorbée par le charbon augmente sans cesse, tandis que la faible quantité absolue du krypton empêche celui-ci d'augmenter parallèlement dans le gaz fixé. Ainsi, pour obtenir le plus rapidement possible et en plus grande quantité possible du krypton pur, il convient de fractionner le mélange argon-krypton vers —20°. Quant au xénon, on le séparera facilement de l'argon et du krypton en opérant au-dessus de 0°.

Voilà quelles conclusions principales nous semblent comporter nos premières recherches. Celles-ci. doivent être étendues, il est nécessaire d'étudier la part afférente à chacun des principaux facteurs du phénomène d'absorption du mélange argon-krypton-xénon par le charbon de bois. Nous espérons que le fruit de cette étude sera de mettre assez facilement à la disposition des physiciens et des chimistes des quantités maniables de chacun des gaz rares, ces éléments dont la constitution moléculaire est la plus simple et dont l'inertie chimique est une propriété si singulière.

En terminant, nous avons l'agréable devoir d'adresser tous nos affectueux remercîments à M. le professeur Moureu, qui a bien voulu mettre à notre disposition toutes les ressources de son laboratoire, et qui a suivi nos expériences avec le plus bienveillant intérêt. (Travail fait au Laboratoire de Pharmacie chimique de l'École supérieure de Pharmacie de l'Université de Paris.)

M. LE Dᴿ C. GERBER,

Professeur à l'École de Médecine (Marseille).

ÉTUDE COMPARÉE DE L'ACTION DE QUELQUES ÉLECTROLYTES, SUR LA SACCHARIFICATION DE L'AMIDON ORDINAIRE ET DE L'AMIDON SOLUBLE DE FERNBACH-WOLFF.

547.664 : 58.11.97

4 Août.

Au cours de la longue étude que nous avons faite de l'action des divers électrolytes sur la saccharification diastasique de l'empois d'amidon et dont les principaux résultats ont paru dans le *Bulletin de la Société de Biologie*, certains sels nous ont présenté des phénomènes aussi curieux qu'inattendus. Retardateurs, indifférents, ou même accélérateurs à doses faibles, ils ne tardent pas à devenir empêchants dès que la dose s'élève un peu; puis, la plupart d'entre eux deviennent accélérateurs pour des doses généralement moyennes et sont enfin retardateurs et empêchants pour des doses plus élevées encore. La courbe représentative de la saccharification diastasique, en présence de doses croissantes de ces sels, a donc une forme sinusoïdale.

Nous avons démontré, antérieurement, que la seconde phase empêchante est due à une destruction de la diastase, tandis que la première phase empêchante devait être attribuée à l'empois d'amidon qui, sous l'action du sel ajouté, devient plus résistant.

Il suffit de traiter cet amidon par la méthode de MM. Fernbach et

Wolff pour voir disparaître cette résistance. Tandis que, par exemple (Tableau I), avec le chlorure de cadmium, on ne peut pas obtenir, dans les conditions de l'expérience, de saccharification avec le latex de Broussonetia, lorsque la dose de sel est comprise entre 0,062 mol-mg et 32 mol-mg, celle-ci s'opère aussi facilement qu'en l'absence de chlorure de cadmium, quand on utilise l'amidon soluble de Fernbach et Wolff.

Il suffit de comparer les chiffres du Tableau II avec ceux que nous avons publiés antérieurement pour voir qu'avec les oxalates neutres, les citrates acides, les sels de zinc et de cuivre, les sels neutres de quinine, etc., les résultats sont aussi nets. La seconde partie du Tableau I et les deux dernières colonnes du Tableau II montrent qu'il n'en est pas de même avec les sels de mercure et d'argent. La saccharification diastasique est à peu près aussi vite arrêtée par des doses faibles de ces sels, qu'il s'agisse de l'empois ou de l'amidon soluble. La raison en est que ces sels, ainsi que nous l'avons montré antérieurement, agissent, à faibles doses, directement sur l'amylase.

Tableau I.

Centimètres cubes d'un empois d'amidon de riz ou d'une solution d'amidon soluble Fernbach-Wolff, à 5 °/₀, nécessaires pour réduire 10 cm³ Liq. Fehling ferrocyan. après action, à 40°, durant les temps suivants, de $\frac{1}{2400}$ ou $\frac{1}{10000}$ latex de Broussonetia ou de $\frac{1}{1000}$ extrait de latex de Ficus, en présence de doses croissantes des sels ci-dessous.

	Chlorure de cadmium.					Bichlorure de mercure.			
	BROUSSONETIA.		FICUS.			BROUSSONETIA.		FICUS.	
MOLÉCULES-MILLIGR. de CdCl² par litre de liquide à saccharifier.	Empois.	Fernbach	Empois.	Fernbach	MOLÉCULES-MILLIGR. de HgCl² par litre de liquide à saccharifier.	Empois.	Fernbach.	Empois.	Fernbach.
	$\frac{1}{2500}$ B. 2ʰ.	$\frac{1}{10000}$ B. 2ʰ.	$\frac{1}{1000}$ F. 2ʰ.	$\frac{1}{1000}$ F. 1ʰ,45.		$\frac{1}{2500}$ B. 2ʰ.	$\frac{1}{10000}$ B. 2ʰ.	$\frac{1}{1000}$ F. 2ʰ.	$\frac{1}{1000}$ F. 1ʰ 45ᵐ.
0	11	15	12,8	14.5	0	11	12	11,3	12,5
0,016	55	15,2	65	15	0,001	25	>300	11,3	12,5
0,032	120	15,5	150	16,5	0,002	>300		11,3	13
0,062		16		17,5	0,004			11,5	14
0,125		16,5		17	0,008			12,5	
0,250		15,5		16,5	0,016				
0,500		15,2		15,5	0,032		∞		
1		14,5		15	0,062	∞			∞
2	∞	13,5		14	0,125			∞	
4		12	∞	13,5	0,250				
8		12,5		14	0,500				
16		14		16					
32		20		20					
48	85	45		40					
64	26	100		80					
86	18	250		200					
112	20	>300	200	>300					
128	22		100						
192	50	∞	180	∞					

TABLEAU II.

Centimètres cubes d'une solution à 5°/₀ d'amidon soluble Fernbach-Wolff, nécessaires pour réduire 10 cm³ Liq. Fehling ferrocyan. après action, à 40°, durant les temps suivants, de $\frac{1}{10000}$ latex de Broussonetia ou de $\frac{1}{1000}$ extrait de latex de Ficus, en présence de doses croissantes des sels ci-dessous.

MOL.-MILLIGR. sel par litre solution d'amidon.	$(COOK)^2$ B. 2h	F. 3h	$C^3H^5O\binom{COOH}{(COONa)^2}$ B. 1h 45m	F. 2h 30m	$C^{20}H^{14}N^2O^4, 2HCl$ B. 2h	F. 3h
0	11,3	9	13,5	12,5	11,5	8,5
1,3	"	"	13	12,5	11,5	9,2
2,6	"	"	12,5	12,5	11,5	9,8
5,2	"	"	12,5	13	11,5	10,5
10,4	5,5	8	12,5	14	13,5	30
20,8	5,6	7,6	12,5	15,5	29	
41,6	5,8	7,3	13	17	∞	∞
83,2	6	7,2	14	39		
166,4	8,5	7,2	20	90	"	"
332,8	25	8,5	"	"	"	"

MOL.-MILLIGR. sel par litre solution d'amidon.	Zn Cl² B. 2h	F. 3h	Cu Cl² B. 3h	F. 5h	Ag NO³ B. 2h	F. 3h
0	12,5	9,5	7	4,8	12	8,5
0,002	12,5	9,5	7	4,8	45	9,8
0,004	12,5	9,5	7	4,8	150	10,5
0,008	12,5	9,5	7,4	4,9		30
0,016	12,5	9,5	8	5,2		
0,032	12,5	9,5	9	5,8		
0,062	12,5	9,5	10	7		
0,125	12	10	11	10	∞	∞
0,250	11	10	14	15		
0,500	9,5	10	21	22		
1	8	10	30	30		
2	8	10,3	40	36	"	"
4	8	10,5	44	42	"	"
8	8,5	11	46	55	"	"
16	9,5	12	46	65	"	"
32	15	14	"	"	"	"
64	50	30	"	"	"	"
128	100	55	"	"	"	"
192	∞	∞	"	"	"	"

M. V. GRIGNARD,

Professeur,

ET

M. Ch. COURTOT,

Préparateur à la Faculté des Sciences (Nancy).

SUR LES DÉRIVÉS ORGANOMAGNÉSIENS DE L'INDÈNE ET DU FLUORÈNE

547-763.4-771.5

5 Août.

On sait depuis longtemps déjà qu'un groupement CH² compris entre deux doubles liaisons $= C — CH^2 — C =$ acquiert une certaine acidité qui peut le rendre apte à certaines condensations. C'est le cas, en particulier, parmi les molécules simplement hydrocarbonées, pour le cyclopentadiène et, à un moindre degré, pour l'indène et le fluorène.

Nous nous sommes demandé s'il ne serait pas possible d'utiliser cette propriété pour obtenir, par double décomposition avec un magnésien ordinaire, de nouveaux organomagnésiens, comme l'a fait Jotsich avec les hydrocarbures acétyléniques vrais.

Nos expériences ont porté d'abord sur l'indène et le fluorène, faciles à se procurer, et nous pouvons ajouter tout de suite que nos prévisions ont été réalisées.

Par exemple, si l'on ajoute à une solution éthérée de C^2H^5MgBr, préparée à la manière habituelle, la quantité correspondante d'indène dissous dans 3 à 4 parties de toluène sec, puisqu'on distille l'éther et qu'on élève progressivement la température jusque vers 100°, il se produit un dégagement gazeux, assez lent, mais régulier, qui dure plusieurs heures. La réaction, sensiblement complète, est vraisemblablement la suivante :

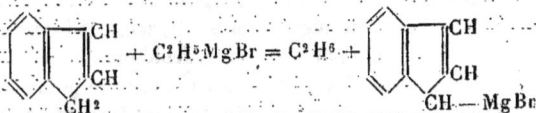

Le produit formé est assez soluble dans le toluène chaud, mais il se dépose en grande partie par refroidissement.

Les mêmes phénomènes s'observent avec le fluorène, mais à condition de chauffer plus haut; il faut opérer dans le xylène, à 135° environ. On obtient ainsi, sans aucun doute,

Ces deux nouveaux composés organométalliques paraissent posséder toutes les propriétés habituelles des organomagnésiens mixtes et être, par suite, notablement supérieurs aux dérivés sodés correspondants.

Nous avons jusqu'à présent mis leurs propriétés en évidence par oxydation, carbonatation et condensation avec diverses cétones. Ainsi, le magnésien de l'indène nous a donné une série de corps que nous considérerons, provisoirement, tout au moins, comme des dérivés α-indéniques : l'α-indénol (I); l'acide α-indène carbonique (II); l'α-indényldiphénylcarbinol (II.); l'α-indénylfluorénol tertiaire (IV), ainsi que l'hydrocarbure (V) provenant de la déshydratation du diphénylindénylcarbinol.

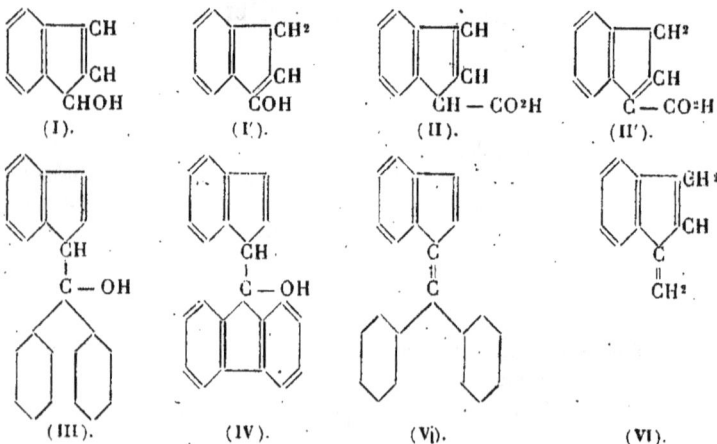

(I).   (I').   (II).   (II').

(III).   (IV).   (V).   (VI).

Mais à la suite de ses belles recherches sur la condensation des aldéhydes avec l'indène, sous l'influence d'agents alcalins, Thiele (*) a montré que les dérivés α-alcoylés de l'indène pouvaient dans certains cas fonctionner également comme des dérivés γ par suite d'une oscillation de la double liaison indénique. Il y a lieu de se demander s'il n'en est pas de même pour un certain nombre des dérivés précédents. Par exemple, l'acide (II) ne peut-il réagir sous la forme II'); l'indénol possède-t-il à la fois les deux formules (I) et (I')?. Pour ce dernier, la forme (I') serait la forme énolique de l'hydrindone, isomérisable par suite en hydrindone que nous n'avons pas aperçue jusqu'à présent. La même question se pose pour les alcools tertiaires. La deshydratation régulière du premier (III) et sa transformation en hydrocarbure coloré ne s'expliquent convenablement que par la création du chromophore fulvénique $C = C {<}^{C\,=}_{C\,=}$. Cet alcool fonctionne donc bien ici comme un dérivé α-indénique et l'hydrocarbure qui en dérive doit être considéré, d'après la nomenclature déjà adoptée par

_____

(*) *Lieb. Ann.*, t. CCCXLVII 1906, p. 249.

Thiele, comme un dérivé de l'hypothétique benzofulvène (III); c'est le diphénylbenzofulvène. --

Le second alcool ne s'est pas déshydraté dans les mêmes conditions : quand on le chauffe, en solution méthylique avec de l'acide chlorhydrique aqueux, il donne l'éther-oxyde méthylique. Mais nous verrons que l'alcool correspondant, obtenu avec le magnésien du fluorène, le fluorény-fluorénol tertiaire (IX) dont la constitution ne peut être douteuse, se comporte absolument de la même manière. Il n'y a donc pas lieu, pour l'instant, de s'arrêter à cette particularité. Cependant des expériences sont commencées dans le but d'élucider sur ces divers composés la question de tautomérie.

Le magnésien du fluorène nous a donné de manière analogue l'acide 9-fluorène carbonique (VII), le fluorènyldiphénylcarbinol (VIII) et le fluorényl-fluorénol tertiaire (IX), ainsi que les hydrocarbures dibenzofulvéniques colorés qui résultent de la déshydratation de ces deux alcools :. le diphénylbiphénylène-éthène (X) et le bis-diphénylène-éthène (XI). L'acide et les deux hydrocarbures ont d'ailleurs pu être déjà obtenus par d'autres méthodes.

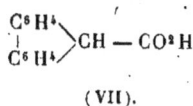

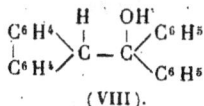

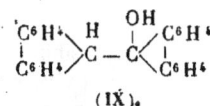

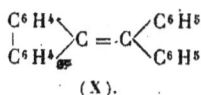

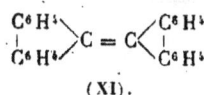

$$\begin{array}{ccc} \underset{C^6H^4}{\overset{C^6H^4}{\diagdown}}CH - CO^2H & \underset{C^6H^4}{\overset{C^6H^4}{\diagdown}}\overset{H}{\underset{|}{C}} - \overset{OH}{\underset{|}{C}}\underset{C^6H^5}{\overset{C^6H^5}{\diagup}} & \underset{C^6H^4}{\overset{C^6H^4}{\diagdown}}\overset{H}{\underset{|}{C}} - \overset{OH}{\underset{|}{C}}\underset{C^6H^4}{\overset{C^6H^5}{\diagup}} \\ (VII). & (VIII). & (IX). \end{array}$$

$$\begin{array}{cc} \underset{C^6H^4}{\overset{C^6H^4}{\diagdown}}C = C\underset{C^6H^5}{\overset{C^6H^5}{\diagup}} & \underset{C^6H^4}{\overset{C^6H^4}{\diagdown}}C = C\underset{C^6H^4}{\overset{C^6H^4}{\diagup}} \\ (X). & (XI). \end{array}$$

Nous poursuivons la synthèse des divers types d'alcools qu'on peut réaliser au moyen de ces deux magnésiens en vue principalement d'étudier les hydrocarbures correspondants et d'apporter une nouvelle contribution à l'étude des relations entre la couleur et la constitution.

Nous avons, en outre, commencé sur le magnésien de l'indène une autre série de recherches.

Jusqu'à présent on n'avait pu préparer un dérivé α-halogéné de l'indène dont l'obtention ouvrirait cependant la voie à de nouvelles synthèses. Nous croyons avoir abouti dans cette tentative, quoiqu'il soit encore prudent de faire quelques réserves sur la constitution exacte du produit obtenu.

Nous avons d'abord essayé d'appliquer à notre magnésien la réaction de Bodroux, c'est-à-dire de faire réagir les halogènes libres.

L'iode paraît réagir d'après un processus déjà observé sur certains dérivés sodés, l'éther acétylacétique sodé, par exemple; il s'empare de la partie métallique et provoque la duplication du radical organique. On obtient ainsi le di-indényle-α-α :

$$2 \quad \text{[structure]} \quad + \text{I}^2 = 2\,\text{MgBrI} + \quad \text{[structure]}$$
CH MgBr   CH — CH

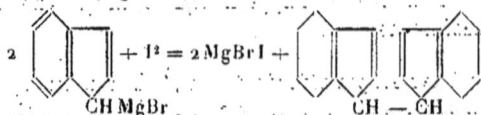

Mais la réaction peut encore s'expliquer autrement : l'iode réagit normalement en donnant l'α-iodindène, mais celui-ci doit posséder une grande aptitude réactionnelle en raison du voisinage des doubles liaisons comme c'est déjà le cas, nous le savons, pour les halogénures d'allyle. Il en résulte que cet α-iodindène réagit immédiatement sur le magnésien libre pour donner le di-indényle

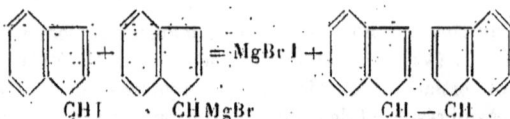

$$\text{[structure]} + \text{[structure]} = \text{MgBrI} + \text{[structure]}$$
CHI   CH MgBr   CH — CH

Le brome réagit à la fois sur le groupement magnésien et sur la double liaison indénique, de sorte qu'on obtient à peu près uniquement le tribromoindène-α-β-γ. Il est vraisemblable que le chlore réagira de la même manière en donnant le trichloroindène; nous n'avons pas encore fait cette expérience.

Devant l'impossibilité d'aboutir par cette voie, nous avons songé à utiliser l'action, étudiée par l'un de nous (*), des halogénures de cyanogène sur les organomagnésiens. Tandis que le chlorure de cyanogène conduit à un nitrile, l'iodure et le bromure de cyanogène donnent à peu près uniquement la réaction inverse, c'est-à-dire le dérivé iodé ou bromé correspondant.

Nous avons d'abord essayé l'action du bromure de cyanogène qui nous a fourni, en effet, un dérivé monobromé que nous considérons comme engendré par la réaction

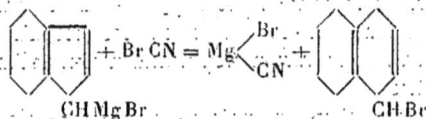

$$\text{[structure]} + \text{Br CN} = \text{Mg} \begin{cases} \text{Br} \\ \text{CN} \end{cases} + \text{[structure]}$$
CH MgBr   CH Br

Ce serait donc l'α-bromoindène, mais on peut encore se demander ici s'il n'est pas susceptible de fonctionner sous la forme tautomère γ. Cette question sera examinée plus tard. Il est probable toutefois qu'à l'état libre il est sous la forme α, car, par addition de brome, il se transforme en tribromoindane identique au précédent.

Il y a tout lieu de supposer que l'iodure de cyanogène nous donnera de la même manière l'α-iodoindène.

(*) Comptes rendus, t. CLII, p. 388.

Enfin, le chlorure de cyanogène donne, avec les mêmes réserves que précédemment au point de vue de la constitution, l'α-indène-nitrile, d'après la réaction

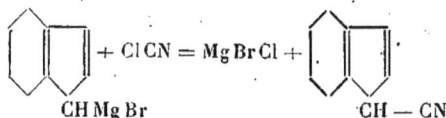

$$\text{(indène)CH MgBr} + \text{Cl CN} = \text{MgBrCl} + \text{(indène)CH — CN}$$

Remarquons toutefois que nous n'avons pas réussi à le transformer par hydrolyse acide ou alcaline en acide α-indène carbonique; nous n'avons obtenu que des produits de résinification qui sont dus sans doute uniquement à la sensibilité de l'enchaînement indénique vis-à-vis des mêmes réactifs.

Nous continuons ces recherches dans diverses directions et nous désirons nous réserver pendant quelque temps l'étude des applications des deux organomagnésiens que nous venons de faire connaître.

Nous nous proposons d'étudier la même réaction sur le cyclopentadiène et sur quelques autres hydrocarbures présentant des enchaînements analogues, comme le dihydrure de naphtalène, et l'anthracène ou son dihydrure.

PARTIE EXPÉRIMENTALE.

α-INDÉNOL (I). — Obtenu par oxydation à froid, suivant le processus habituel. Il bout vers 113°-115° sous 10 mm en se déshydratant partiellement et, après recristallisation dans un mélange d'éther et de ligroïne légère, il se présente en petits prismes jaunâtres, fusibles à 57°-58°. Il fixe le brome.

Analyse.

	Calculé pour $C^9 H^8 O$.	Trouvé.
C $^\circ/_\circ$	81,8	81,8
H $^\circ/_\circ$	6	6,8

ACIDE α-INDÈNE CARBONIQUE (II). — La carbonatation a été effectuée dans le toluène, à 100°. Après hydrolyse, on extrait l'acide suivant la technique courante. *L'acide α-indène carbonique* est facilement soluble dans les dissolvants habituels, sauf la ligroïne légère. Après cinq ou six cristallisations dans un mélange de chloroforme et d'éther de pétrole, ou mieux, dans la benzine bouillante, il se présente en jolies aiguilles prismatiques, teintées encore en chamois clair et fusibles à 161°. Rendement 86 $^\circ/_\circ$, par rapport à l'indène disparu.

Analyse.

	Calculé pour $C^{10} H^8 O^2$.	Trouvé.
C $^\circ/_\circ$	75	74,9
H $^\circ/_\circ$	5	5,5

13

α-α-DI-INDÉNYLE. — Si l'on fait tomber de l'iode dans le magnésien de l'indène on obtient le *di-indényle-α-α* avec un rendement de 82 °/o.

Analyse.

	Calculé pour $C^{18}H^{14}$.	Trouvé.
C °/o	93,9	93,5
H °/o	6,1	6,3

C'est un corps blanc, soluble dans l'éther, beaucoup moins dans la ligroïne et qui fond à 99°-100°.

TÉTRABROMURES. — Soumis à l'action du brome en solution chloroformique, le carbure précédent donne deux tétrabromures : l'un, insoluble dans le chloroforme, fond en se décomposant à 222°-224° sur le bloc Maquenne ; l'autre, soluble dans ce dissolvant, recristallise dans de l'alcool bouillant, additionné d'un peu de benzine, en petits prismes qui fondent à 138°-139°. La théorie permet d'expliquer simplement la possibilité de trois tétrabromures isomères.

TRIBROMOINDANE-α-β-γ. — Le brome, ajouté goutte à goutte au magnésien de l'indène refroidi à 0°, nous a donné principalement le *tribromoindane-α-β-γ*, qui se présente, après recristallisation dans l'alcool bouillant, sous forme de jolis petits bâtonnets, parfaitement incolores, fusibles, à 133°-134°. Trouvé : Br = 67,20 ; calculé, 67,60. Nous avons également isolé à la distillation quelques grammes d'un produit bouillant entre 127° et 134° sous 13 mm mais que nous n'avons pu caractériser comme étant l'α-bromoindène. Cependant l'analyse montre que c'est un mélange de ce composé et du tribromure, corps extrêmement volatil. De plus, cette portion réagit sur les magnésiens comme le fait le monobromoindène pur préparé par une autre voie.

α-BROMOINDÈNE. — En faisant tomber le magnésien de l'indène dans une solution éthérée de bromure de cyanogène, on obtient à la distillation un produit légèrement jaune, bouillant nettement à 126° sous 22 mm, et que nous avons caractérisé comme monobromoindène en le transformant en dérivé tribromé identique à celui précédemment décrit.

NITRILE α-INDÉNIQUE. — Le chlorure de cyanogène donne exclusivement le *nitrile α-indénique*. C'est un liquide incolore lorsqu'il est fraîchement préparé, mais qui prend rapidement une teinte verte. Il passe entre 140° et 142° sous 13 mm. L'hydrolyse par l'acide sulfurique et par l'acide nitreux ne nous a donné que des produits de résinification ainsi que l'essai de saponification par la potasse alcoolique ; l'acide chlorhydrique semble nous avoir conduit tout au plus à l'amide, mais nous n'avons pas caractérisé ce produit d'une façon définitive. Cependant le corps obtenu par l'action du chlorure de cyanogène semble bien être le nitrile cherché ; son analyse a en effet donné :

	Calculé pour $C^{10}H^7N$.	Trouvé.
N °/o	9,92	9,83

α-INDÉNYLDIPHÉNYLCARBINOL (III). — La benzophénone réagit facilement sur le magnésien de l'indène, dans le toluène,.vers 100°. Après traitement habituel, il reste une huile rougeâtre qui cristallise en grande partie. Les cristaux, recristallisés dans l'éther, constituent des tables parallélogrammes, parfaitement incolores, fusibles à 131°-132°.

Analyse.

	Calculé pour $C^{22}H^{18}O$.	Trouvé.
C °/o	88,59	88,52
H °/o	6,04	6,25

DIPHÉNYLBENZOFULVÈNE (V.). — L'huile séparée des cristaux est sans doute un mélange de notre alcool et de son produit de déshydratation. Nous avons complété cette déshydratation en ajoutant de l'acide chlorhydrique concentré à la solution méthylique bouillante. Il se sépare une huile qui se concrète par refroidissement. En recristallisant plusieurs fois dans l'alcool chaud, on obtient de belles paillettes jaunes, légèrement orangées, fusibles à 111°-112°.

Analyse.

	Calculé pour $C^{22}H^{16}$.	Trouvé.
C °/o	94,28	94,53
H °/o	5,72	5,97

α-INDÉNYLFLUORÉNOL-TERTIAIRE (IV). — La fluorénone ne réagit sur le magnésien de l'indène qu'à température assez élevée et nous avons dû opérer à 120° dans le xylène. Dans ces conditions, le rendement est à peu près intégral. L'alcool ainsi obtenu cristallise dans le mélange d'éther et de ligroïne en aiguilles incolores, fusibles à 151°-152°.

Analyse.

	Calculé pour $C^{22}H^{16}O$.	Trouvé.
C °/o	89,2	89,01
H °/o	5,4	5,71

ÉTHER MÉTHYLIQUE (XII). — Traité en solution méthylique par l'acide chlorhydrique aqueux, il ne se déshydrate pas comme le carbinol précédemment décrit, mais il donne l'*éther méthylique* fusible à 115°-116°.

Analyse.

	Calculé pour $C^{23}H^{18}O$.	Trouvé.
C °/o	89,0	89,4
H °/o	5,8	5,9

DIBROMURE (XIII). — Nous avons caractérisé cet éther en en·faisant le dibromure. C'est un·corps blanc, fusible à 149°.

Analyse.

	Calculé pour $C^{23}H^{18}OBr^2$.	Trouvé.
Br °/o	33,33	33,78

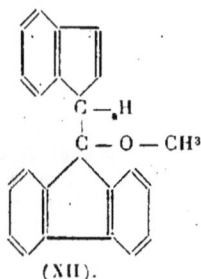

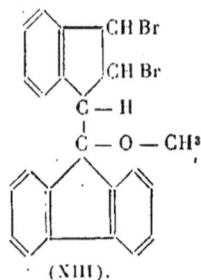

(XII).   (XIII).

ACIDE 9-FLUORÈNE CARBONIQUE (VII). — La carbonatation du magnésien du fluorène conduit à l'acide 9-fluorène carbonique déjà connu, fusible à 220°-222°.

FLUORÉNYL-FLUORÉNOL TERTIAIRE (IX.) — La fluorénone réagit facilement vers 100° et nous a conduit, par le processus habituel et avec un rendement de 75 à 80 °/o au *fluorényl-fluorénol*, qui cristallise dans le mélange éther-ligroïne en petits cristaux fusibles à 195°-196° (non corr.) à peine teintés de rose, probablement par une faible trace de l'hydrocarbure correspondant.

Analyse.

	Calculé pour $C^{26}H^{18}O$.	Trouvé.
C °/o	90,2	90,4
H °/o	5,2	5,5

BIS-DIPHÉNYLÈNE-ÉTHÈNE. — Celui-ci, qui s'obtient en traitant le nouvel alcool par l'acide chlorhydrique aqueux, au sein de l'acide acétique bouillant, est le bel hydrocarbure rouge, déjà connu, qui cristallise dans l'acide acétique en aiguilles fusibles à 189°-190° (non corr.).

ÉTHER MÉTHYLIQUE (XIV). — Quand on chauffe ce même alcool, en solution éthylique, avec un peu d'acide chlorhydrique, on engendre au contraire l'*éther-oxyde éthylique*, qui cristallise dans l'alcool ordinaire en aiguilles jaunâtres, fusibles à 168°-169° sur le bain de mercure.

CHLORURE (XV). — Enfin, par action de l'acide chlorhydrique sec, dans l'acide acétique froid, le fluorényl-fluorénol donne le *chlorure* correspondant, légèrement coloré en jaune, et fusible à 157°-158° (non corr.) après cristallisation dans la benzine.

Mais si l'on essaie de le faire cristalliser dans l'alcool bouillant, il réagit sur celui-ci et, après deux cristallisations, il est complètement transformé en éther-oxyde identique au précédent. Il est d'ailleurs possible que cette réaction ait été catalysée, au début, par d'infimes traces d'acide chlorhydrique, provenant, par exemple, des vapeurs du laboratoire, comme cela a déjà été constaté par d'autres chimistes, dans des circonstances analogues.

(XIV).   (XV).

FLUORÉNYLDIPHÉNYLCARBINOL (VIII). — La benzophénone réagit, encore dans ce cas, à température plus basse que la fluorénone, vers 80°, mais, malgré cela, on obtient, à côté de l'alcool tertiaire prévu, une notable proportion d'hydrocarbure correspondant. On les sépare au moyen de la benzine qui dissout moins facilement l'alcool (rendement total : environ 65%). Le fluorényldiphénylcarbinol cristallise dans la benzine, en aiguilles incolores, fusibles à 216°-217° (non corr.).

DIPHÉNYLBIPHÉNYLÈNE-ÉTHÈNE (X.). — En le traitant par l'acide chlorhydrique, en milieu alcoolique, on n'obtient plus l'éther-oxyde, comme dans le cas précédent, mais l'hydrocarbure qui est le diphénylbiphénylène-éthène, déjà connu, fusible à 225°, incolore à l'état cristallisé, mais donnant des solutions fortement colorées en jaune.

Nous avons complété son identification par son *picrate*, fusible à 197°.

MM. CIAMICIAN et RAVENNA.

RECHERCHE SUR LA GENÈSE DES ALCALOÏDES DANS LES PLANTES.

5 Août.   58.11.944

Les recherches qui font l'objet de cette Note et que nous avons entreprises il y a déjà trois ans ont été faites dans le but de résoudre quelques problèmes en rapport avec l'origine des alcaloïdes dans les plantes. A ce propos nous avons inoculé, suivant toujours les procédés autrefois décrits, quelques substances azotées à des plantes qui, normalement, contiennent des alcaloïdes, et précisément nous avons choisi le datura et le tabac. La pyridine, la piperidine et l'acide carbopyrrolique ont été les substances inoculées : pour le tabac, nous avons après ajouté l'asparagine, l'ammoniaque et quelques substances non azotées, c'est-à-dire le glucose et l'acide phtalique.

Nos premières séries d'expériences sur le datura et sur le tabac nous ont montré que la plus grande partie d'alcaloïdes se retrouve dans les plantes qu'on a inoculées avec la pyridine. Nous avons aussi observé dans le datura la présence d'une base ayant beaucoup de ressemblance avec la tétraméthylendiamine, mais malheureusement il ne nous a pas été possible de la déterminer d'une façon absolue. Elle pourrait peut-être provenir de la décomposition des protéines.

Dans le cas du tabac, nous avons toujours observé que la partie plus volatile des alcaloïdes extraits contenait une base que nous avons pu reconnaître pour l'isoamylamine

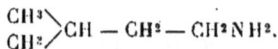

$$\begin{matrix} CH^3 \\ CH^2 \end{matrix} \Big\rangle CH - CH^2 - CH^2NH^2.$$

D'après ces résultats, on pouvait croire à une action spécifique de la pyridine sur la synthèse des alcaloïdes. Il était nécessaire d'opérer avec un plus grand nombre de substances azotées. Nous avons fait les expériences avec de l'asparagine, avec de l'ammoniaque et l'on a repris celles avec la pyridine. Les sucres ayant, comme on sait, une grande influence sur l'augmentation de l'acide cyanhydrique dans les plantes qui le contiennent, il nous a semblé utile d'étudier aussi l'action des substances non azotées sur le tabac. A ce propos, nous nous sommes servis du glucose et d'une substance aromatique très oxygénée, de l'acide phtalique. Ensuite, nous avons voulu nous rendre compte de l'action des blessures qu'on avait dû produire sur les plantes pour l'inoculation des substances et nous assurer si elles pouvaient déterminer une variation sur le contenu des alcaloïdes comme elles le déterminent dans le cas de l'acide cyanhydrique. Enfin, il était question de savoir si l'isoamylamine s'était formée pendant les travaux de laboratoire ou si elle était contenue dans les alcaloïdes du tabac.

D'après ces ultérieures recherches, il résulte que la pyridine n'a pas une influence spécifique sur l'augmentation des alcaloïdes : l'ammoniaque produit dans le tabac le même effet. Plus remarquable est l'influence de l'asparagine, qui, dans nos expériences, a produit la plus grande quantité d'alcaloïdes. Les blessures aussi, comme dans le cas de l'acide cyanhydrique, ont provoqué une augmentation de la quantité de nicotine et il est possible que cette influence soit exercée aussi sur d'autres plantes qui contiennent des alcaloïdes.

Le glucose produit une augmentation de nicotine comme il produit toujours une augmentation d'acide cyanhydrique dans les plantes qui en sont pourvues, et les expériences sont complètement comparables. Enfin, nous avons trouvé que l'inoculation de l'acide phtalique donne une teneur d'alcaloïdes, qui diffère de peu de la quantité retrouvée dans les plantes de comparaison. Si l'on tient compte de l'influence des blessures, on pourrait conclure que l'acide phtalique a produit une diminution de la quantité de nicotine (*voir* la Table).

Pour cela il serait bien utile de continuer l'étude sur l'influence qu'exercent les substances aromatiques sur les plantes qui contiennent les alcaloïdes.

Pour ce qui regarde l'isoamylamine, on sait qu'elle est en rapport très étroit avec la leucine. En effet, l'isoamylamine se forme de la distillation sèche de la leucine et de quelques substances protéiques, comme les matières cornées, avec la potasse. Il semblait possible que cette base que nous avons toujours rencontrée pendant nos opérations provenait ou de la leucine qui se trouve dans les plantes ou des substances protéiques. Pour cela, nous avons soumis aux mêmes opérations que le tabac, des plantes de vesce en germination, qui contiennent, comme on sait, beaucoup de leucine, ensuite de la matière cornée et enfin de la leucine elle-même. Mais, dans tous ces cas, nous n'avons jamais remarqué la présence de l'isoamylamine.

Pour résoudre la question d'une façon absolue nous avons fait sur le tabac quelques expériences en tâchant d'éviter l'action des acides et des bases fortes. En faisant un extrait aqueux des plantes et en employant de la magnésie au lieu de la potasse, nous avons également obtenu de l'isoamylamine. Il reste donc bien prouvé que l'isoamylamine que nous avons toujours retrouvée en petites quantités dans le tabac n'est pas originée ni par les substances protéiques, ni par la leucine, mais nous ne pouvons pas affirmer si cette base se trouve dans les plantes à l'état de sel ou sous forme de quelque dérivé décomposable par la magnésie.

Les observations que nous venons d'exposer ne nous permettent pas de tirer des conclusions, suffisamment sûres, sur la genèse et la signification des alcaloïdes dans les plantes. Il nous semble pourtant que nos expériences apportent un appui à ces vues qui considèrent les alcaloïdes végétaux comme provenant des acides amidés. En faveur de cette thèse, outre l'action de l'asparagine sur le tabac, il nous semble qu'on puisse interpréter le fait de la présence de l'isoamylamine et l'on pourrait supposer que les bases provenant des acides amidés, comme la lisine et l'ornithine, soient utilisées pour la formation des alcaloïdes dans les plantes.

Recherches sur le datura.

SÉRIES.	TRAITEMENT.	POIDS des plantes.	CHLORHYDRATES bruts.	CHLORHYDRATES délivrés du NH^4Cl.
1......	Pyridine...............	kg 4,0	°/₀₀ 0,95	°/₀₀ —
»......	Piperidine.............	8,0	0,65	—
»......	Acide carbopyrrolique..	9,0	0,71	—
»......	Plantes de comparaison..	4,5	0,58	—
2......	Pyridine...............	238	0,44	0,12
»......	Plantes de comparaison..	208	0,30	0,07

Recherches sur le tabac.

SÉRIES.	TRAITEMENT.	POIDS des plantes.	CHLORHYDRATES bruts.	CHLORHYDRATES délivrés du H⁴NCl
1......	Pyridine...............	$\overset{kg}{8,0}$	$\overset{°/_{00}}{2,25}$	$\overset{°/_{00}}{1,87}$
»......	Piperidine.:...........	8,5	1,88	—
»......	Acide carbopyrrolique...	9,0	1,42	—
»......	Plantes de comparaison..	8,1	1,80	1,38
2......	Pyridine...............	236	5,10	2,17
»......	Plantes de comparaison..	265	3,10	1,43
3......	Asparagine ....:......	15,3	—	2,50
»......	Pyridine...............	17,1	—	1,81
»......	Ammoniaque...........	15,2	—	1,93
»......	Glucose.	16,0	—	2,15
»......	Acide phtalique........	13,1	—	1,52
»......	Plantes blessées........	17,9	—	1,90
»......	Plantes de comparaison..	15,4	—	1,49

M. Eugène TASSILLY,

Agrégé à l'École supérieure de Pharmacie (Paris).

SUR UN NOUVEAU SPECTROPHOTOMÈTRE
ET SES APPLICATIONS A LA CHIMIE (*).

535.243554

1ᵉʳ *Août.*

I. — LE SPECTROPHOTOMÈTRE DE CH. FÉRY.

Il existe un grand nombre de spectrophotomètres, permettant de faire des comparaisons photométriques dans toute l'étendue du spectre visible.

Le principe général, commun à tous ces appareils, est de former, dans le plan focal d'un spectroscope, deux spectres contigus.

(*) Travail en collaboration avec M. Féry, professeur à l'École de Physique et de Chimie industrielles de Paris, communiqué par M. E. Tassilly, le 1ᵉʳ août 1911, devant la section de Chimie, au Congrès de Dijon de l'Association française pour l'Avancement des Sciences.

Pour l'application qui nous intéresse (*), le faisceau provenant d'une même source lumineuse est divisé en deux parties, et l'une de ces deux moitiés traverse une cuve à faces parallèles contenant le liquide dont il s'agit de mesurer l'absorption.

Le spectre absorbé présente donc une ou plusieurs régions plus sombres que celles correspondantes du spectre voisin. Ces *bandes d'absorption* sont caractéristiques de la substance, et leur intensité permet son *dosage*.

Les divers spectrophotomètres diffèrent entre eux par le procédé employé pour ramener à l'égalité les deux plages qu'il s'agit de comparer.

Dans certains, on procède en faisant varier la largeur de la fente (Vierordt); dans ce cas, la fente spéciale du spectroscope est formée de deux volets mobiles, opposés à un volet fixe. On peut donc recevoir sur une fente large le faisceau absorbé et, sur la fente plus étroite, obtenir avec le second volet mobile le faisceau non absorbé.

On admet dans cet appareil que les intensités lumineuses obtenues dans le plan focal sont proportionnelles aux largeurs respectives des deux parties de la fente. Le défaut est que le spectre dû à la fente large n'est plus pur.

Toujours basé sur les lois de l'Optique géométrique est le spectrophotomètre de D'Arsonval où deux lentilles, de surface réglable par des diaphragmes appropriés, viennent éclairer l'une le haut, l'autre le bas de la fente.

L'intensité de chaque spectre est ici proportionnelle à la surface découverte de la lentille correspondante.

D'autres spectrophotomètres sont basés sur un principe tout à fait différent et empruntent les phénomènes de *polarisation*.

Le principe, commun à tous les appareils de cette dernière catégorie, consiste à faire varier l'intensité par la rotation de deux prismes de nicol.

Lorsque ces prismes sont croisés, l'intensité est nulle; elle est maxima lorsqu'ils sont parallèles. La loi de variation de l'intensité est

$$I = I_0 \cos^2 \alpha,$$

en appelant α l'angle que font les sections principales de nicol et compté à partir du parallélisme.

La loi régissant les phénomènes d'absorption est la suivante :

$$I = I_0 \, e^{-kx}$$

où I donne l'intensité d'un rayon, ayant primitivement l'intensité I_0, après son passage au travers d'une solution de coefficient d'absorption k

---

(*) On se sert aussi des spectrophotomètres pour l'étude complète d'une source lumineuse; dans ce cas, les deux spectres contigus sont formés par les radiations dispersées de chacun des deux luminaires à comparer. L'une des deux sources est prise comme étalon.

et d'épaisseur x; ajoutons que e est la base des logarithmes népériens.

Les spectrophotomètres employant une loi de variation lumineuse proportionnelle exigent donc l'emploi continu d'une Table de logarithmes pour traduire les résultats obtenus.

Les appareils à polarisation conduisent à des calculs plus compliqués encore par suite de la combinaison de la loi exponentielle de l'absorption avec la loi d'Arago qui est un $\cos^2$ de l'angle de rotation.

Il a semblé intéressant à M. Ch. Féry de combiner un instrument supprimant ces calculs, qui rendent pénible et long l'usage du spectrophotomètre, dont les applications pourraient rendre de véritables services en Chimie.

Le nouvel appareil (*) comprend, comme partie nouvelle, deux prismes P_1 et P_2, en verre fumé spécial, dont le coefficient d'absorption est pratiquement constant dans toute l'étendue du spectre visible.

Les rayons de la source S après avoir traversé la fente large F, sont reçus sur deux fenêtres rectangulaires O_1 et O_2, et rendus parallèles par la lentille L_1.

La cuve C renfermant le liquide à étudier est disposée sur le parcours de l'un des faisceaux; elle peut avoir 10 cm de longueur.

La lentille L_2 fait converger les deux faisceaux sur la fente f d'un spectroscope ordinaire.

Les angles des prismes P_1 et P_2 ont été calculés de telle manière qu'après leur passage dans les prismes, les deux faisceaux lumineux soient rendus parallèles entre eux en xy, et cheminent suivant l'axe du collimateur.

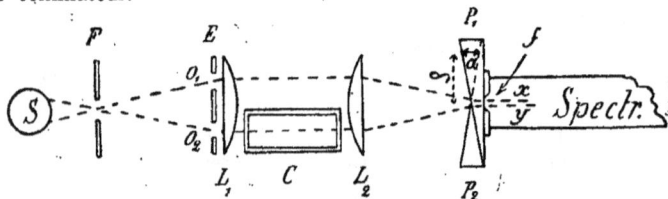

Fig. 1.

Dans ces conditions, le faisceau passant en O_1, sera ramené en x par le prisme P_1 et donnera le spectre supérieur; le faisceau venant de O_2 produira le spectre inférieur, absorbé par la cuve C.

Une fente spéciale dont on peut régler la largeur, et qui est placée à l'oculaire, permet d'isoler dans les deux spectres la radiation à comparer.

Pour ramener l'égalité des deux plages ainsi découpées, et dont une est affaiblie par l'absorption de la cuve C, il suffit de déplacer l'ensemble des deux prismes P_1 et P_2 devant la fente du spectroscope.

(*) *Bulletin de la Société de Physique*, 4 mars 1910, p. 185.

Quand l'équilibre photométrique est obtenu, le simple déplacement du système, mesuré par un vernier, donne le pouvoir absorbant de la solution.

En effet, soit x l'épaisseur de verre absorbant, traversée par le rayon O_1, l'intensité observée sera

$$(1) \qquad I = I_0 \, e^{-kx}$$

en appelant k le coefficient d'absorption de ce verre et I_0 l'intensité initiale.

Au sortir de la cuve C, dont l'épaisseur est l et le pouvoir absorbant cherché x, le faisceau O_2 aura de même une intensité

$$(2) \qquad I_1 = I_0 \, e^{-xl}.$$

Ce faisceau traversera ensuite l'autre prisme dont l'épaisseur est y, par exemple, et qui a le même pouvoir absorbant k que le premier prisme; son intensité deviendra

$$(3) \qquad I_1 \, e^{-ky}$$

ou, d'après (2),

$$(I_0 \, e^{-xl}) \, e^{-ky}.$$

Or, cette intensité finale est égale à celle du rayon O_1 et par conséquent on pourra écrire l'égalité

$$(4) \qquad I_0 \, e^{-kx} = I_0 \, e^{-(xl+ky)}$$

ou

$$kx = xl + ky$$

et

$$(5) \qquad xl = k(x - y).$$

Il est facile de voir sur la figure que $x - y$ est proportionnel à δ et qu'on a ainsi

$$(6) \qquad (x - y) = M\delta,$$

M étant un facteur de proportionnalité.

Donc, d'après (5) et (6),

$$x = \left(\frac{kM}{l}\right)\delta.$$

Le produit kM est une constante pour un appareil donné, et il suffit de le diviser par la longueur de la cuve, pour avoir l'absorption par unité de longueur.

La déviation δ est donc proportionnelle au coefficient d'absorption c'est-à-dire à la concentration, *si toutefois aucune réaction ne se produit* entre le *corps dissous* et son *dissolvant*.

Nous avons d'abord vérifié cette première conséquence tirée des formules en opérant sur une dissolution de bleu de méthylène qui ne doit pas réagir sur l'eau.

Au contraire, la dilution d'un sel de cuivre, par exemple, met nettement en évidence des phénomènes de dissociation (*).

Le *spectrophotomètre de Ch. Féry* peut être employé en analyse chimique, notamment, ainsi que l'a montré M. Tassilly, pour le dosage du fer dans les eaux et le dosage du cuivre dans les conserves alimentaires.

II. — DOSAGE DU FER DANS LES EAUX.

Historique. — Les méthodes de dosage du fer, basées sur l'estimation de la coloration que donnent avec le sulfocyanure de potassium les sels ferriques, ont été l'objet de nombreuses publications, dont la lecture ne permet pas de se faire une opinion bien nette sur la véritable valeur du procédé. Les objections portent tantôt sur l'instabilité du sulfocyanure ferrique, tantôt sur l'incertitude des mesures colorimétriques.

C'est ainsi que, d'après Riban (**), les solutions de sulfocyanure ferrique éprouvent une dissociation progressive du sel colorant dissous.

De même les déterminations colorimétriques de Magnanini (***) l'ont conduit à admettre un état d'équilibre

$$Fe^2 Cl^6 + 6 CNSK \rightleftarrows Fe^2 (CNS)^6 + 6 KCl.$$

Pour Krüss et Moraht (****), la coloration rouge n'est pas proportionnelle à la teneur en fer, elle passe par un maximum lorsque le fer et le sulfocyanure sont en proportions équivalentes.

La coloration est due à un composé $(CNS)^6 Fe^2$, $18 CNSK$ ou $Fe (CNS)^{12} K^9$ dédoublable par l'eau en donnant $12 CNSK$ et le composé $(CNS)^1 Fe^2$, $6 CNSK$ ou $Fe(CNS)^6 K^3$.

Ces deux combinaisons ont été isolées par les auteurs, la première cristallisant avec $8 H^2 O$.

Cependant Lapicque (*****) d'une part et Tatlock (******) d'autre part estiment qu'en se plaçant dans des conditions spéciales, le dosage est possible.

Plus récemment, Stockes et Cain (*******) ont publié sur la question un long mémoire aboutissant aux mêmes conclusions. Pour éviter la disso-

---

(*) Cette remarque explique pourquoi il est si difficile, dans certain cas, d'obtenir des résultats précis avec le colorimètre, la teinte à comparer dans cet appareil variant avec le degré de dilution.

(**) *Bull. Soc. chim.*, 1890-92, t. III, p. 959; t. VI, p. 897, 916; t. VII, p. 81, 199.

(***) *Att. Acad. Linc.*, t. I, 1891, p. 106.

(****) *Ann. Chem.*, p. 193, 260.

(*****) *Bull. Soc. chim.*, t. II, 1889-92, p. 193, 295; t. III, p. 159; t. VII, p. 82, 113.

(******) *Chem. Ind.*, t. VI, p. 276.

(*******) *Amer. Chem. Soc.*, t. XXIX, 1907, p. 409-443.

ciation du sulfocyanure ferrique, ces auteurs, comme Tatlock, dissolvent ce composé, aussitôt formé, dans un solvant organique, et c'est cette solution qui est examinée comparativement au colorimètre.

D'après Rosenheim et Cohn (*), qui ont discuté les formules données par Krüss et Moraht, le composé $Fe(CNS)^{12} K^9 + 4 H^2O$ serait en réalité $Fe(CSN)^6 K^3 + 4 H^2 O$. En outre, la réaction génératrice doit être effectuée en milieu légèrement acide, le sulfocyanure ferrique étant hydrolysé en milieu neutre.

C'est dans ces conditions que se sont placés Jolles (**), puis

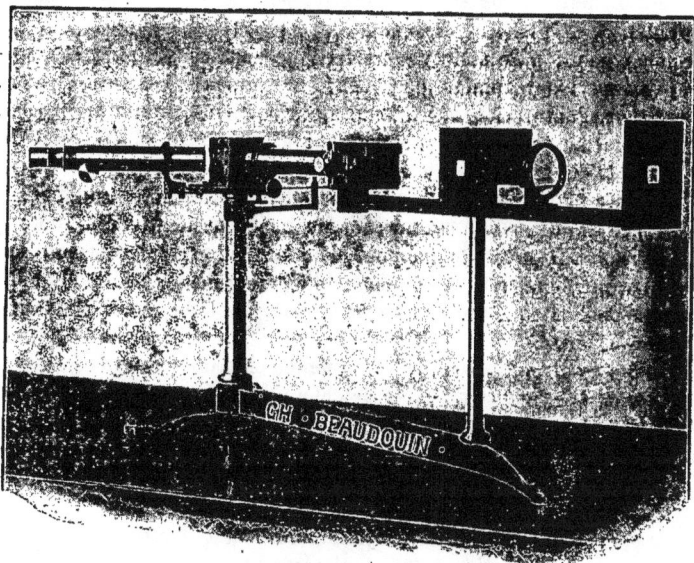

Fig. 2.

Oerum (***), pour effectuer la [détermination colorimétrique du fer dans le sang. Le dernier employait le colorimètre de Meissling (****) caractérisé par l'addition d'un appareil de polarisation permettant de créer à volonté presque toutes les couleurs du spectre et de les prendre pour base de comparaison avec le liquide à doser.

Principe de la méthode. — La méthode que nous proposons, reposant sur l'emploi du spectrophotomètre de Ch. Féry, ne présente aucune difficulté en ce qui concerne les mesures, la précision de cet appareil

(*) *Zeit. anorg. Chem.*, t. XXVII, 1901, p. 280-303.
(**) *Zeit. analyt. Chem.*, t. XXXVI, 1904, p. 547; t. XLIII, p. 239.
(***) *Zeit. analyt. Chem.*, t. XLIII, 1904, p. 147 (1897).
(****) *Zeit. analyt. Chem.*; t. XLIII, 1904, p. 137.

dépassant de beaucoup celle qu'on peut atteindre avec les colorimètres employés ordinairement.

Il y avait lieu, en outre, de déterminer dans quelles conditions il fallait se placer au point de vue des quantités respectives de fer et de réactif pour obtenir des mesures régulières, autrement dit pour éviter les phénomènes secondaires pouvant entacher d'erreur les mesures effectuées.

Dans ce but, on a étudié comment se comportait, au point de vue de l'absorption, une solution aqueuse de chlorure ferrique additionnée d'une solution aqueuse de sulfocyanure de potassium en proportions variables.

Chaque solution de sulfocyanure ferrique ainsi constituée a été examinée au spectrophotomètre de Ch. Féry dans une cuve en verre de 2 cm d'épaisseur, l'absorption due à l'eau étant compensée par une cuve en verre de même épaisseur contenant de l'eau et placée sur le trajet du deuxième faisceau.

La partie visible du spectre, fournie par un bec Auer, étant divisée en 26 régions au moyen d'un micromètre à 250 divisions (la raie D étant à la division 80), on a examiné pour chaque solution colorée l'absorption dans chacune de ces régions, de manière à déterminer le maximum d'absorption pour chaque solution et les variations de ce maximum d'une solution à l'autre.

Pour les essais, on a employé une solution de chlorure ferrique contenant 1 g de fer par litre et un excès de chlore libre. Après s'être assuré que la présence du chlore ne modifiait pas les résultats, on s'est dispensé de chasser ce gaz par ébullition de la solution et l'on s'est borné à ramener par dilution le titre de cette solution à 0,1 g par litre au moment d'en faire usage.

D'autre part, la solution de sulfocyanure contenait d'après le tirage 17,017 g par litre; la réaction étant représentée par

$$Fe\,Cl^3 + 3\,CNSK = Fe(CNS)^3 + 3\,K\,Cl,$$

il fallait pour précipiter 1 l de solution ferrique contenant 0,1 g de fer, 30,5 cm³ de sulfocyanure, que pour plus de sensibilité on a ramené au $\frac{1}{10}$, soit alors 305 cm³.

En résumé, pour 10 cm³ de la solution de fer, il faudra employer 3,05 cm³ de sulfocyanure ou tout simplement 3 cm³, l'erreur commise de ce fait n'étant pas appréciable pratiquement.

Ceci posé on a, dans une première série de mesures, étudié l'absorption produite par des solutions contenant une quantité constante de fer (10 cm³) et des quantités de sulfocyanure allant en croissant à partir de 3 cm³. Le volume total de la solution étant toujours ramené à 50 cm³, les solutions mises en expérience contenaient donc invariablement 0,02 g de fer par litre et des quantités croissantes de sulfocyanure 3, 4, 5, 6, 10, 12, 15, 18, 21, 24, 27, 30, 33, 36, 39, 42 cm³, soit au total 16 solutions.

Pour chacune de ces solutions, on a fait 26 mesures dans les différentes régions du spectre repérées comme il a été dit antérieurement.

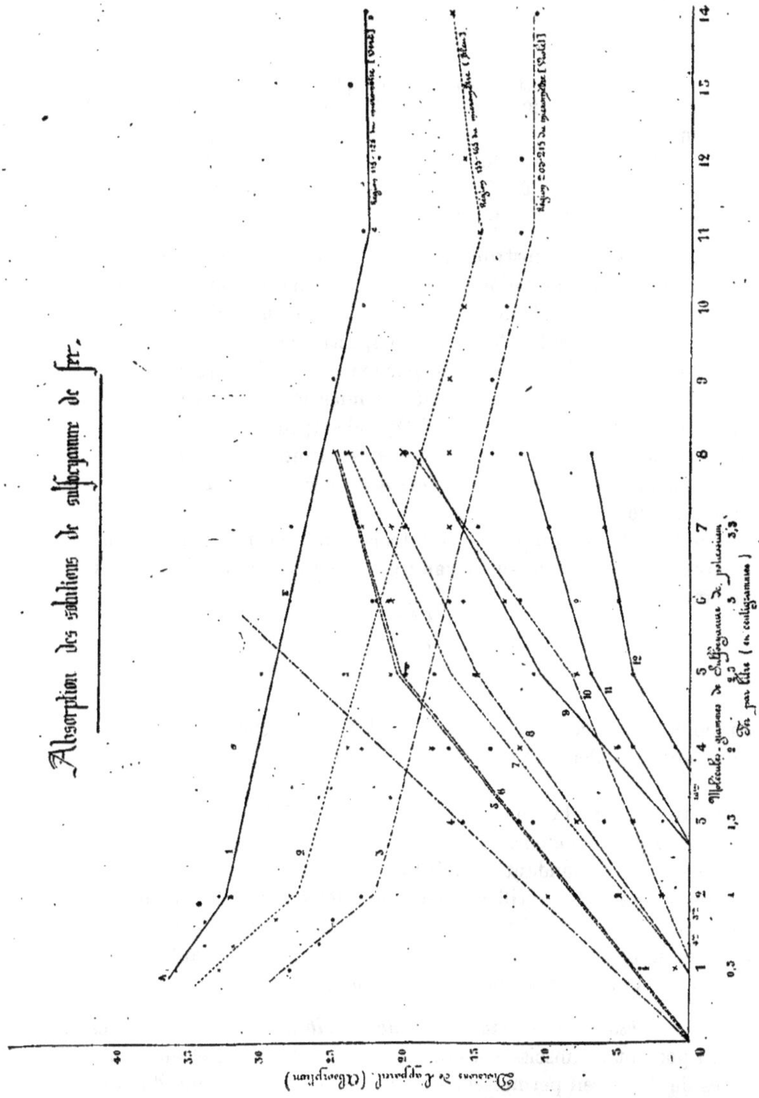

Fig. 3.

L'erreur sur chaque mesure est de 1 à 2 divisions du spectrophotomètre, suivant la région du spectre utilisée.

Voici les résultats obtenus pour les trois régions les plus intéressantes.

Résultats des lectures faites en examinant des solutions contenant 10 cm³ de solution ferrique et les quantités de sulfocyanure mentionnées ci-dessous en centimètres cubes.

Divisions du micromètre.	Divisions du spectrophotomètre.															
	3	4	5	6	10	12	15	18	21	24	27	30	33	36	39	42
0-5 ...	36	»	»	»	»	»	»	»	»	»	»	»	»	»	»	»
115-125...	36	34	34	33	31	30	30	28	28	27	25	23	23	22	24	22
155-165...	32	32	29	28	26	24	24	22	20	17	17	16	15	16	16	17
205-215...	28	26	25	28	21	18	18	16	16	14	14	13	11	12	11	11

Avec ces chiffres on a construit trois courbes en portant en abscisses les molécules-grammes de sulfocyanure correspondant à une molécule-gramme de fer (c'est-à-dire le nombre de fois 3 cm³ de la solution de sulfocyanure) et en ordonnées les divisions du spectrophotomètre.

Si l'on examine une de ces courbes, par exemple celle portant le n° 1 et correspondant aux divisions 115-125 du micromètre, on voit qu'elle se compose de trois droites AB, BC, CD; l'absorption varie donc trois fois sur la longueur de cette courbe. De plus, les droites ainsi déterminées se coupent sur une ordonnée correspondant à un nombre exact de molécules-grammes de sulfocyanure.

Ceci semble indiquer qu'il y aurait trois combinaisons possibles de sulfocyanure ferrique et de surfocyanure de potassium correspondant aux systèmes

$$Fe Cl^3 + (CNSK)^3,$$
$$Fe Cl^3 + 2(CNSK)^3,$$
$$Fe Cl^3 + 11(CNSK)^3.$$

A un point E, intermédiaire entre B et C, correspondrait un état d'équilibre entre les deux combinaisons représentées par les deux points B et C.

Au delà du point C, la courbe devient parallèle à l'axe des x; autrement dit l'absorption demeurerait constante à partir de la concentration en sulfocyanure correspondant au point C.

Cette hypothèse a été vérifiée expérimentalement en effectuant une nouvelle série de mesures sur des solutions de teneur constante en fer, additionnées de proportions de sulfocyanure allant en croissant jusqu'à atteindre une valeur correspondant à 120 mol.

Maximum d'absorption et maximum de sensibilité. — Les courbes établies en portant en abscisses les divisions du micromètre et en ordonnées celles de l'appareil permettent de déterminer le maximum de l'absorption pour chaque solution.

Ces courbes se partagent en trois groupes correspondant aux trois systèmes en équilibre stable précédemment signalés. On constate que le *maximum d'absorption* se trouve dans le bleu violet et ne correspond pas au *maximum de sensibilité*, lequel se trouve dans le vert.

Pour une nouvelle série de mesures, on a pris des solutions contenant des proportions de fer allant en croissant de 5 à 40 mg par litre et l'on a

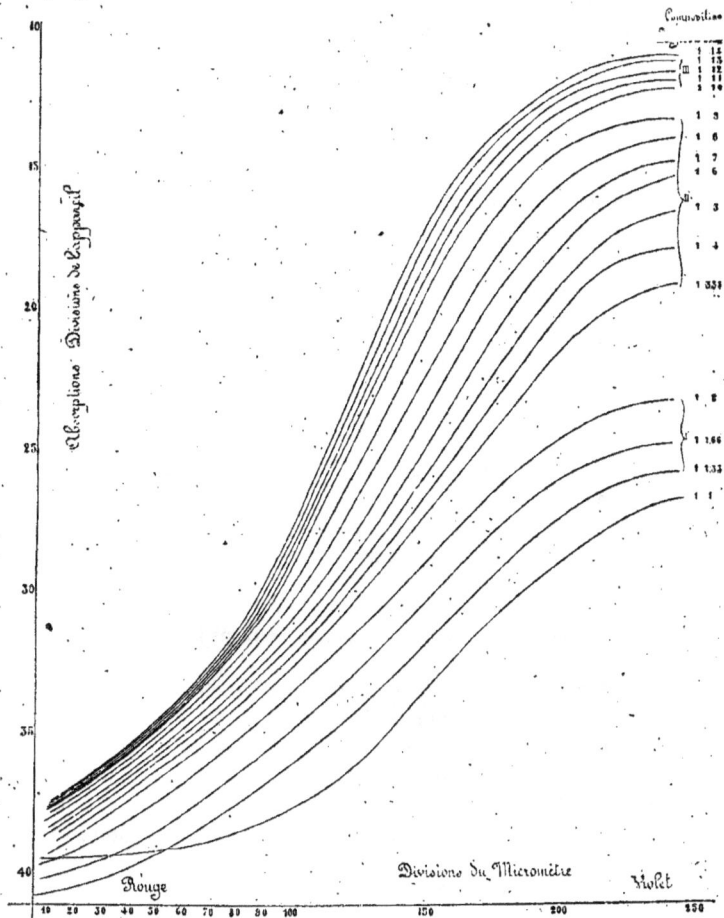

Fig. 4.

réalisé pour chacune d'elles les trois combinaisons précédemment indiquées, en y ajoutant les quantités de sulfocyanure correspondantes et en étendant chaque fois avec de l'eau pour faire 50 cm³.

Les mesures ont été effectuées dans les trois régions du spectre comprises entre les divisions 115-125, 155-165 et 205-215 du micromètre. On a porté en abscisses les teneurs en fer et en ordonnées les chiffres lus

*14

diminués de 35 (courbes n° 4 à n° 12). L'allure des courbes semble indiquer que l'eau intervient en dehors des points d'équilibre précédemment repérés. Au delà de la concentration limite, ces phénomènes cessent de se produire et l'absorption devient proportionnelle à la teneur en fer si l'on a soin d'opérer en présence d'un excès suffisant de sulfocyanure, ainsi qu'il résulte des mesures dont le détail est exposé dans le Tableau ci-dessous :

Solution de fer : 0,1 g par litre.

Solution de CNSK : 17,017 g par litre.

MESURES EFFECTUÉES.

Solution CNSK pour 10 cm³ :

Fer par litre.	Lectures.
g	
0,0000	34
0,0050	40
0,0100	44
0,0150	49
0,0200	54
0,0250	59

Soit, en résumé, 17 cg de CNSK pour au plus 2,5 cg de fer.

La courbe obtenue (p. 209) met bien en évidence la proportionnalité.

Donc il résulte de tout ce qui précède que : *En présence d'un grand excès de sulfocyanure, les absorptions mesurées au spectrophotomètre sont proportionnelles aux quantités de fer contenues dans la solution colorée.*

Actions perturbatrices. — Avant d'appliquer la méthode au dosage du fer dans les eaux, il convient d'examiner quelles peuvent être les actions perturbatrices.

Les acides sont sans action. Au contraire, on doit toujours opérer en milieu rendu acide par l'acide chlorhydrique.

Les nitrates ont une faible action rendue négligeable par la minime proportion de ces sels existant dans les eaux. On arrive à une conclusion identique pour les chlorures.

Les sulfates ont une action très sensible mais qui s'atténue notablement quand on a soin d'opérer en milieu chlorhydrique.

On a préparé, par exemple, des solutions contenant par litre 15 mg de fer et des doses n de sulfates en solution aqueuse contenant par litre 100 g de SO^4Na^2 et 100 g de SO^4Mg.

Valeur de n en cm³.	Lectures.
0	48
20	43
50	40,5
100	40,5
150	40,5

Si dans la solution pour laquelle $n = 150$ on remplace 30 cm³ d'eau par 30 cm³ de HCl, on obtient comme résultat 45 à 46, nombres très voisins du chiffre normal 48. Donc, en milieu très fortement chlorhydrique, l'influence des sulfates peut diminuer au point de devenir négligeable.

Mode opératoire. — Dans un ballon de 250 cm³ environ, on introduit 100 cm³ d'eau et 20 cm³ d'acide chlorhydrique qu'on porte à l'ébullition. On ajoute alors 0,5 à 1 g de chlorate de potasse et l'on continue à

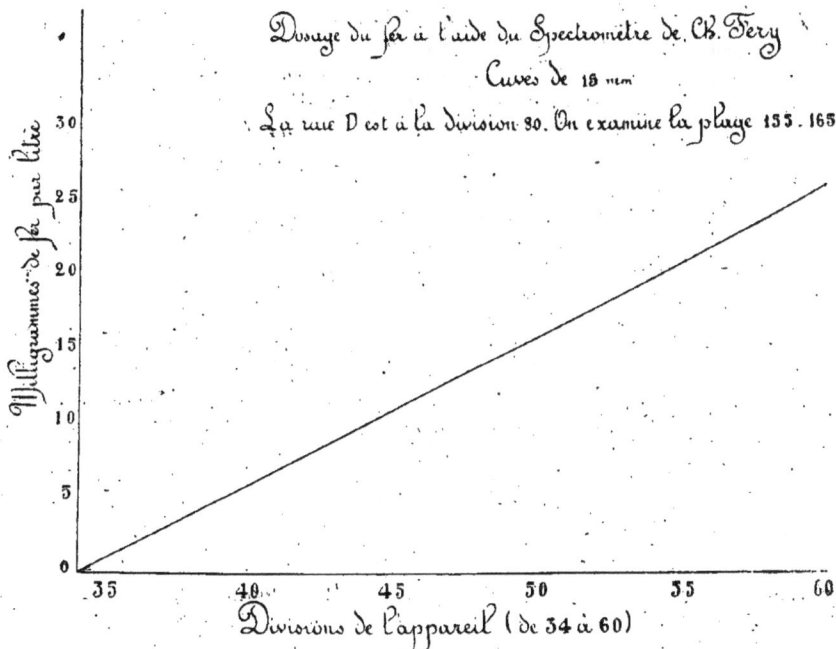

Dosage du fer à l'aide du Spectromètre de Ch. Féry
Cuves de 15 mm
La raie D est à la Division 80. On examine la plage 155 . 165

Fig. 5.

chauffer jusqu'à cessation de dégagement de chlore.

Après refroidissement, on ajoute 20 cm³ de la solution de sulfocyanure à 17 g par litre, puis on complète le volume à 100 cm³ dans une fiole jaugée, et l'on examine au spectrophotomètre.

Pour avoir la teneur en fer on se reporte à la courbe précédemment établie.

En cas de dépôt dans la bouteille, rincer celle-ci à l'acide chlorhydrique, réunir le liquide acide à l'eau et évaporer pour ramener au volume primitif. Voici les nombres obtenus pour quelques eaux minérales choisies dans les divers groupes.

Eau de	Lectures.	Fer correspondant.	Fer dosé chimiquement.
Orezza.............	44,5	0,011	0,0090
Spa..............	41,5	0,0075	»
Büssang...........	37	0,0035	0,0038
Reine du fer........	41	0,0063	0,0065
Vals	38	0,0040	»
Vittel.............	37 (*)	0,0015	0,0015

Dans ces essais, les teneurs en fer déterminées par notre méthode ont été conformes aux proportions généralement admises comme normales, mais pour obtenir plus de certitude on a eu soin, dans quelques cas, de doser le fer par les méthodes chimiques, ordinairement en usage : méthode gravimétrique pour l'eau d'Orezza, méthode volumétrique pour les autres. Dans chaque cas la concordance a été satisfaisante.

Il est donc possible de doser le fer, tout au moins dans les eaux, en ayant recours à la coloration que donne le chlorure ferrique en présence du sulfocyanure, si l'on se place dans les conditions que nous avons indiquées et si l'on emploie comme instrument de mesure le spectrophotomètre.

Le dosage du fer dans les eaux présente, à l'heure actuelle, une certaine importance. On a tendance, en effet et particulièrement en Allemagne, à rechercher, pour l'alimentation en eau des villes, des eaux profondes le plus souvent ferrugineuses, qu'on soumet avant usage à la *déferrisation*. Il importe donc de déterminer par une méthode précise et rapide la teneur en fer avant et après la déferrisation. Nous estimons que notre procédé peut, dans ces conditions, rendre des services dans les laboratoires où s'effectue, d'une manière régulière, le contrôle des eaux d'alimentation.

III. — DOSAGE DU CUIVRE DANS LES CONSERVES ALIMENTAIRES.

Lors du deuxième Congrès international pour la répression des fraudes, tenu à Paris en octobre 1909, la section de Technologie ayant admis comme *manipulation autorisée* le reverdissage, et la section d'Hygiène consultée ayant donné avis favorable, le texte suivant fut voté en assemblée générale :

« Il n'y a pas d'inconvénient pour la santé publique à reverdir les légumes et les fruits conservés, par addition de sulfate de cuivre, pourvu que la dose de cuivre (Cu) ne dépasse pas 120 mg par kilogramme de produit égoutté. »

Dans ces conditions, le dosage du cuivre dans les conserves alimentaires présente un intérêt d'actualité qui nous a engagé à présenter une

---

(*) Mesure effectuée sur l'eau réduite de 50 °/₀ par évaporation.

méthode basée sur l'emploi du spectrophotomètre, la solution colorée étant obtenue par l'action du ferrocyanure de potassium sur le sulfate de cuivre résultant du traitement de la matière première.

On étudiera successivement :

1° L'action du ferrocyanure de potassium sur le sulfate de cuivre au point de vue de l'absorption;

2° L'extraction du cuivre des conserves et son dosage au spectrophotomètre.

Étude spectrophotométrique du ferrocyanure de cuivre. — On a employé une solution A de sulfate de cuivre contenant 0,01 g de cuivre par centi-

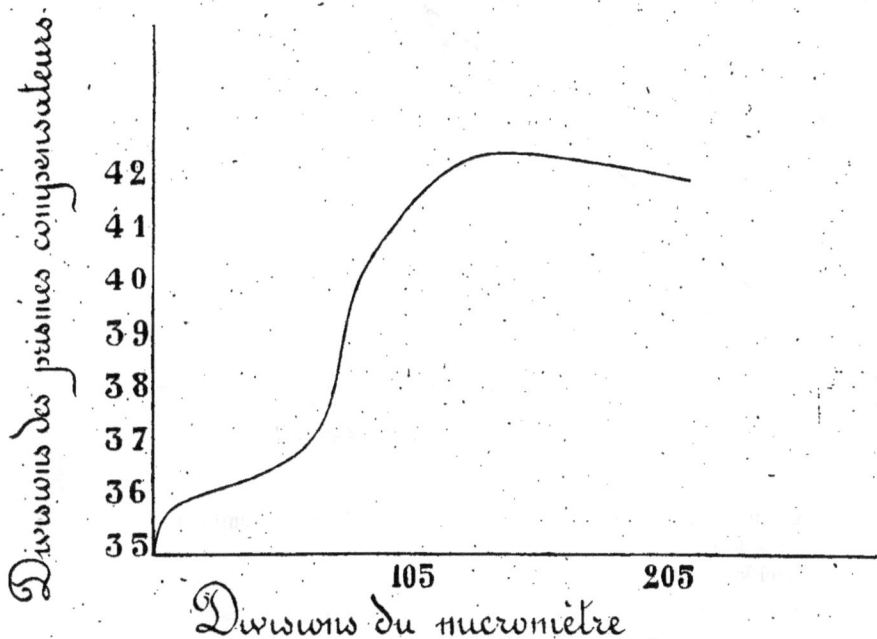

Fig, 6.

mètre cube et une solution B de ferrocyanure contenant par centimètre cube 0,07 g de Fe Cy⁶ K⁴.3 H²O, de telle sorte que, en vertu de la réaction, il est nécessaire d'employer 1 cm³ de la solution B pour 2 cm³ de la solution A.

On a d'abord recherché la région du spectre donnant le maximum de sensibilité et l'on a adopté la plage située dans le vert et correspondant aux divisions 115-125 du micromètre, la raie D étant à la divison 80 (*voir* courbe p. 211).

Pour graduer l'appareil, on a employé une solution C de cuivre préparée avec 10 cm³ de la solution A dont on a fait par dilution 800 cm³.

On a pris de cette solution, contenant par 0,0002 g de cuivre, des doses croissantes de o à 15 cm³, en ajoutant chaque fois 2 cm³ de la solution B,

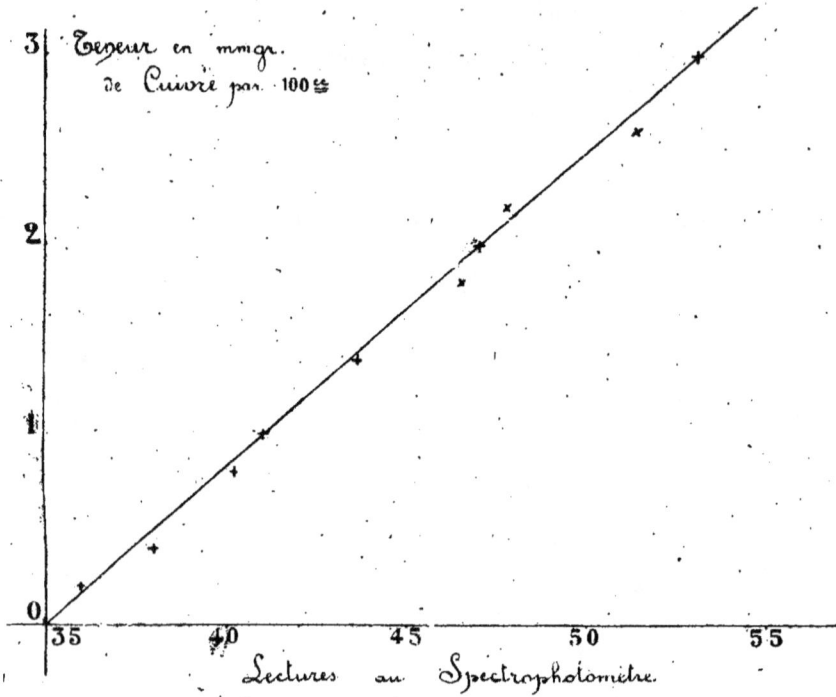

Fig. 7.

le mélange étant finalement étendu d'eau pour obtenir 100 cm³ et l'on a fait les lectures au spectrophotomètre.

Voici le résultat de ces mesurés :

Nombre de cm³ de la solution C.	Milligr. de cuivre par 100cm³.	Lectures faites à l'appareil.	
o	o	35	35
1	0,2	36	36
2	0,4	38	38
4	0,8	40	40,5
5	1,0	41	42
7	1,4	43	43,5
9	1,8	46,5	46,5
10	2	47	47
11	2,2	47,5	48
13	2,6	51	52
15	3	53	53

Avec ces chiffres, on a tracé une courbe (p. 214) qui montre que l'absorption est proportionnelle à la teneur en cuivre de la solution.

Pour étudier la variation de la teinte en fonction de la quantité de ferrocyanure, on a employé 5 cm³ de la solution de cuivre contenant 0,001 g de cuivre et l'on a ajouté des proportions variables de ferrocyanure à l'aide d'une solution D comprenant un volume de 25 cm³ de la solution B étendu à 500 cm³ (p. 216).

Nombre de cm³ de la solution D.	Lectures au spectrophotomètre.
1	37
4	40,5
5, 10, 20, 50	41
95	41,5

Somme toute, à partir de 4 cm³ on peut admettre que l'absorption est constante jusqu'à 95 cm³.

Il en résulte que l'erreur porte sur les dixièmes de milligramme; la quantité de cuivre mise en expérience étant de 0,001 g, on trouvera des nombres variant entre 0,00090 pour 40,5 et 0,0011 pour 41,5, ce qui fait un écart de 0,0002 entre les deux déterminations extrêmes, écart correspondant à une division de l'appareil, ce qui est de l'ordre des erreurs d'expérience.

En ce qui concerne les actions perturbatrices, on a examiné plus spécialement l'action des acides, à cause du mode de destruction des matières organiques qui a été utilisé.

Les acides modifient la teinte du ferrocyanure de cuivre, d'autant plus nettement que la solution est plus fortement acide.

C'est en milieu sulfurique étendu que la réaction est le plus aisément réalisable sans cause d'erreur.

Dosage du cuivre dans les conserves. Mode opératoire. — On part de 10 à 15 g de conserve à examiner, on sèche au bain-marie, puis à l'étuve, enfin on calcine légèrement de manière à obtenir un résidu charbonneux ayant gardé la forme des légumes.

Après refroidissement, on reprend au bain-marie par 2 à 5 cm³ d'acide sulfurique et on laisse digérer pendant une à trois heures en triturant de temps en temps; finalement, on ajoute de l'eau, on filtre et on lave le résidu.

Pour séparer le fer du cuivre, on précipite ce dernier par l'hyposulfite de soude à l'ébullition, après filtration et lavage, suivant la technique généralement employée, on sèche, puis on calcine avec précaution dans un creuset de porcelaine.

Le résidu est repris par 1 à 1,5 cm³ d'acide sulfurique et quelques gouttes d'acide nitrique, on chauffe pour faciliter la dissolution et l'on évapore l'acide nitrique et l'excès d'acide sulfurique.

Après reprise par l'eau, la solution additionnée de 2 cm³ de la solution B, est amenée à 100 cm³ et examinée au spectrophotomètre.

Pour vérifier l'exactitude du procédé, on a opéré sur des conserves de légumes ne contenant pas de cuivre. On y a incorporé une proportion de cuivre connue, et l'on a appliqué la méthode.

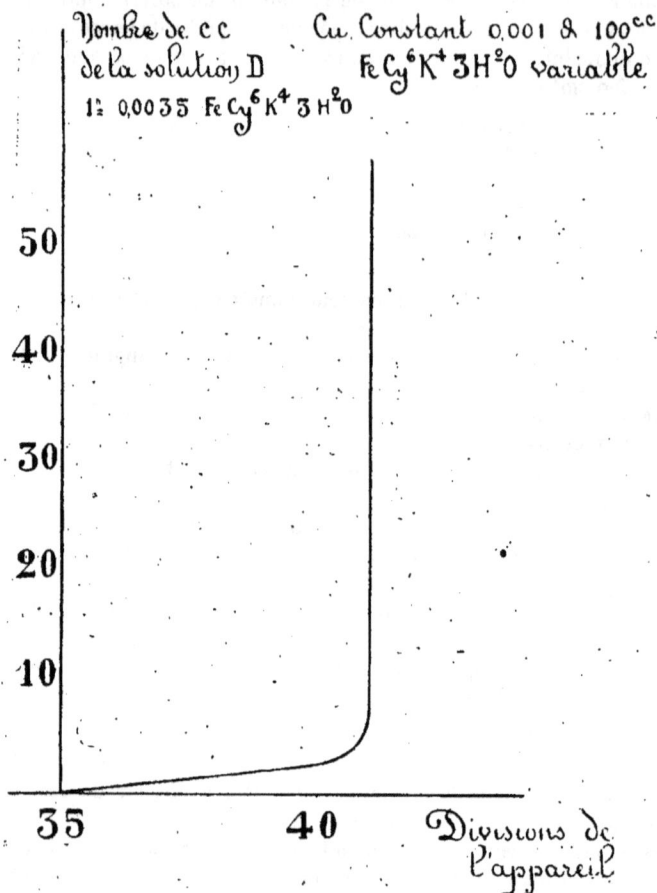

Fig. 8.

Dans les expériences effectuées, on a trouvé 0,0019 g au lieu de 0,0020 g. Il s'ensuit que le procédé de dosage du cuivre que nous proposons peut permettre d'évaluer, avec une précision très suffisante, les petites quantités de cuivre contenues dans les conserves alimentaires et d'apprécier, par suite, si leur teneur en cuivre n'est pas supérieure à la teneur limite fixée par le Congrès de 1911.

M. Paul RAZOUS,

Licencié ès Sciences mathématiques et physiques, Lauréat de l'Institut (Paris).

LA COMBUSTION SPONTANÉE DES CHARBONS.
MOYENS DE LA PRÉVENIR ET DE LA COMBATTRE.

536.46 : 6228

5 Août.

La combustion spontanée des charbons placés en tas se produit assez fréquemment, non seulement sur le carreau de la mine ou dans les dépôts que les exploitations minières ont dans les centres industriels, mais aussi dans les cargaisons de navires, dans les wagons de chemins de fer, dans les usines à gaz et les divers établissements qui consomment une assez grande quantité de houille et ont, en raison de ce fait, des approvisionnements importants.

Lorsque les masses entassées sont telles que la quantité de chaleur dégagée par l'oxydation lente ne peut s'échapper aussi rapidement qu'elle naît, la température du tas s'élèvera insensiblement, et comme le phénomène d'oxydation s'accroît avec la température, il en résulte que plus le charbon s'échauffe, plus son activité chimique se développe et le point d'ignition du charbon se trouve atteint. Il y a, par conséquent, danger ou commencement d'inflammation dans la partie centrale.

Dans les tas de faible volume, elle est précédée par un dégagement à odeur caractéristique, puis des flammes jaunes apparaissent sur un point vers la mi-hauteur; la température du centre varie entre 100° et 200°, quelquefois pendant plusieurs mois, puis elle baisse lentement. En enlevant quelques portions de charbon, le plus chaud, on trouble la combustion commencée et il arrive tantôt que la flamme ne reparaît pas tantôt qu'on la distingue sur un point différent du tas de charbon.

Toutes les circonstances, qui favorisent l'oxydation et empêcheront la chaleur produite de se dissiper rapidement, pourront provoquer la combustion spontanée.

Des constatations faites par divers savants et des observations que j'ai faites sur des tas de houilles où s'étaient déclarées des combustions spontanées, il résulte que les causes de ces combustions sont liées aux facteurs ci-après :

1° Nature de la houille;
2° Humidité de la houille;
3° Dimensions des tas;

4° Intervalle de temps entre la mise en tas et l'enlèvement;

5° Température extérieure et rayons solaires.

Nature de la houille. — D'après certains auteurs, une des causes qui semblent le plus favoriser les combustions spontanées est la richesse en matières volatiles; c'est donc surtout avec les lignites et les houilles à gaz qu'elle est à craindre. Le poussier s'échauffe plus rapidement que le gros, mais le tout-venant est l'état le plus propice à l'échauffement. Dans le charbon à cet état, l'air circule beaucoup plus librement qu'on ne le croirait au premier abord, d'où oxydation sans ventilation refroidissante. Les combustions spontanées ne s'observent jamais avec l'anthracite.

La dernière combustion spontanée d'un tas de houille de 600 tonnes que nous avons observée à Roubaix en septembre 1910 était celle d'un charbon d'industrie résultant du mélange de ⅓ de fines grasses à ¼ de fines maigres.

Les pyrites, selon l'opinion et les expériences de M. Fayol, tout en ayant une action moins négligeable que les autres corps oxydables, ne sauraient fournir la raison principale de la combustion spontanée, parce que les pyrites ne s'enflamment pas plus rapidement que la houille elle-même.

Selon d'autres savants, les pyrites joueraient un rôle plus important en raison surtout de la quantité de chaleur qu'elles dégagent en s'oxydant. On a vu que Régnault attribuait la combustion spontanée aux pyrites et schistes. M. de Marsilly met en cause la présence du grisou.

En 1876, une Commission anglaise signalait en première ligne l'oxydation des pyrites, puis la condensation des gaz, notamment de l'oxygène dans la houille pulvérulente, enfin l'oxydation du carbone et de certaines compositions qui entrent dans la constitution de la houille.

M. Haton de Goupillère a précisé la question en ces termes: «L'oxydation des pyrites ou de certaines substances organiques est souvent la cause première des combustions spontanées. Le contact de l'air est alors nécessaire. Aussi n'est-ce que dans les mines ou dans les charbons ou les schistes, qui ont joué sur des remblais, que ces faits se produisent. D'un autre côté, certaines dissociations de carbone donnant naissance à du grisou, peuvent y avoir aussi une part. »

M. Richters énonce que dans certains gîtes, ce sont les charbons qui renferment le moins de soufre qu'on voit offrir le plus de prise à la combustion spontanée.

M. Forster fait remarquer que, dans le Staffordshire, c'est la couche de trente pieds, c'est-à-dire la plus pure, qu'on voit s'embraser le plus souvent.

M. Burat admet que la présence de l'oxygène dans la houille, constaté dans un certain nombre d'analyses, peut être capable d'activer l'inflammation. La condensation de l'oxygène dans les poussières fines de charbon a été aussi signalée comme propice à préparer l'échauffement et l'embrasement.

D'après nos observations, les pyrites et les schistes interviendraient assez activement dans la combustion spontanée des charbons, car nous n'avons jamais remarqué d'auto-combustion et même d'échauffement important dans les charbons lavés. Or, le lavage enlève en grande partie des pyrites, des schistes, des poussières et autres déchets. D'ailleurs la conservation sous l'eau employée dans la marine résulte à la fois de la disparition des schistes et des pyrites et, de ce fait, que le charbon n'est pas en contact avec l'oxygène de l'air.

Humidité de la houille. — L'humidité a également son importance. En effet, elle provoque les fendillements des blocs de houille, lesquels se délitent, offrant ainsi une plus grande surface à l'oxydation. Certains prétendent que l'action de l'humidité est quasi nulle; pour eux, l'humidité n'a d'autre action que de produire des crevasses; mais n'aurait-elle que ce pouvoir qu'il faudrait compter avec le danger qu'elle occasionne. Sa nocuité dépend de l'état de la houille. On doit la craindre avec les tas de menus, surtout avec du tout-venant.

L'inspecteur des Mines Kurt Seidl indique dans le *Glückauf* (janvier 1909) que l'altération des houilles et leur combustion spontanée semblent être liées aux propriétés hygroscopiques des houilles.

MM. Thornton et Bowden rapportent qu'ils ont fait plus de 2200 expériences et que toutes ont prouvé que l'étincelle électrique n'enflamme pas les poussières de charbon quand celui-ci est sec; mais s'il est mouillé il conduit l'électricité. Ces constatations établissent l'action de l'humidité, qui demeure liée à celles de la température de l'air.

M. Izart, dans son Ouvrage *L'économie dans la chaufferie,* indique qu'un essai commode servant dans une certaine mesure à indiquer la plus ou moins grande disposition d'une houille pour la combustion spontanée pourra être effectuée. Il consiste à rechercher la proportion d'humidité encore présente dans la houille suspecte lorsqu'on lui a fait subir un séchage raisonnable dans l'air sec et chaud.

Si, après séchage, il subsiste plus de 4 ou 5 % d'humidité non chassée, la houille essayée peut être classée comme dangereuse.

Dimensions des tas. — Si la houille est en tas peu volumineux ou en couche mince, l'action réfrigérante de l'air sera suffisante pour empêcher tout échauffement. Si le tas augmente de volume, il arrive un moment où la partie centrale sera suffisamment protégée contre les intempéries, la circulation de l'air étant toutefois possible encore vers l'intérieur du tas. Il en résulte que la partie centrale pourra s'échauffer d'une façon considérable, d'où possibilité de combustion spontanée. Si la masse de charbon est plus considérable, il pourra être impossible à l'air extérieur, surtout avec du tout-venant, d'atteindre le centre du tas, d'où altération nulle dans cette partie. Mais au voisinage il y a une zone où l'accès de l'air est possible, c'est elle qui constituera l'endroit où pourra naître la combustion spontanée.

Intervalle de temps entre la mise en tas et l'enlèvement. — L'intervalle de temps entre la mise en tas et l'enlèvement, autrement dit la durée de maintien de la houille en tas, a une très grande importance. Dans le Tableau ci-après, nous donnons les résultats obtenus par M. Fayol sur les progrès de l'échauffement de tas de charbon de diverses hauteurs (0,50 m à 6 m) après des durées d'entassement de 1 à 90 jours.

Le système de mise en tas sur le sol a l'inconvénient de laisser longtemps sans utilisation les couches basses, car il y a tendance dans les dépôts comme dans les usines à prendre, pour l'utiliser, le charbon par le haut du tas et à répandre le charbon qui arrive sur la partie basse des tas. Un moyen d'éviter ce procédé, qui maintient à la base du tas des charbons très vieux et par conséquent susceptibles plus que les autres d'entrer en combustion, consisterait à recevoir le charbon dans des réservoirs métalliques ou en ciment armé ayant la forme d'un tronc de cône bombé latéralement et dont la petite base fermée pendant le chargement forme trémie au moment de l'enlèvement. La grande base du réservoir reçoit le charbon élevé des bateaux qui le transportent au moyen de grues. Avec ces réservoirs, il n'y a plus le même inconvénient qu'avec la mise en tas : en effet, par la mise en tas le charbon de la base n'est que rarement enlevé, puisqu'on prend plutôt celui de dessus, tandis qu'avec les réservoirs c'est le charbon le plus anciennement mis dans le réservoir qui est le plutôt enlevé. De cette façon tous les éléments du réservoir ne séjournent pas plus longtemps les uns que les autres, ce qui est une condition de sécurité, puisque c'est le charbon le plus ancien de date qui s'enflamme le plus facilement.

Progrès de l'échauffement suivant :

1° *La durée de l'exposition à l'air;* 2° *la hauteur des tas.*

L'expérience a été arrêtée au moment de l'inflammation.

Hauteur du tas...	0m,50.	1m.	1m,50.	2m.	2m,50.	3m.	3m,60.	4m,20.	4m,75.	5m,40.	6m.
Jours de durée.						Température :					
1.....	22										
5.....	19	18	22	23	21	25	22	26	29	28	26
15.....	18	17	22	24	20	27	22	29	38	35	32
20.....	17	17	21	22	20	29	22	30	46	43	44
25.....	16	18	21	21	23	26	22	27	37	45	50
30.....	17	24	29	27	29	41	34	42	62	63	61
35.....	18	23	30	27	30	44	39	45	67	68	66
40.....	19	25	30	30	33	43	42	44	66	69	69
45.....	20	25	30	36	37	45	43	43	69	70	74
50.....	20	23	32	38	39	43	43	40	66	72	77
55.....	20	24	33	40	40	42	47	43	69	76	82
60.....	19	24	32	40	39	43	54	48	72	79	88
65.....	19	23	32	39	38	43	51	49	73	83	94
70.....	19	22	32	38	39	43	52	51	80	99	100
75.....	19	22	33	37	39	43	54	55	88	96	109
80.....	19	25	33	41	42	44	53	56	95	105	118
85.....	18	23	31	41	42	43	55	57	102	115	130
90.....	16	20	27	40	40	44	56	59	108	125	150

Action de la température extérieure et des rayons solaires. — On sait que, pour faire brûler un combustible, il n'est pas toujours nécessaire d'une étincelle. Ainsi, le charbon de bois exposé à l'air entre 200° et 400° prend feu spontanément. Le même fait se produit avec certaines houilles et essences. D'ailleurs tous les combustibles peuvent s'enflammer. Il n'est donc pas étonnant que la houille s'altère et brûle lorsqu'elle est placée dans des conditions favorables à l'oxydation. En outre, comme la houille résulte de l'altération lente des végétaux, il n'est pas surprenant qu'en contact permanent avec un corps comme l'air et les rayons solaires, les effets d'altération aient lieu de telle sorte qu'il se produise une nouvelle transformation par suite de l'oxydation.

D'ailleurs, pour d'autres considérations, l'élévation de la température est un facteur actif du phénomène. En effet, l'absorption de l'oxygène est dix fois plus active à 100° qu'à la température ordinaire. Donc elle provoque l'altération. Dans les navires où la température est plus élevée, dans les climats très chauds, le charbon s'échauffe plus rapidement et peut donner lieu très lentement à des combustions spontanées.

MOYENS DE PRÉVENIR LA COMBUSTION SPONTANÉE.

Examen des moyens proposés jusqu'à ce jour. — Il a été proposé divers moyens en vue de prévenir la combustion spontanée des charbons. Mais divers auteurs ne sont pas entièrement d'accord sur quelques-uns de ces moyens.

Tandis que M. Izart, dans son Ouvrage *L'économie dans la chaufferie*, signale comme bonne précaution l'usage d'une toiture recouvrant le parc à charbon et le protégeant de la pluie, les Congrès des Associations des propriétaires d'appareils à vapeur se bornent à demander l'emmagasinage rationnel et bien surveillé, ajoutant que d'une façon générale, il semble indifférent que le combustible soit conservé à l'air libre ou à couvert. Néanmoins, et bien que nous ayons observé des combustions spontanées sur des charbons placés sous des hangars, il paraît utile de conserver le charbon à l'abri des intempéries, ou, tout au moins, à l'abri de la pluie, au moyen d'une simple couverture, fût-elle en carton asphalté, ou enfin, mieux encore, dans un réservoir clos. Cette précaution est surtout nécessaire pour les charbons bitumeux. L'humidité, en effet, est le principal agent d'altération de ces charbons; elle délite les gros morceaux qui, en éclatant au moment des gelées, se morcellent et tombent en poussière, sous l'influence des rayons solaires, il se produit une altération rapide toujours accompagnée d'un dégagement de chaleur et capable, quelquefois, de provoquer la combustion spontanée de la houille accumulée en grande masse; l'oxygène de l'air remplace peu à peu les gaz hydrocarburés et l'oxyde de carbone qui sont encore occlus dans la houille au moment où elle sort de la mine. Toute cause produisant une élévation locale de température favorise l'inflammation; celle-ci a donc plus de chances de se produire dans les pays chauds que dans les pays froids, au voisinage d'une conduite de vapeur qu'aux points qui en sont éloignés.

Comme excellente précaution à prendre, il faut signaler la division de la superficie totale du parc en un certain nombre de surfaces séparées par des cloisons en béton, la réduction au minimum possible de la hauteur des tas de houille; en un mot, le morcellement des masses, afin de localiser rapidement le foyer en cas d'incendie et éviter des pertes considérables. Le mieux, lorsque l'usine est assez près d'une mine pour éviter l'emmagasinage d'une grande masse de combustible, est d'employer des réservoirs métalliques ou de ciment armé.

Il importe de savoir quelles dimensions maxima on peut donner aux stocks de houille pour permettre encore dans les tas une libre circulation de l'air évitant l'élévation de température. On a reconnu que dans les stocks où l'épaisseur de la couche de houille ne dépasse pas 2,50 m, il ne se produit jamais de combustion spontanée, la température restant toujours inférieure à 50°.

Les incendies dans les stocks de houille se produisent toujours lorsque la couche est d'épaisseur supérieure à 4 m, d'autant plus facilement que la houille est plus grasse et renferme une plus forte proportion de menus.

On devrait donc, lorsqu'on dispose d'assez de place, conserver les stocks de houille sous une épaisseur ne dépassant pas 4 m.

On a récemment essayé de conserver le charbon dans des soutes en béton armé remplies d'eau. L'eau, outre qu'elle préserve des inflammations, a un autre avantage : la houille s'oxyde à l'air et peut perdre ainsi de 10 à 30 % de son rendement calorique et son pouvoir en gaz d'éclairage est diminué. Ces pertes sont considérablement atténuées dans l'eau. Des expériences faites par le Dr Maccaulay avec l'eau salée ont montré que celle-ci augmente le pouvoir calorique du charbon conservé par ce procédé.

Lorsque des tas de houille sont très volumineux, il faut chercher à éviter toute élévation notable de température dans la masse et prendre des dispositions telles qu'un commencement d'incendie soit rapidement éteint. Dans ce but, on emploie quelquefois des thermostats qui sont disposés à intervalles réguliers dans les tas de charbons des soutes ou des magasins et qui signalent le danger; il suffit alors, pour conjurer l'incendie, d'introduire aux points d'inflammation une injection de gaz incomburants, comme le gaz carbonique. Un moyen beaucoup plus rationnel et beaucoup plus efficace a été proposé par le professeur Lewes, dans une conférence faite le 26 mars 1906 à la British Society of arts; voici la description qu'en donne le *Génie civil* du 3 octobre 1906 : « On emploie des bouteilles métalliques, renfermant de l'acide carbonique liquide sous une pression de 36 atm et munies de bouchons fusibles à 93°. Ces bouteilles seraient disposées à intervalles réguliers dans les tas de houille et ne fourniraient leur gaz qu'en temps opportun, avec cet avantage que l'acide carbonique agirait non seulement parce qu'il n'est pas comburant, mais aussi parce que, arrivant sous pression et se détendant, il produirait un abaissement considérable de température. En fixant le point de fusion des bouchons à 93°, on évite une ouverture inopinée sous l'influence de toute cause autre que celle qui produirait la combustion spontanée ».

On peut aussi, lorsqu'il s'agit de réservoir de charbon de faible capacité, vérifier s'il y a une élévation anormale de température avec la canne exploratrice de M. Jules Richard. Cette canne est constituée par un tube de fer qu'on enfonce dans la masse de charbon; la partie inférieure de la canne renferme une série de coquilles immergées dans un liquide à grande dilatation; la pression sur les coquilles est transmise par une tige à un système de contact électrique actionnant une sonnerie lorsque la température dépasse une valeur fixée.

Pour éviter les combustions spontanées des charbons, on se contente parfois de changer de place les tas de charbon, ce qui évidemment est très utile pour refroidir la masse; mais ce pelletage n'est pas suffisant pour obvier au danger de l'échauffement et de l'altération du combustible. En Allemagne, principalement dans les mines, il est d'usage de procéder, avant la mise en stocks, à un triage du charbon. On le divise en diverses catégories selon la grosseur, puis on fait des tas qui ont peu de hauteur.

On a essayé d'établir un courant d'air au milieu de la masse, en plaçant des fagots ou des paniers dans le sens horizontal et vertical, formant ainsi de véritables passages à l'air extérieur, qui, par ce procédé, arrive jusqu'au centre pour refroidir le charbon. Les lignes conductrices doivent être soigneusement établies, car si elles se détruisent pour une cause quelconque, non seulement elles obstruent le passage, mais elles précipitent la combustion en alimentant l'incendie. L'expérience en a été malheureusement faite.

Pour les cargaisons de houille, voici ce que conseille M. le professeur Threlfall : « On devra enlever le charbon chaud et le charbon brisé sous les panneaux et le remplacer par du charbon en gros morceaux. La poussière, répartie sur toute la cargaison sur une épaisseur de 4 cm, empêchera l'air de pénétrer dans la masse et contribuera à réduire les risques de combustion spontanée ».

Les Congrès d'associations des propriétaires d'appareils à vapeur ont signalé qu'il est bon de pratiquer dans les tas de houille emmagasinée des séparations de 2 en 2 m pour localiser les débuts d'incendie.

On y ménage aussi des canaux d'aérage pour empêcher l'échauffement, et cela n'est pas mauvais; mais souvent cette ventilation est insuffisante, et alors elle est plus dangereuse que profitable; il faut qu'elle soit largement pratiquée par des canaux en pierre, ou en fer espacés les uns des autres de 2,5 m.

On peut aussi prévenir les incendies résultant des combustions spontanées en contrôlant fréquemment la température des tas.

On admet généralement qu'il y a du danger dès que la température signalée atteint 60° à 70° C. Alors, on pratique à la pelle un trou en forme d'entonnoir dans la houille au-dessus du point menacé et on l'inonde d'eau.

Moyens dont l'emploi résulte de mes constatations, études et expériences. — Les observations que j'ai réunies de plusieurs cas de combustion spontanée et les études auxquelles je me suis livré depuis plusieurs années sur cette importante question me permettent d'indiquer ci-après quelques moyens pratiques à employer pour empêcher l'auto-combustion des charbons et, si elle se produisait, l'arrêter et en paralyser les effets de manière à restreindre et même à rendre nul le dommage qui pourrait en être la conséquence :

1° Lorsqu'on a à garder en stock du charbon pendant plus de deux mois, soit dans les dépôts que les exploitations minières ont dans les centres industriels, soit dans les usines, il est bon de ne conserver ainsi que des charbons lavés ;

2° Pour les charbons non lavés situés tant sur le car. eau de la fosse que dans les dépôts et les cours des établissements industriels, il est utile de placer dans les tas de distance en distance des enregistreurs de température avertissant de l'échauffement ;

3° Si l'on constate un échauffement anormal dans les charbons non lavés situés sur le carreau de la mine, il faut les amener immédiatement à la laverie ;

4° Si l'on constate un échauffement anormal dans un tas de charbon situé dans les dépôts ou dans les usines, il faut *tout au moins* remuer le tas à la pelle afin de diminuer la température ;

5° Enfin, pour restreindre et même rendre nul le dommage résultant d'un commencement d'auto-combustion, il faut arrêter la combustion commencée au moyen d'un corps liquide ou gazeux non comburant.

C'est surtout sur ce dernier point qu'ont porté mes expériences. J'ai constaté que le déversement d'assez grandes quantités d'eau sur un tas de charbon qui est le siège d'une combustion spontanée ne produit aucun effet utile, l'eau étant absorbée immédiatement et ne servait même qu'à alimenter l'incendie. L'embouage ou tout autre moyen ayant pour but de priver d'air complètement le tas de charbon donnerait de meilleurs résultats, mais cet isolement complet d'avec l'air est très difficile à réaliser. Une action beaucoup plus énergique contre la combustion spontanée peut être réalisée par l'introduction dans les divers interstices du tas de charbon de gaz non comburants, comme le gaz sulfureux ou le gaz carbonique. J'ai eu d'abord l'idée de disposer verticalement dans les tas de charbon des tuyaux en fonte percés de trous d'une section de 4 cm² ; ces aérateurs qui, en temps normal, permettraient à la chaleur intérieure du tas de se dissiper, auraient au moment où des thermomètres enregistreurs accuseraient une forte élévation de température, reçue du gaz sulfureux ou du gaz carbonique qui, forcé par ventilateurs, à pénétrer à travers le tas, arrêterait la combustion. Mais l'installation d'un pareil procédé aurait exigé le fonctionnement de puissants ventilateurs refoulant dans l'intérieur des aérateurs l'air chargé de gaz incomburant par son passage dans une chambre où brûlerait du soufre ou du charbon ; en outre, les différentes parties du tas n'auraient pas toutes été léchées par le gaz sulfureux ou le gaz carbonique. Aussi, le moyen le plus efficace pour arrêter tout commencement de combustion spontanée consisterait à faire arriver dans les tas de houille le gaz sulfureux où le gaz carbonique par la base du tas.

La forme la plus fréquente des tas de charbon, celle qui correspond au cas d'une grue déchargeant au moyen de bennes s'ouvrant en un même point, est un cône. Lorsqu'il s'agit de quantités très considérables, on emploie un pont à grande portée, mobile latéralement et qui permet d'établir des stocks à sections trapézoïdales.

Au cas d'un stock à forme conique, il serait nécessaire que la base sur laquelle est disposé le tas, soit surélevée de 0,20 m au-dessus du sol et percée de trous a, b, c, d, de telle sorte qu'on ait, grâce au petit mur circulaire ACBD, un espace cylindrique où arriverait, en cas de nécessité, le gaz sulfureux ou le gaz carbonique. En m, n, p, etc., des tuyaux en fonte percés de trous latéralement et communiquant par la base inférieure avec la chambre ABCD, permettront de faciliter l'accès du gaz incomburant dans les divers points du tas conique.

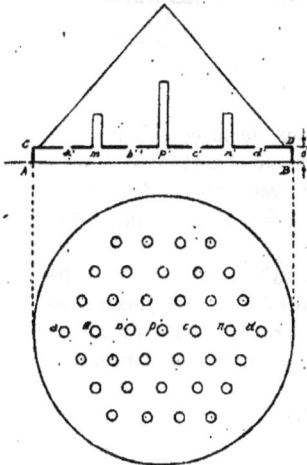

Si le stock avait la forme trapézoïdale, le procédé serait identiquement le même, seulement la chambre où arriverait le gaz sulfureux ou carbonique pour pénétrer dans le tas serait parallélipipède au lieu d'être cylindrique.

Le gaz sulfureux où carbonique serait obtenu en brûlant du soufre ou du charbon dans un four spécial situé en contre-bas et qui servirait à alimenter, grâce à des conduites, les divers endroits où le risque de combustion spontanée existe.

Ces gaz pourraient être amenés du point où on les obtient au point d'utilisation par simple tirage, mais il est préférable de les refouler au moyen d'une ventilation soufflant l'air à saturer de gaz carbonique ou de gaz sulfureux contre la grille à charbon ou contre les terrines où brûle le soufre et, de là, dans les conduites aboutissant aux chambres situées en dessous des tas.

Ainsi qu'on peut s'en rendre facilement compte, la dépense d'installation du système que je propose serait exceptionnellement faible. L'emploi du gaz incomburant n'étant nécessaire qu'après la constatation d'un échauffement dans les tas, on voit aussi que la dépense de fonctionnement serait minime.

J'ai supposé que la chambre où arriverait le gaz incomburant pour pénétrer dans les tas serait au-dessus du sol. Il est facile de voir qu'on pourrait aussi la mettre en dessous, de telle sorte que le niveau de la base du tas soit le même que celui du sol.

M. Camille MATIGNON,

Professeur au Collège de France.

LA PRÉSENCE DE L'AZOTE ET SA TENEUR DANS QUELQUES MÉTAUX.

546.17

1ᵉʳ Août.

Nous commençons à connaître les conditions de la combinaison de l'azote avec les autres éléments. Maquenne, Moissan et surtout M. Güntz, dans ses beaux travaux sur les métaux alcalino-terreux, nous ont renseigné sur les conditions de formation des azotures de lithium, calcium, strontium, baryum.

J'ai moi-même montré que l'azote se combinait directement avec les métaux rares, thorium, cérium, lanthane, praséodyme, néodyme, samarium, gadolinium, yttrium; et j'ai mis pour la première fois en évidence l'existence des azotures correspondants, sauf celui de thorium, connu avant moi.

Dans un travail encore inédit, j'ai reconnu également la combinaison directe de l'azote avec le glucinium pour engendrer un nouvel azoture.

Fichter, Joukow, Prelinger, etc., nous ont renseigné sur les conditions de fixation de l'azote par le manganèse, l'aluminium, le magnésium, le titane, le chrome, etc.

On peut conclure de l'examen attentif de toutes ces conditions qu'un grand nombre de métaux doivent contenir de l'azote combiné; c'est ce que je me suis proposé de vérifier.

Zinc. — D'après White et Kirschbaum, le zinc chauffé dans l'azote à 500°-600° doit fixer ce métalloïde; avec l'ammoniaque, on peut même arriver jusqu'à l'azoturation complète et obtenir le corps $Zn^3 Az^2$. Le métal et particulièrement la poudre de zinc se sont trouvés à un moment donné de leur préparation dans des conditions leur permettant de s'unir à l'azote.

Toutes les poudres de zinc contiennent des quantités notables d'azoture de zinc faciles à reconnaître, il suffit de chauffer ces poudres dans un tube à essai pour constater le dégagement d'ammoniaque.

Différents échantillons contenaient par kilogramme, les doses suivantes en azote :

$$
\begin{array}{ll}
\text{I} \dotfill & 500 \text{ mg} \\
\text{II} \dotfill & 400 \;— \\
\text{III} \dotfill & 530 \;—
\end{array}
$$

Une poudre préparée par moi, avec une distillation très lente dans le but de faciliter l'azoturation m'a donné par kilogramme

1,500 g d'azote.

Dans un grand nombre d'échantillons de zinc fournis par la Vieille Montagne, j'ai recherché également la présence de l'azote, celui-ci s'il existe réellement, ne se trouve qu'en quantité très faible à peine dosable; un seul échantillon nous a donné une dose d'azote sensible.

Enfin, en envoyant un courant d'azote dans le zinc fondu, je n'ai pu augmenter d'une façon bien nette la teneur en azote.

Aluminium. — La fixation de l'azote par l'aluminium commence vers 800°. Dans la cuve électrolytique, la température est aux environs de 900°, si donc l'azote peut atteindre le métal, il devra donner un peu d'azoture.

Moissan avait déjà reconnu la présence de traces d'azote dans l'aluminium sans en donner la quantité.

L'aluminium pur préparé dans les usines de la Maurienne appartenant à la Société des produits chimiques d'Alais et de la Camargue, a été étudié à ce point de vue, ainsi qu'un aluminium ordinaire fondu en 1900 et un aluminium pur de Neuhausen préparé aussi vers la même époque.

Voici les teneurs rapportés à 1 kg de métal :

	Az.	Az-Al.
Aluminium pur d'Alais (1910)	21 mm	61 mm
— commun (1900)	16 —	46 —
— pur Neuhausen (1900)	37 —	108 —

Je n'ai trouvé aucune relation entre la pureté du métal et sa richesse en azote.

Magnésium. — C'est aussi vers 800° que le magnésium commence à fixer l'azote; lors de sa préparation par électrolyse, sa température atteint au moins 800°.

Un lingot de magnésium provenant d'Hemelingen m'a donné par kilogramme 37 mm d'azote ou 132 mm d'azoture de magnésium.

Calcium. — Le calcium se combine à l'azote à partir de 730°, il fond d'autre part à 800°, il est donc à une température au moins égale à 800°, lors de sa préparation, par suite dans des conditions convenables pour fixer l'azote.

Effectivement, le calcium en morceaux de Bitterfeld m'a fourni 50 mm d'azote ou 260 mm d'azoture par kilogramme de métal.

Manganèse. — J'ai étudié un ferromanganèse à 85 % préparé aux hauts fourneaux de la Güte Höffnung, ainsi qu'un ferromanganèse électrique obtenu par M. Paul Girod (76 % de manganèse), ils contiennent des quantités sensibles d'azote, surtout le métal préparé au haut fourneau, par conséquent dans un courant gazeux riche en azote.

	Azote.	Azoture de Mn.
Ferromanganèse de haut fourneau	500 mm	3,500 g
— de four électrique	30 —	215 mm

Tous ces dosages ont été effectués en opérant parallèlement à blanc, avec les mêmes quantités de réactifs, afin de s'assurer que l'ammoniaque n'était pas apportée par ces derniers.

En résumé, tous les produits commerciaux, poudre de zinc, aluminium, magnésium, calcium, ferromanganèse, contiennent de l'azote combiné en quantité mesurable. Le zinc dont l'azoture est moins stable n'en contient généralement pas ou du moins seulement des doses impondérables.

M. Camille MATIGNON.

SUR LES PROGRÈS RÉALISÉS DANS L'INDUSTRIE DE L'ALUMINIUM.

669.713.1

2 Août.

Comme membre de la Commission de la Monnaie d'aluminium instituée au Ministère des Finances, j'ai eu l'occasion, depuis deux ans, d'analyser un assez grand nombre d'échantillons d'aluminium ou d'alliages d'aluminium. Je voudrais, en me limitant au métal lui-même, montrer rapidement les progrès réalisés dans ces derniers temps par la métallurgie de l'aluminium.

Vers 1896, Moissan, membre de la Commission de l'Aluminium fonctionnant au Ministère de la Guerre, fut amené à étudier le métal fourni par l'industrie à cette époque.

Voici l'analyse de l'aluminium le plus pur rencontré par Moissan :

$$
\begin{array}{ll}
\text{Al} & 98,82 \\
\text{Fe} & 0,27 \\
\text{Si} & 0,15 \\
\text{Cu} & 0,35 \\
\text{Na} & 0,10 \\
\text{C} & 0,41 \\
\end{array}
$$

Il avait été préparé à Pittsburg dans l'usine de la Compagnie américaine d'aluminium. La teneur en aluminium atteignait 98,82.

Le type d'aluminium le plus courant avait une composition se rapprochant de la moyenne suivante :

$$
\begin{array}{ll}
\text{Al} & 96,12 \\
\text{Fe} & 1,08 \\
\text{Si} & 1,94 \\
\text{C} & 0,30 \\
\end{array}
$$

Pour ses essais, la Commission de la Monnaie a eu à sa disposition de l'aluminium fourni gracieusement par la *Société des Produits chimiques d'Alais et de la Camargue* dont le directeur général, M. Badin, était également membre de la Commission. Cette Société, qui préparait autrefois le métal par le procédé

Deville dans son usine de Salindres, n'a cessé de s'intéresser à ce métal et a grandement contribué au développement de sa métallurgie et de ses applications.

Le métal dont il s'agit est la marque pure que l'industrie peut livrer couramment au commerce; j'ai trouvé que sa teneur en aluminium était toujours voisine de 99,5 à 99,6 et qu'elle atteignait même quelquefois 99,7. Un semblable métal ne contient donc que $\frac{3}{1000}$ d'impuretés.

Voici, par exemple, l'analyse d'un échantillon employé pour fabriquer des pièces d'essai :

$$
\begin{array}{ll}
\text{Al} & 99,60 \\
\text{Fe} & 0,16 \\
\text{Si} & 0,19 \\
\text{Na} & 0,04 \\
\text{Az} & \text{traces} \\
\text{O} & \text{traces}
\end{array}
$$

L'oxygène contenu dans le métal, à l'état de traces, ne peut être dosé à cause de sa faible teneur, mais on peut reconnaître sa présence en en faisant l'étude micrographique. Un courant de chlore sec ne laisse pas de résidu sensible.

Plusieurs autres échantillons provenant des usines de la Société d'Alais ont toujours fourni des nombres très voisins des précédents.

Un aluminium aussi pur paraît être fabriqué d'une façon assez courante, comme en témoignent les analyses suivantes effectuées en 1909 au Laboratoire national de Physique de Teddington, avec des échantillons provenant de la British Aluminium Cie :

	Carpenter et Edwards.	Rosenhain et Lantsberry.
Si	0,25	0,12
Fe	0,14	0,21
Na	0,07	traces
Al	99,54	99,67

M. le professeur Bailey, de Manchester, m'a également communiqué un certain nombre d'analyses qui indiquent des teneurs de même ordre.

Ainsi, en 1896, l'aluminium courant contenait 96,12 de métal, l'échantillon le plus pur 98,82; en 1909, treize ans après, la marque pure dose 99,6. Par rapport au métal le plus pur de 1896, le métal actuel est en augmentation de près de 1 % pour sa teneur en aluminium et de plus de 3 % par rapport au métal courant de la même époque.

Quelles sont les causes de ce progrès? Les impuretés de l'aluminium sont constituées par le fer, le silicium, des traces de sodium provenant de matières premières utilisées dans la préparation électrolytique, en premier lieu de l'alumine, et ensuite dans la cryolithe et les électrodes en charbon.

C'est surtout en améliorant la préparation de l'alumine par une élimination plus avancée du fer de la silice, qu'on a pu obtenir le résultat précédent. Le choix de la cryolithe de Groënland a été fait plus soigneusement, de manière à n'utiliser qu'un produit pur en même temps que certaines usines, comme l'importante usine d'Aussig, introduisaient dans l'industrie de l'aluminium une cryolithe artificielle pure. Enfin, l'emploi de charbon aussi pur que possible (coke de pétrole) est également indispensable pour obtenir la marque pure d'aluminium.

L'aluminium est aujourd'hui un métal commun; son prix de vente ne dépasse pas actuellement (août 1911) 1,60 fr à 1,70 fr le kilogramme; c'est, de plus, un métal industriellement très pur. Si l'avenir brillant que lui avait prédit Deville a tardé à se manifester, on peut affirmer aujourd'hui que l'aluminium est en voie de confirmer cette prédiction. C'est qu'en effet l'altérabilité du métal est fonction de la quantité et de la nature de ses impuretés, mais il n'existe aucun autre métal pour lequel la résistance chimique soit autant améliorée par la diminution des impuretés en nombre et quantité. Les progrès réalisés dans la métallurgie de l'aluminium sont donc appelés à contribuer grandement au développement des applications de ce métal relativement nouveau.

MÉTÉOROLOGIE ET PHYSIQUE DU GLOBE.

M. E. DURAND-GRÉVILLE,

Publiciste (Paris).

ESSAI D'UN PROGRAMME DE CONCOURS DE PRÉVISION DU TEMPS.

551.591

4 Août.

Tout concours de prévision du temps doit posséder un caractère à la fois général et précis. Les prévisions d'un agriculteur ou d'un marin habitué à vivre en plein air sont quelquefois remarquablement exactes pour le lieu qu'il habite; mais elles ne peuvent s'étendre au delà d'une région très restreinte. Aucun paysan, regardant le ciel au-dessus du clocher de son village, ne sait prévoir ce qui se passera dans le reste de l'Europe.

D'autre part, une prévision très précise en apparence peut être en réalité très vague. Prenons un exemple. Soit une dépression avec pression de 735 mm à son centre, sur Hambourg. Un météorologiste prévoit pour le lendemain une hausse barométrique de 20 à 25 mm sur cette ville, et l'événement lui donne raison. Fait-il accorder une note exceptionnelle à sa prévision? Oui, s'il l'a motivée; non, dans le cas contraire, car la justesse de sa prévision pourrait être l'effet du hasard, et, en tous cas, elle ne renseignerait que sur le temps qu'il fera à Hambourg même et dans ses proches environs. D'ailleurs, en général, quand une pression très faible existe quelque part, c'est la hausse qu'on peut prévoir presque à coup sûr en ce point pour le lendemain. En effet, il est fort improbable qu'une dépression très profonde se creuse encore et reste sur place; il y a plus de chances pour qu'elle se comble en partie et pour qu'elle se déplace. dans les deux cas la hausse est inévitable sur le point considéré.

Mais une dépression peut abandonner de bien des manières le point occupé par son centre : elle peut se diriger vers le Nord, le Sud, l'Est, l'Ouest et tous les points intermédiaires du compas. On imagine facilement combien la situation générale du temps sera différente selon que la dépression se sera comblée (ce qui amènera le beau temps partout) ou qu'elle se sera déplacée, apportant avec elle la tempête sur la région qu'elle aura visitée. L'essentiel n'est pas de prévoir une hausse ou une baisse sur un seul point, mais de dire, approximativement, bien entendu, quels seront les changements de la pression sur tous les points de la surface d'un continent.

Nous avons noté jusqu'à présent deux causes de hausse barométrique sur un point donné :

1° Une dépression qui se comble en tout ou en partie;

2° Une dépression dont le centre s'éloigne du point considéré.

Il en existe deux autres qui peuvent donner le même résultat, quoique avec une intensité généralement moindre :

3° Un anticyclone qui s'approche;

4° Un anticyclone qui s'accentue.

De même, une baisse peut avoir pour cause :

1° Une dépression qui s'approche du point considéré;

2° Une dépression qui se creuse;

3° Un anticyclone qui s'éloigne;

4° Un anticyclone qui s'affaiblit.

Il faut donc que les candidats spécifient laquelle ou lesquelles des huit causes de changement de pression vont s'effectuer, et surtout qu'ils disent dans quel sens se produira, s'il a lieu, le déplacement du cyclone ou de l'anticyclone.

Cela revient à dire que les concurrents devront tracer, avant tout, la carte d'isobares du lendemain, carte à laquelle ils joindront toutes les remarques verbales qui leur sembleront utiles. Mais la carte d'isobares reste l'essentiel, car elle seule permet d'éviter le vague et l'ambiguïté que comportent nécessairement les explications purement verbales.

Ajoutons en passant, qu'à notre avis, un concours de ce genre doit porter uniquement sur des prévisions *pour l'avenir*, les prévisions rétrospectives pouvant s'appliquer aux seules épreuves éliminatoires. Nous avons encore le souvenir de l'inquiétude dont nous fit part, à demi-voix, précisément pendant une des épreuves rétrospectives du concours de Liège, en 1905, un candidat qui était lui-même partisan des prévisions rétrospectives, mais qui voyait un concurrent jeter un coup d'œil dans un petit carnet. Nous le rassurâmes en lui disant, ce que nous avions appris antérieurement dans un entretien particulier, que ce concurrent se servait, pour ses prévisions, des Tables de déclinaison de la Lune. Mais cette inquiétude même suffisait à prouver le danger sinon probable, du moins possible, de tout programme de concours fondé sur des prévisions rétrospectives.

En résumé, le seul système irréprochable, à notre avis, consisterait à mettre sous les yeux des concurrents, tous les jours, pendant une période de trois semaines, tous les renseignements reçus, ce jour-là, par la station centrale du pays auquel ils appartiennent, et d'exiger qu'ils aient remis au jury ou fait partir par la poste avant 6 h du soir par exemple, la carte d'isobares du lendemain accompagnée d'un commentaire écrit.

Ce projet de programme, apte à éviter toute ambiguïté dans les réponses et toute possibilité de fraude, sera sans doute approuvé de tous les lecteurs. Mais quelques-uns vont s'étonner peut-être en nous voyant traiter un autre aspect de la question, celui qui concerne les règles à suivre par le jury pour l'appréciation des prévisions des candidats. Il ne peut, semble-t-il, au premier abord, y avoir aucune règle à dicter à un jury composé de météorologistes choisis parmi les praticiens les plus compétents et les plus expérimentés. Quoi de plus simple, dira-t-on, que de comparer la carte hypothétique d'un candidat avec la carte authentique correspondante dressée, le lendemain, par des hommes du métier, à l'aide d'environ cent cinquante télégrammes précis?

Nous allons essayer de démontrer que cela n'est pas si simple.

D'abord, les cartes « authentiques » publiées tous les jours, vers midi, par les stations centrales ne sont pas nécessairement exactes. Les météorologistes rompus au métier qui sont chargés de les tracer savent qu'ils peuvent recevoir plus d'une fois, par suite d'erreurs de transmission télégraphique, des cotes barométriques fausses, qu'une longue expérience leur permet de discerner souvent, mais non pas toujours. Une autre cause d'erreur est dans les télégrammes qui arrivent trop tard pour être utilisés, ceux d'Espagne et d'Algérie notamment, ce qui amène dans les cartes des lacunes aussi préjudiciables à l'exactitude que les erreurs de transmission télégraphique. La possibilité d'erreurs dans les cartes publiées est tellement reconnue, qu'au Bureau central météorologique de Paris et, sans doute aussi, dans toutes les stations centrales, la Carte de chaque jour est dressée une seconde fois, en manuscrit, dans les vingt-quatre heures, au moyen de renseignements plus complets. Il suffit de comparer ces deux séries de cartes pour s'assurer que, quelquefois, la position d'un centre de dépression diffère de 100 à 300 k. entre la carte publiée et la même carte rectifiée. Il est donc nécessaire que, pour les vérifications, le jury se serve, non de la carte publiée, mais de la même carte rectifiée. Faute de cette précaution, le candidat dont la prévision se rapprocherait de la carte imprimée, fautive, recevrait une bonne note, au détriment de celui qui se serait approché davantage de la carte rectifiée.

Ce n'est pas tout. Les cartes d'isobares du *Bulletin français* et celles de la plupart des publications similaires sont dressées de 5 en 5 mm. Elles correspondent, si l'on veut nous permettre une comparaison un peu exagérée, à des cartes topographiques dont les courbes de niveau, très écartées, de 300 en 300 m, par exemple, négligeraient des accidents de terrain assez importants. De même, les cartes d'isobares dressées de 5 en 5 mm ne permettraient pas toujours de contrôler un accident, relief ou creux, de 2 ou 3 mm, que tel candidat pourrait être accusé, à tort, d'avoir inventé de toutes pièces. En tout cas, le contrôle ne pourrait avoir lieu qu'à la condition que l'on fît exécuter par millimètre la Carte en question.

Il serait donc utile que le jury, pendant toute la durée du concours, eût sous la main un dessinateur habitué à dresser des Cartes topographiques à courbes de niveau, qui dresserait par millimètre les cartes douteuses ou, ce qui vaudrait mieux encore, toutes les cartes du concours.

Nous proposons pour ce travail, au lieu d'un météorologiste, un dessinateur topographe, par la raison que celui-ci, n'ayant aucune idée préconçue, n'éprouverait pas la tentation de modifier légèrement les courbes, par exemple pour les arrondir. Ceux qui penseraient que la précaution est inutile n'ont qu'à comparer notre carte d'isobares du 27 août 1890 (*) avec celles qu'ont publiées toutes les stations centrales le même jour pour 7 h du matin et 6 h du soir. Il va sans dire que ces cartes seraient contrôlées par tous les membres du jury, qui sauraient les interpréter utilement.

Il y a mieux. Le jury peut, et par conséquent doit, à notre avis, pousser plus loin l'exactitude de la vérification. Prenons encore un cas particulier pour rendre notre idée plus claire.

Soit une carte d'isobares qui renferme deux dépressions, l'une entièrement visible, située sur l'Allemagne du Nord, l'autre dont la partie orientale est marquée sur l'Irlande par des fragments d'une ou deux isobares. Un candidat annonce que la dépression atlantique se trouvera le lendemain matin sur la Hollande et que la dépression d'Allemagne sera sortie de la carte dans sa marche vers l'Est. Le lendemain, la carte imprimée et la carte corrigée lui donnent raison. Le jury, en conséquence, lui accorde une bonne note... Un des membres du jury, qui se rappelle tel cas singulier, se demande si la seule dépression existante sur la carte de vérification ne serait pas celle d'Allemagne qui aurait rétrogradé. Comment le savoir? Il suffira, pour être édifié, de faire tracer la carte intermédiaire, celle de 6 h du soir. Si, dans cette carte, on trouve la dépression d'Irlande à mi-chemin entre l'Irlande et la Hollande, le concurrent aura mérité sa note pour une bonne prévision. Mais si ladite carte montre que la dépression d'Irlande a commencé un mouvement de recul vers l'Atlantique, et si, en même temps, la dépression continentale a déjà fait en arrière une partie du chemin entre l'Allemagne du Nord et la Hollande, il sera évident que la prévision du candidat était fausse, malgré les apparences.

Nous connaissons d'autres cas où la carte de 6 h du soir aurait pu éclairer un jury sur la valeur de telle ou telle prévision. Un jury qui n'aurait pas à sa disposition les cartes du soir, dressées par millimètre pour plus de sûreté, risquerait donc de manquer de rigueur dans ses jugements. Mais avec les précautions que nous venons d'indiquer et telles autres que pourrait prendre un jury dûment averti, nous sommes persuadé que le futur concours de prévision du temps, auquel on doit souhaiter une prompte réalisation, pourra avoir lieu dans des conditions rigoureusement scientifiques.

(*) *Les grains et les orages* (*Annales du Bureau central météorologique de France*, année 1892).

M. E. DURAND-GRÉVILLE.

LES RELATIONS DE LA FORME DU CROCHET DE GRAIN AVEC CELLE DES ISOBARES.

551.514

2 Août.

Tous les météorologistes connaissent le ressaut en piton aigu qui, dans certains barogrammes, coïncide avec un orage, et que, pour ce motif, ils avaient appelé *crochet d'orage*, — en allemand, *nez d'orage, Gewitternase.* — Nous avons souvent redit que le nom de crochet d'orage est un terme impropre, destiné à fausser les idées sur la véritable relation qui existe entre ledit crochet, l'orage et le grain.

Ce crochet se produit souvent, il est vrai, au moment où le passage d'un ruban de grain déchaîne l'orage. Il se produit incomparablement plus souvent sur les points, visités par un ruban de grain, où aucun orage n'a lieu. Les rubans de grain sans orage sont la règle générale, surtout en dehors de la saison chaude; et, même en été, les orages ne sont éveillés que sur une très faible partie de la région, balayée par un ruban de grain, sur tous les points de laquelle apparaît un crochet dans les barogrammes.

Ces faits prouvent clairement que le crochet barométrique n'est pas produit par l'orage. D'autre part, le crochet n'est pas la cause de l'orage. Ces deux phénomènes sont indépendants l'un de l'autre. L'orage est le résultat — sous nos climats, dans la très grande majorité des cas, — du passage d'un ruban de grain; mais ce passage n'agit, comme cause occasionnelle, que s'il a lieu sur une région où existaient préalablement, tout formés, des cumulus à sommets très élevés. Quant au crochet dit *d'orage*, il a pour cause nécessaire et suffisante la composition verticale de la partie inférieure de la nappe descendante du vent de grain.

Le crochet en question doit donc être appelé crochet de *grain*, même dans le cas où il coexiste avec un orage.

Autre question, tout aussi importante au point de vue théorique: quelle est la forme du crochet qui correspond à un orage? Est-ce uniquement celle du piton très aigu? Plusieurs météorologistes de grande valeur, dont certains ont même accepté notre appellation de crochet de grain, restent persuadés que les autres formes de crochet, celles qui sont arrondies, amollies, pour ainsi dire, ne sont pas des crochets de grain. Dans ces cas-là, logiquement, ils attribuent à l'orage une ou plusieurs causes, d'ailleurs inconnues, autres que le ruban de grain.

La présent Mémoire a pour but de montrer que la définition du crochet de grain doit être considérablement élargie.

Le « nez d'orage » a été considéré comme la forme type, uniquement
parce que son aspect plus frappant l'a gravé plus facilement dans le souvenir. En réalité, cette forme spéciale ne se rencontre qu'exceptionnellement, même dans les cas de ruban de grain très net, ceux où la concordance de tous les phénomènes du grain est parfaite. Les formes diverses
du crochet, si l'on fait abstraction des changements qui peuvent se pro-

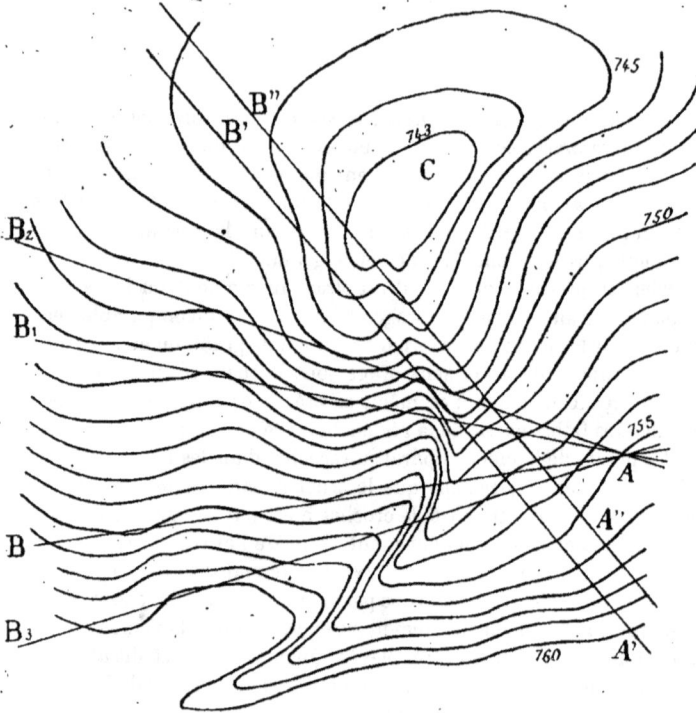

Fig. 1.

duire d'un moment à l'autre dans la distribution des pressions à l'intérieur
du ruban de grain, varient sous l'influence de deux autres éléments :
l'orientation du ruban et la direction du déplacement que celui-ci subit à
peu près parallèlement à lui-même, emporté comme il l'est par le mouvement de la dépression dont il fait partie.

Pour rendre notre idée tout à fait claire, supposons — schématique-
ment, — que le ruban de grain soit rectiligne et que les ordonnées, proportionnelles à la pression correspondante, élevées en chacun de ses points,
forment par leurs extrémités un angle dièdre très aigu. Si l'on coupe ce
dièdre par un plan vertical perpendiculaire à son arête, on obtiendra
un angle aussi aigu que possible. Si le plan vertical coupe de plus en plus

obliquement l'arête du dièdre, l'angle d'intersection sera de plus en plus grand et ses côtés, de plus en plus longs, formeront un angle de plus en plus petit avec un plan horizontal. Il en sera de même dans un ruban de grain tel que le fournit l'observation, avec ses bords à peu près parallèles, mais sinueux, et ses pressions intérieures distribuées d'une façon un peu moins régulière.

La figure 1 représente des isobares de la planche B.27 de notre étude *Sur les grains et les orages* (*). Nous n'en avons modifié que les isobares de 743-744-745 pour faire rentrer le centre dans les limites de la carte; Quant au reste, les courbes ont été simplement calquées sur celles que l'observation nous avait fait trouver dans le grain du 27 août 1890. Abercromby a signalé, dans les grains, l'existence d'« isobares en V »; nous avons complété son observation en ajoutant à son V une troisième branche et en montrant que, dans une dépression à ruban de grain, les isobares forment chacune un zigzag qui se raccorde avec une isobare

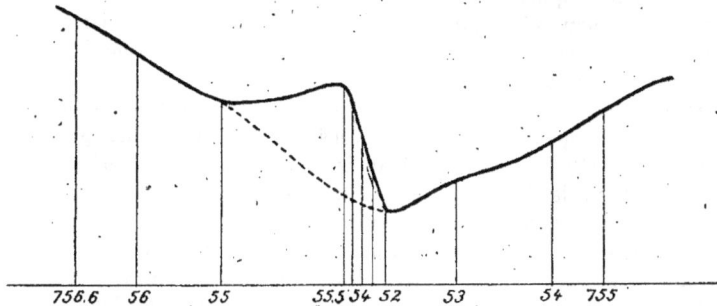

Fig. 2.

circulaire. Nous avons montré aussi que le crochet barométrique est étroitement lié dans sa forme à celle des isobares, et que, si l'on connait la direction et la vitesse du déplacement de la dépression qui renferme le ruban de grain, on peut reconstruire, au moyen de la forme des isobares, celle du crochet de grain d'une station donnée.

Reprenons le procédé, dans le cas présent, pour la station quelconque A, située sur l'isobare de 755. Admettons que le mouvement général de la dépression soit dirigé vers l'E-NE, ce qui est la direction la plus ordinaire des dépressions d'Europe, c'est-à-dire suivant la droite BA. Dans ce mouvement, tous les points d'intersection des isobares avec BA viendront passer successivement sur la station A, à des intervalles de temps proportionnels aux distances qui les séparent. Mais il est plus commode de supposer la dépression immobile et l'observateur se déplaçant de A en B avec une vitesse égale à celle du mouvement de l'ensemble

(*) *Annales du Bureau central météorologique de France,* année 1892.

de la dépression. Nous admettons, en outre, que l'observateur se maintient à une altitude constante et qu'il est muni d'un baromètre enregistreur. Dans ces conditions (*fig.* 2), il verra la pression diminuer, à une allure modérée, jusqu'à la rencontre de la pointe de l'isobare de 752; puis, les isobares se resserrant, la plume de son enregistreur remontera très rapidement jusqu'à 755; après quoi, elle redescendra très lentement jusqu'à la nouvelle rencontre avec l'isobare de 755, pour remonter ensuite jusqu'à celle de 756,6 et au delà.

Faisons remarquer que le barogramme, tel que nous l'avons représenté, en supposant une marche de A en B, n'est pas identique, mais symétrique au barogramme qu'on lirait sur l'enregistreur. C'est que nous avons tracé ses points de droite à gauche, dans le sens de la marche de l'observateur; tandis que l'enregistreur, dont le tambour tourne de droite à gauche, les a inscrites dans l'ordre inverse.

Dans la figure 2, la partie montante du crochet est beaucoup plus voisine de la verticale que sa partie descendante. La brusquerie du ressaut est assez grande pour que la plupart des météorologistes y reconnaissent un signe non équivoque de la présence d'un ruban de grain. Toutefois, ceux qui attendaient un *nez d'orage* seraient déçus.

Heureusement, il est très facile de les contenter. Supposons que le ruban de grain, emporté dans le même sens, eût été orienté, non plus du N-NE au S-SW, mais du Nord au Sud; ou que, restant orienté comme il l'est sur la figure 1, il se fût déplacé non plus vers l'E-NE, mais vers l'E-SE; ou encore, ce qui revient au même, que la dépression restant immobile, le voyageur se fût déplacé suivant la droite AB (*fig.* 1). Le baromètre enregistreur aurait tracé une courbe notablement différente. Le voyageur aurait vu (*fig.* 3) la pression diminuer assez rapidement

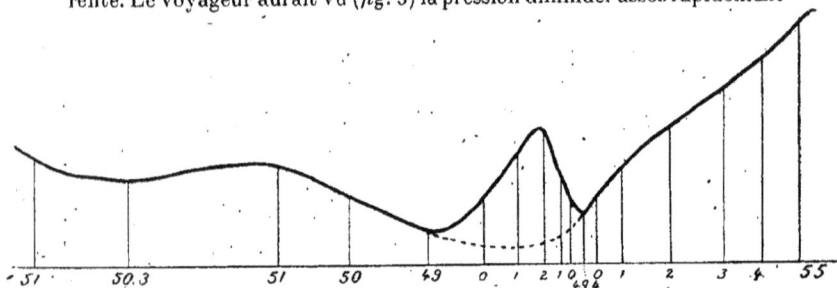

Fig. 8.

jusqu'à 749,4; remonter plus abruptement jusqu'à 752 et redescendre presque aussi vite jusque vers 749, pour remonter ensuite jusqu'à 751 et au delà. Le prétendu *nez d'orage*, ici, est franchement accentué. Mais cette différence provient uniquement d'un léger changement de direction dans le déplacement du ruban de grain.

Dans la figure 2, le début du crochet coïncide avec le minimum barométrique absolu. La cause de ce fait se trouve dans la relation entre la forme des isobares le long de AB, la position du centre de la dépression et la direction de la ligne AB. On peut voir, en effet, qu'à partir du moment où le voyageur hypothétique a atteint la pointe de l'isobare de 752, il ne rencontre plus, sauf un accident négligeable, que des isobares de valeurs croissantes. Dans la figure 3, il n'en est plus de même : après le minimum correspondant au début du crochet, il y a un second minimum, absolu, celui-là, un peu plus marqué. C'est donc pendant la baisse que le crochet est apparu. Pour obtenir un minimum absolu plus accentué après le crochet, il suffirait que la direction du mouvement du ruban de grain fût un peu différente, selon $B_2 A$, par exemple, ou que, la dépression et son ruban de grain étant supposés immobiles, le voyageur fût censé aller de A en B_2. Le crochet (*fig. 4*) commencerait alors au moment où le voya-

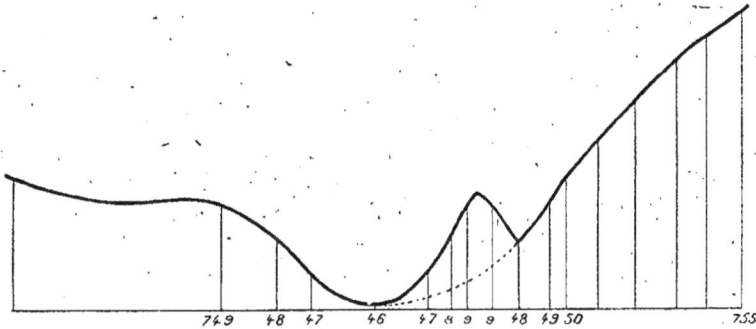

Fig. 4.

geur atteint la pointe de l'isobare de 748 et finirait à peu près au moment du minimum absolu, 746; après quoi, la pression remonterait régulièrement, sauf une inflexion tout à fait insignifiante.

Mais il est très important de remarquer que, dans ces trois cas, on peut facilement raccorder par une ligne pointillée les parties du barogramme qui précèdent et suivent le crochet; on reproduit ainsi le barogramme tel qu'il aurait été si la dépression n'avait pas eu de ruban de grain. Ces raccords en pointillé ont l'avantage de montrer clairement que, même pendant la période *descendante* du crochet, la pression est *plus forte qu'elle ne l'aurait été sans le ruban de grain.*

On peut trouver, au moyen des mêmes isobares, beaucoup d'autres formes de barogrammes. Supposons que tous les points de la dépression se dirigent vers le Sud-Est. Dans ce cas, l'observateur situé sur une station A' recevrait successivement la visite de tous les points de dépression situés sur la ligne B'A'. Tout se passerait comme si, la dépression étant immobile, le voyageur la parcourait de A' en B'. Il verrait la pression baisser assez rapidement (*fig. 5*) jusqu'à 749, mais ensuite cette

pression *resterait constante* pendant un temps assez long, tant que la
marche du voyageur se confondrait avec la branche moyenne de l'isobare
de 749. A ce moment, la pression reprendrait son mouvement de baisse
rapide, pour remonter après un minimum absolu de 744.

Le cas que nous venons de citer n'est pas imaginaire. On l'a observé
plus d'une fois. Ferrari, entr'autres, l'a cité, sans en donner l'explication
qui, on le voit, est très simple. Dans les cas de ce genre cités par

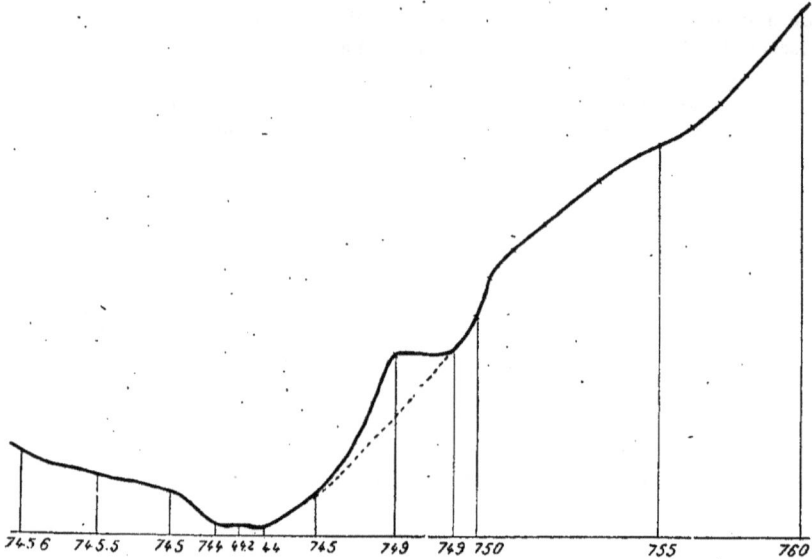

Fig. 5.

Ferrari — observateur très précis et très méthodique, — cette forme de
crochet a été notée par lui parce qu'elle était accompagnée des divers
phénomènés du grain et de l'orage. Il est donc impossible de nier que
cette forme soit produite par le passage du ruban de grain.

L'interruption brusque de la baisse dans un barogramme constitue donc
un crochet de grain tout aussi bien que le remplacement brusque d'un
mouvement de baisse par un mouvement de hausse.

Il suffira d'un très léger changement dans la situation du point de
départ de l'observateur — A″ au lieu de A′ — pour obtenir un résultat
encore plus paradoxal. Le voyageur, en marchant de A″ vers B″, suivant
une ligne parallèle à A′B′, constatera une baisse rapide jusqu'à sa rencontre
avec l'isobare de 744; puis, comme il ne s'écartera que lentement de cette
isobare, son baromètre enregistreur indiquera une baisse moins rapide,
cette nouvelle partie de la courbe faisant un angle très obtus, bien net
pourtant, avec la courbe des pressions plus élevées que 744, la baisse

redeviendra ensuite plus accentuée jusqu'à 743 environ, passera par un minimum quand l'observateur arrivera au minimum de distance du centre; après quoi, la pression remontera jusqu'au bord de sortie de la dépression et au delà. Cette forme de courbe, concomitante à l'orage et à divers phénomènes du grain, a été observée sans aucune idée préconçue par Ciro Ferrari. Il faut donc considérer comme crochet de grain — sauf vérification dans les cas douteux — toute *diminution brusque et temporaire de la rapidité de la baisse* dans un barogramme.

Le pointillé tracé (*fig.* 6) montre ce qu'eût été le barogramme normal

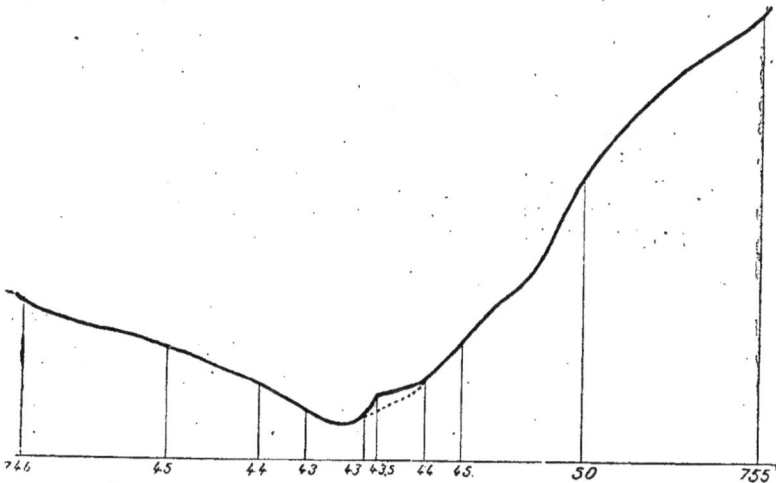

Fig. 6.

si un ruban de grain n'eût pas existé dans la dépression. L'examen de cette portion de la figure met en relief la *hausse relative* produite par le passage du ruban.

Une remarque est ici nécessaire. Sur les cinq barogrammes que nous avons tracés, il n'y en a qu'un où le début du crochet coïncide avec le minimum *absolu* de la pression. C'est que nous devions insister de préférence sur les cas qui paraissent le plus anormaux. Mais il suffit de prendre le cas où la dépression se dirige un peu au Nord de sa direction moyenne, suivant $B_2 A$, par exemple, pour obtenir, après un minimum absolu de 752,6, une hausse brusque suivie d'une hausse relativement lente jusqu'à 760 et au delà. Toutes les lignes que l'observateur parcourra en se dirigeant vers le Sud-Ouest, c'est-à-dire en s'éloignant du centre dans la seconde partie, de beaucoup la plus longue de son parcours, lui donneront des barogrammes, les uns avec crochet *aigu*, les autres avec crochet *obtus*, parfois même *très obtus*, situés dans la partie montante de la courbe d'ensemble.

Ainsi donc, en se servant d'isobares d'un grain qui n'a pas été choisi

16

pour les besoins de la cause, on peut obtenir toutes les formes de crochet de grain qui ont été observées soit par nous-même, soit par les autres météorologistes, y compris Ciro Ferrari, qui a été certainement le plus complet et le plus précis sur ce point, sans être guidé par autre chose que l'observation pure.

De ces considérations il résulte, comme nous l'avons dit au début du présent Mémoire, que la définition du crochet de grain doit être considérablement élargie et précisée. Le crochet de grain affecte quelquefois, mais très rarement, une forme très aiguë; plus souvent, celle d'une hausse absolue plus ou moins brusque, suivie d'une hausse plus ou moins lente; plus souvent encore, celle d'une hausse en angle obtus; mais il est, plus souvent qu'on ne le croirait, constitué par une *cessation brusque* de la baisse barométrique, ou même par simple *diminution brusque de la rapidité* de la baisse barométrique. Et sa définition générale peut être formulée comme suit :

Il y a crochet de grain dans un barogramme toutes les fois que pendant un temps, qui peut varier de 10 minutes à 1 heure ou davantage, la pression devient brusquement plus élevée que celle que donnerait un barogramme à courbure régulière.

Il peut arriver, dans le voisinage du centre d'une dépression, que le baromètre, par grand vent, soit fort agité. Il ne faut pas voir dans des perturbations de ce genre, l'action de rubans de grain. Deux raisons s'y opposent : d'abord, ces perturbations sont très courtes et très nombreuses, ensuite et surtout, dans ces cas-là, la pression oscille aussi bien au-dessous qu'au-dessus de la courbe moyenne, tandis que l'effet d'un ruban de grain se produit presque absolument au-dessus de cette ligne.

Pour éviter un malentendu possible, nous signalerons un cas qui se présente assez souvent, celui des rubans de grain *nombreux* qui passent sur une station dans le cours d'une journée ou même d'une demi-journée et qui donnent à certains barogrammes une allure très troublée. Il est presque toujours possible de distinguer ces courbes de celles que produisent les vents de tempête aux environs du centre d'une dépression. Sans doute, si le baromètre enregistreur est dans le voisinage d'un centre de dépression, le cas peut fort bien se présenter où le crochet de grain soit masqué par de violents remous; mais comme les remous en question se produisent le plus souvent dans le proche voisinage du centre, tandis que le ruban de grain s'étend presque toujours jusqu'aux extrêmes limites de la dépression, le départ entre les deux ordres de phénomènes sera presque toujours facile.

La présente discussion permettra, espérons-le, de distinguer les cas, que nous croyons être l'immense majorité, où l'orage est éveillé (dans les régions où se trouvent de grands cumulus tout formés) par la cause occasionnelle que constitue le passage d'un ruban de grain.

M. Gabriel GUILBERT,

Météorologiste (Caen).

LES VARIATIONS QUOTIDIENNES DE LA PRESSION BAROMÉTRIQUE SONT-ELLES EN RELATION DIRECTE, DE CAUSE A EFFET, AVEC LES COURANTS AÉRIENS SUPERFICIELS?

551.543

2 Août.

L'observation des cartes isobariques, durant une assez longue période, démontre rapidement, même aux plus inexpérimentés, avec quelle spontanéité les situations barométriques se transforment.

Il ne faut souvent qu'un jour pour changer la face entière de la carte d'Europe, pour retrouver, au lieu et place d'un anticyclone, quelque puissante bourrasque et, au lieu et place du calme, une véritable tempête.

D'une manière saisissante, M. Angot, le savant Directeur du Bureau central météorologique de France, a dépeint, en deux lignes, ces étonnantes et subites variations : « On aperçoit, dit-il sur une carte une dépression *profonde*, alors que le jour précédent, il n'y en avait *nulle apparence* (*). »

C'est l'explication des si nombreuses erreurs constatées dans les prévisions dues aux services officiels.

La Météorologie s'efforce en vain de découvrir les indices précurseurs de l'arrivée toute prochaine des bourrasques les plus redoutables : les variations de pression se produisent souvent avec une telle soudaineté qu'elles défient, encore à l'heure actuelle, toute prévision. Aussi, un autre météorologiste très en vue, M. Vincent, Directeur du Service météorologique belge, a-t-il pu écrire avec raison : « *Quand une dépression aborde l'Europe, on ne sait jamais ce qu'elle fera ni ce qu'elle deviendra.* »

Deux importants problèmes se posent dès lors :

A quelle cause doit-on rattacher les variations barométriques?

Est-il possible d'en découvrir les indices précurseurs?

Les causes des variations sont, en réalité, inconnues jusqu'ici. On a invoqué principalement les inégalités de la température, la chaleur ou l'abondance des chutes d'eau.

Les faits contredisent les explications théoriques. Les plus fortes dépressions, en effet, surviennent, non pas en été, mais dans les mois d'équinoxe et surtout en hiver, où la température est bien plus basse.

(*) A. Angot. *Traité élémentaire de Météorologie*, p. 303.

De même, les pluies d'orage, les plus abondantes de toutes, s'observent en été, et souvent alors ne coïncident qu'avec d'insignifiantes variations barométriques.

Il faut donc, pour expliquer rationnellement les variations de pression, recourir à d'autres hypothèses, que les faits au moins ne contredisent point.

On sait que, dans ce but, nous avons tenté de lier les fluctuations quotidiennes du baromètre aux vents de surface, considérés dans leur vitesse et leur direction.

Cette conception hypothétique semble bien correspondre, dans la pratique, à la réalité.

L'observation, en effet, concorde alors avec l'hypothèse et la cause des variations de pression n'apparaît-elle pas nettement quand on voit une dépression entourée de vents forts, en excès d'après leur comparaison avec le gradient, se combler et disparaître en quelques heures?

N'a-t-on pas la contre-épreuve, lorsque l'on constate qu'une autre dépression, de même intensité, entourée de vents trop faibles, loin de se combler, s'aggrave et se creuse avec une égale rapidité?

De même, l'influence du vent n'est-elle pas souveraine, alors qu'il suffit d'observer un vent violent dans la zone du centre pour voir disparaître en quelques heures, un centre de tempête, si formidable qu'il soit? Et qu'y a-t-il de plus caractéristique que de constater qu'une dépression océanienne, très puissante, abordant, par exemple, l'Irlande, ne pourra pénétrer sur l'Europe si elle suscite tout d'abord des vents tempétueux, tandis qu'elle s'avancera normalement vers l'E, si ces mêmes vents n'offrent à son arrivée qu'une force moyenne ou plutôt faible?

Le même cas ne sera-t-il pas tout aussi instructif quant à la valeur de la *direction* du vent? Si, en effet, les vents joignent à une force normale ou anormale une direction *convergente* à composante centripète, la dépression du large ne pourra s'élancer sur le continent. Elle stationnera, ou même reculera vers son point d'origine, tandis qu'elle parcourra la trajectoire la plus rapide, si les vents, loin d'être *convergents* à son respect, sont au contraire *divergents*, à composante *centrifuge*, dans sa zone d'action ou dans son voisinage.

Rien de plus étrange également que de constater le brusque changement de direction d'un centre cyclonique, qu'un vent fort suffit à arrêter et à dévier, et qui, lancé par exemple du SW vers NE, incline tout à coup vers le N, ou même tout à fait vers le S, si même il ne recule vers l'W, comme on en a des exemples nombreux?

Et encore, quelle preuve plus palpable de l'influence toute puissante de la force et de la direction des vents, que la possibilité de désigner, en certains cas, 24 heures à l'avance, *la région* et même parfois *la station* où la hausse du baromètre sera la plus considérable, c'est-à-dire maximum?

Contre-épreuve également probante que la possibilité de délimiter l'étendue des zones de baisse barométrique et de fixer la *région de baisse maximum*, quelquefois aussi *le point* où cette baisse atteindra sa plus grande valeur. Ces faits acquis nous paraissent décisifs, car, à l'heure actuelle, quelle autre théorie donne l'explication de ces mouvements si bizarres de la pression barométrique, de ces accumulations d'air, ou de soustractions de pression, sur des points nettement déterminés?

Qui expliquera les diverses vitesses des centres cycloniques? Ces trajectoires anormales, qui surprennent si fréquemment en Météorologie qu'on les qualifie unanimement de *capricieuses*?

Qui donnera la raison de hausses subites, de la formation spontanée, pour ainsi dire, d'anticyclones plus ou moins étendus? Quelle autre méthode pratique permet à l'heure actuelle de déterminer ces *capricieuses* trajectoires cycloniques, de délimiter les zones de hausse et de baisse; de préciser les étroites régions et même les points où l'intensité des oscillations barométriques sera minimum ou maximum?

Quelle est la méthode aujourd'hui connue qui permet de rédiger, par exemple, la prévision suivante : *La dépression aujourd'hui sur les îles Féroé sera demain sur la Norwège, mais la baisse barométrique maximum se produira sur le Danemark?*

Et si la science météorologique ne peut donner, comme nous le pensons aucune explication de ces multiples et surprenantes variations de la pression, sera-t-il bien téméraire d'affirmer, en joignant toujours la prévision du fait à l'hypothèse théorique, que le vent de surface, considéré simultanément dans sa vitesse et dans sa direction, est la véritable cause des oscillations de toute nature et de toute importance du baromètre, également à la surface du globe?

Et puisque ces variations peuvent être prévues, d'après des règles précises, exemptes de toute ambiguïté, dans des cas nettement déterminés, n'est-il pas rationnel de conclure que la détermination exacte, et à l'avance, de phénomènes atmosphériques, ne peut être due qu'à une connaissance également exacte de *la cause* qui les produit?

Or, c'est d'après des faits innombrables, d'après des applications nombreuses, d'après des prévisions réelles et des résultats concordants, que nous avons posé en thèse *que le vent de surface est en relation directe, de cause à effet, avec les variations de pression.*

En conséquence, l'observation unique des vents de surface, à l'exclusion de toute autre cause présumée, suffit à déterminer la nature et l'intensité des oscillations barométriques, à 24 heures de distance, et sur toute l'étendue de la carte isobarique.

Dès lors, on peut logiquement considérer le problème si important de la prévision des variations de pression comme entièrement résolu. La cause du phénomène apparaît évidente et les indices précurseurs ne sont plus inconnus.

Mais il reste une explication scientifique à trouver. Le calcul doit intervenir. La prévision du temps, pour être digne de ce nom, doit devenir mathématique. Nous avons les données du problème. On en a résolu de

plus difficiles, en étudiant les phénomènes électriques. Ici, en considérant
d'une part l'intensité d'un tourbillon atmosphérique, qui par la force
centrifuge produit *une baisse barométrique connue en un temps déterminé*
et un gradient *mesurable* en millimètres, et d'autre part, connaissant la
direction et la vitesse exacte des vents, vitesse fournie par l'anénomètre

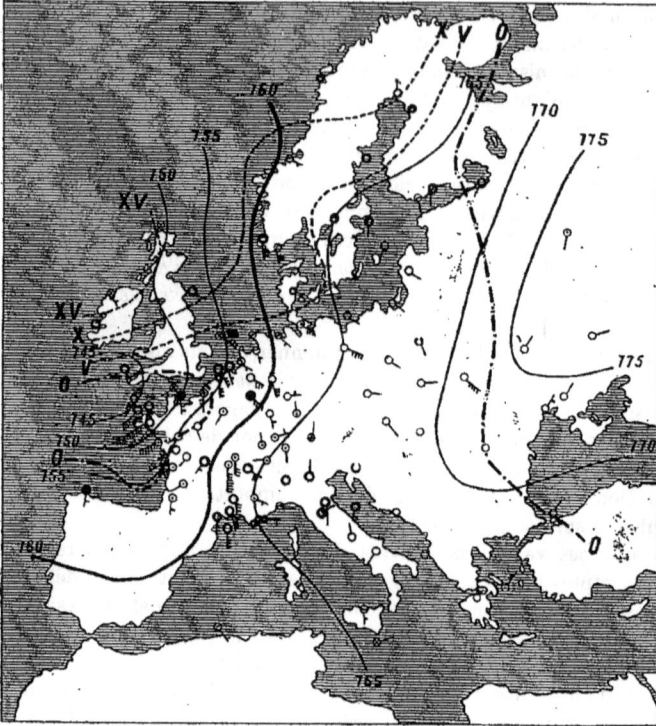

Fig. 1.

et représentant par hypothèse la force centripète, il faut pouvoir établir,
à 1 *mm près*, la future variation barométrique, en hausse ou en baisse,
d'abord dans un cyclone supposé immobile.

Le progrès, réalisé en pratique, demande, pour son admission définitive dans la Météorologie, une explication *mathématique* qui ne peut
être obtenue que par la coopération des sciences exactes.

A l'appui de nos conclusions, il est intéressant d'étudier deux cas
vraiment typiques.

Le premier de ces cas est du 20 octobre 1907. A cette date, une dépression
s'avance du large vers la Bretagne.

D'après nos principes, notamment la règle 3, *toute dépression qui, à son arrivée du large, déterminera des vents trop forts, soit proportionnellement au gradient, soit par rapport à l'intensité de la baisse barométrique, ne pourra s'avancer et restera stationnaire, si même elle n'est rejetée vers son lieu d'origine par une hausse barométrique.*

Or, qu'arrive-t-il le 20 octobre 1907 ?

D'une part, en mesurant le gradient, qui est au plus de 3 mm par degré géographique de 111 km, nous constatons que la force du vent est exagérée.

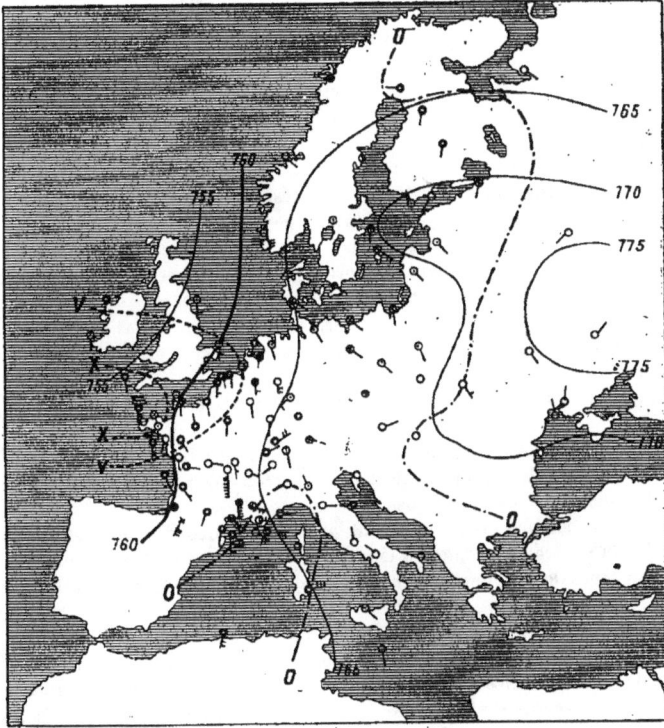

Fig. 2.

Pour un gradient de 3, les vents normaux sont de force 6, ou d'une vitesse de 12 m. environ par seconde.

Or, en fait, nous trouvons sur la côte de Bretagne, et notamment à Lorient, jusqu'à des vents de tempête, 9; vents de 18 m. au minimum à la seconde, d'où au moins excès de 6 m; d'où, d'après nos principes, hausse barométrique certaine.

Remarquons en outre, que la baisse barométrique déterminée par la bourrasque est très faible, — 4,2 mm à Ouessant, et que, par conséquent, il y a défaut évident de proportionnalité, entre cette baisse presque nulle et la violence des vents dont elle est la cause apparente. Ou bien, en d'autres termes, il y a disproportion absolue entre la force centrifuge, représentée par une faible baisse barométrique, et la force centripète, représentée par des vents de tempête, en excès considérable sur la normale.

La règle 3 s'applique donc ici à la lettre, et obligera la dépression nouvelle à reculer sur elle-même, c'est-à-dire à retourner vers son point d'origine, vers l'Océan.

Il suffit de jeter un coup d'œil sur la carte du lendemain, 21 octobre 1907, pour reconnaître la parfaite réalisation du pronostic. La dépression de Bretagne est complètement détruite. La hausse du baromètre dépasse 12 mm à Ouessant même; et, conséquence logique, la cause de la tempête étant supprimée, les vents tempétueux ont brusquement cessé. Le centre de la bourrasque, affaibli, presque comblé est rejeté au large, sur l'Océan, à l'ouest d'Ouessant et même de l'Irlande.

Un météorologiste des plus compétents a écrit que, si ma méthode expliquait *un seul cas* de trajectoire anormale des bourrasques, il en reconnaîtrait la réalité. Il me semble que dans le cas du 20 octobre 1907, il n'y a aucun doute : la dépression devait normalement s'avancer vers le NE, vers la France du Nord, et en réalité, conformément aux principes de la *nouvelle méthode*, elle a rétrogradé vers l'W, trajectoire anormale au plus haut degré.

La prévision d'une semblable trajectoire s'imposait, non pas seulement d'après l'une de nos règles, la règle 3 dans la circonstance, mais d'après les principes généraux de notre méthode.

En effet, nous classons les vents de surface en vents *convergents* et *divergents*.

Les premiers, *centripètes*, opposés au mouvement centrifuge et par conséquent aux cyclones, les seconds, au contraire, *centrifuges*, et par suite, de même ordre que les forces cycloniques.

Les premiers, convergents, s'opposant aux trajectoires des bourrasques, les seconds, au contraire, propices à leur déplacement et constituant pour les cyclones des zones de *moindre résistance* et par conséquent d'appel ou d'attraction.

Or, dans le cas du 20 octobre 1907, *tous les vents qui entourent la dépression de Bretagne sont convergents*, et non seulement dans les régions voisines du centre, mais à une distance énorme, jusqu'en Pologne. De Lemberg et Berlin, où les vents convergents sont anormaux par excès, à Yarmouth, à Charleville, à Clermont, à Cette, où ils soufflent également avec une vitesse supérieure à la normale, la composante des vents est entièrement centripète, donc, opposée à la marche de la dépression, donc, sans aucune région *de moindre résistance*, ni d'appel, ni d'attraction. Donc, en vertu de cette seule considération, *la dépression de Bretagne ne peut, ni ne pourra, s'avancer à l'encontre de ces vents convergents*. Et, comme ces vents convergents sont en même temps trop forts, en excès sur la normale, la dépression de Bretagne sera vivement repoussée et détruite.

Tout autre est le second cas. Autant au 20 octobre 1907, les vents sont tous *convergents* par rapport à la dépression du large, autant au 12 mars 1911, tous les vents sont *divergents*, par rapport à la dépression naissante qui vient de l'Océan.

Dans la nuit du 11 au 12 mars, le baromètre baisse de — 9,4 mm à Valencia : Que va devenir cette dépression ?

Selon le principe précédemment invoqué, si les vents convergents soufflent avec force vers la dépression naissante, elle sera repoussée. Si, au contraire, les vents divergents préexistent, la dépression trouvera devant elle une ou plusieurs régions *de moindre résistance* et s'y précipitera.

Or, précisément, en face de la dépression de Valencia, on ne trouve au matin du 12 mars que des vents *divergents*. Ainsi, sur l'Écosse, au lieu de vents normaux convergents d'E ou d'ESE, on trouve des vents tout opposés de N et d'W ;

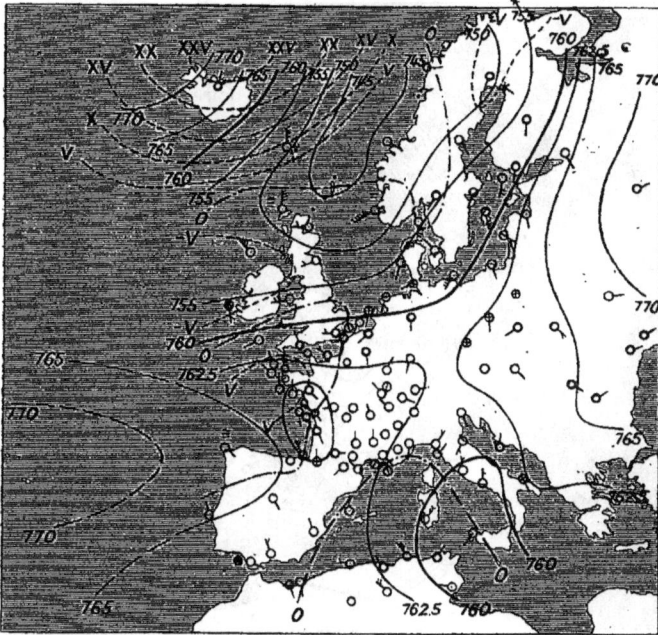

Fig. 3.

sur l'Angleterre et la Belgique, des vents de SW (au lieu de SE) ; sur la **Manche** et la Bretagne, des vents de NW, au lieu de S et SW.

Par conséquent, loin de rencontrer comme au 20 octobre 1907, une invincible résistance, la dépression du 12 mars 1911, n'en rencontre aucune. Au contraire, tout est pour elle appel et attraction. Au lieu de forces opposées *qui se retranchent*, il s'agit ici de forces de même ordre *qui s'ajoutent* : la force cyclonique, la force centrifuge se superposent et s'additionnent. Par conséquent, loin de se combler et d'être détruite comme au 20 octobre 1907, la dépression du 12 mars va s'aggraver et se creuser.

Nous pouvons calculer empiriquement l'importance de ce creusement, déterminer la valeur numérique de la baisse et, à l'aide de plusieurs de nos règles pratiques, fixer la vitesse, la trajectoire et la future situation du centre, qui doit, et qui va devenir un centre de tempête.

Je craindrais d'abuser de votre bienveillante attention, et je me borne à vous présenter la carte du lendemain 13 mars 1911.

Vous verrez quel formidable cyclone a son centre sur la Belgique, et combien M. Angot disait avec raison : « On aperçoit sur une carte une dépression profonde, alors que le jour précédent, *il n'y en avait nulle apparence.* »

En effet, pour le Bureau central météorologique de France, la carte du 12 mars, ne présentait aucune apparence de cyclone, et la tempête du 13 n'a pu par conséquent être prévue nulle part, en France et à l'Étranger, d'après les données actuelles de la science météorologique. De même cette science ne

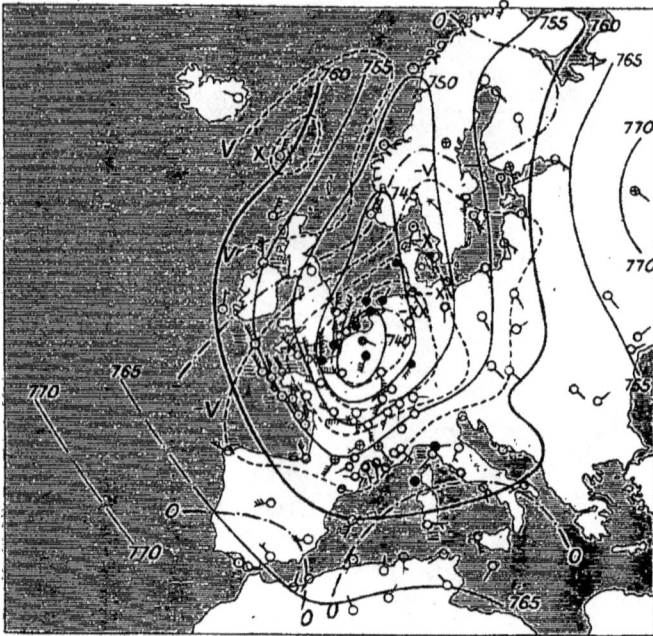

Fig. 4.

pouvait, à la date du 20 octobre 1907, prévoir la suppression de la tempête sur la Bretagne : la Météorologie officielle annonçait ce jour sa continuation.

Le principe du *vent normal* introduit donc dans la pratique quotidienne un élément nouveau. Je ne crois pas qu'il soit possible de nier son importance. Je suis même tenté de défier qui que ce soit d'expliquer autrement que par la considération des vents de surface et la destruction de la tempête du 20 octobre 1907 et la brusque formation du cyclone du 13 mars 1911. Je supplie qu'on démontre la possibilité de prévoir ces deux phénomènes opposés, en faisant abstraction de la force et de la direction des vents de surface.

Et alors, s'il n'est pas possible de trouver une autre explication à la fois plausible et scientifique, pourquoi rejeter notre théorie, qui s'appuie au moins sur des preuves palpables, sur de nombreuses prévisions faites avant l'événement et qui demain, je l'espère et le souhaite, trouvera dans le travail d'un savant, la démonstration mathématique qui lui manque.

M. G. GUILBERT.

RELATION ENTRE LES VARIATIONS DE PRESSION
ET LES CALMES NOCTURNES.

2 Août.

551.543

La fréquence des tempêtes est, de toute évidence, beaucoup plus grande durant la saison d'hiver que pendant l'été. Ce n'est guère qu'après les chaleurs de la saison estivale que surviennent, avec le premier mois d'automne, les bourrasques équinoxiales, souvent très violentés. Le printemps est aussi sujet à de formidables tempêtes.

La saison froide est donc, comme on le sait, propice aux grandes variations barométriques, tandis que la saison chaude est très rarement sillonnée par les bourrasques. A partir du mois d'avril, plus la température s'élève et plus la pression devient stable. Inversement, après le mois d'août, plus la température décroit et plus le régime cyclonique s'accentue.

La chaleur, par conséquent, loin de favoriser les formations cycloniques, paraît constituer un élément de stabilité dans la répartition des pressions. Le froid serait, au contraire, dans nos régions, une cause de perturbation.

Cependant, nous avons voulu montrer, dans l'Ouvrage *Nouvelle méthode de prévision du temps*, que la température, quelle qu'elle fût, ne pouvait faire échec aux pronostics basés sur l'observation *unique* des vents de surface. Si donc nous constatons qu'une élévation durable de la température en une saison entière a le pouvoir d'atténuer l'intensité des formations cycloniques, il y aura certes contradiction entre ces diverses observations. Il sera logique d'opposer à nos affirmations sur l'influence *souveraine* des vents de surface, le fait évident d'une haute température moyenne, annulant cette prétendue toute-puissance des courants superficiels.

Il y a là une difficulté réelle qu'il faut éclaircir.

Est-il possible que l'influence décisive du vent, si bien établie durant la plus longue partie de l'année, soit contredite durant quelques autres mois? Est-ce bien d'une température élevée que viendrait l'obstacle?

En dépit des apparences, nous ne le pensons pas. Convaincu de l'exactitude des relations que nous avons établies entre la vitesse des vents et les variations consécutives de la pression, nous avons cherché l'explication de l'anomalie ou de l'exception, toujours dans l'étude du vent lui-même et nous avons particulièrement considéré *sa variation diurne*.

On sait, en effet, que les vents, sauf dans les cas de profonde perturbation, présentent, de même d'ailleurs que la pression, des oscillations horaires. Faibles le matin, ils atteignent un maximum de vitesse vers 2 h de l'après-midi et diminuent ensuite progressivement jusqu'au soir pour se rapprocher du *calme* avec la chute totale du jour (*). Or, la méthode *du vent normal* prétend démontrer que le calme est l'une des caractéristiques des régions de moindre résistance; que, par conséquent, une dépression existante se dirigera, préférablement à toute autre route, vers une région de calme; qu'elle se creusera d'autant plus, faute d'obstacle, que les vents seront plus faibles.

Ces principes étant admis, l'importance des *calmes nocturnes* apparaît évidente. Plus leur durée se prolongera et plus la dépression existante, faute de résistance, acquerra de profondeur et d'intensité.

En conséquence, la *durée de la nuit devient une cause d'aggravation des bourrasques*. Or, cette durée étant beaucoup plus considérable en hiver qu'en été, on conçoit que les bourrasques doivent proportionnellement être plus fortes en hiver qu'en été. La pression doit être moins stable; les anticyclones sujets à de plus nombreuses causes de destruction rapide.

La diminution et le peu d'intensité des cyclones en été ne seraient donc pas imputables à l'élévation de la température, mais bien, conformément aux principes de la *Nouvelle méthode*, à la diminution de la durée des nuits et des *calmes nocturnes* qui en sont la conséquence.

D'après ces considérations, on peut soutenir et poser en thèse :

1º Que la vitesse des bourrasques est plus grande la nuit que le jour;

2º Que la plupart des perturbations atmosphériques subissent une aggravation pendant les heures de calme nocturne;

(*) Ce calme est le plus souvent *superficiel*. Il est généralement dû au refroidissement du sol et des couches d'air qui l'avoisinent. Ce refroidissement *superficiel* sera d'autant plus rapide que l'air sera plus rapproché de la saturation. C'est donc tout d'abord dans les régions basses, vallées ou marécages, que le refroidissement et le calme se produiront le plus rapidement vers le soir.

Sur les hauteurs, le vent ne s'affaiblit ou ne se calme que d'après la disposition des pressions, mais ordinairement, en dépit d'un calme nocturne général, le vent persiste au-dessus de la stagnation de la couche d'air superficielle. Les nuages, même inférieurs, continuent leur course avec la même vitesse que durant le jour.

Cette différence de vitesse, entre diverses couches aériennes contiguës, n'est peut-être pas sans action sur les modifications de la pression durant la nuit.

3º Que beaucoup de formations cycloniques s'opèrent après le coucher du soleil et avant son lever.

Nous nous proposons, dans un travail ultérieur, de vérifier ces hypothèses sur une longue période et d'établir des statistiques à l'appui.

M. G. GUILBERT.

LA LUTTE CONTRE LA GRÊLE.

551.578

2 *Août.*

Est-il possible d'agir, de façon positive ou négative, sur divers phénomènes atmosphériques, tels que la pluie, l'orage ou la grêle?

Nous pensons pouvoir répondre négativement sur tous ces points, sans nier toutefois par avance la possibilité d'une découverte. Nous voulons dire qu'à l'heure actuelle l'homme ne possède aucun moyen d'action sur les phénomènes atmosphériques.

Ainsi, la pluie : On a prétendu, durant les pluvieuses années de 1909 et de 1910 que les progrès de la télégraphie sans fil étaient la cause probable de l'augmentation des pluies. L'ionisation croissante de l'atmosphère produisait une condensation considérable des vapeurs aqueuses. Or, en 1911, la télégraphie sans fil ne se repose guère et les périodes de sécheresse survenues ce printemps et cet été mettent fin à toute hypothèse de ce genre : *les faits* prouvent que la télégraphie sans fil ne peut rien sur la pluie, rien contre la sécheresse.

On a voulu aussi déterminer la pluie par des incendies de broussailles, c'est-à-dire par la production de poussières condensatrices; par des détonations d'explosifs ou de formidables canonnades; ou bien encore par des cerfs-volants électriques réunissant les nuages à la terre : vains efforts, tous condamnés à l'échec, parce que les causes vraies de la pluie sont, en réalité, inconnues. Aucun moyen n'a pu jusqu'ici produire la pluie.

La grêle? Elle se confond presque avec l'orage. Pour lutter contre ce fléau, il faudrait pouvoir supprimer ou, du moins, annihiler l'orage. Or, dès le premier jour où la méthode stigérienne tenta de s'implanter en France, nous voulûmes prouver le néant de ces tentatives chimériques en démontrant l'impossibilité d'atteindre les véritables nuages orageux (septembre 1907). Les orages, en effet, loin d'exister dans les couches inférieures de l'atmosphère, sont en réalité des nuages supérieurs, nuages de glace ou de neige, circulant à plusieurs milliers de mètres d'altitude.

Leur trajectoire est rectiligne, au moins pour une région donnée, et, selon nous, ne subit aucune déviation ni du fait des montagnes ni du fait des fleuves, pas plus que de la mer ou des forêts.

Les orages, en effet, dans l'immense majorité des cas, sont loin d'être des phénomènes locaux, dus à des températures élevées ou à la disposition des lieux. La preuve de cette assertion ressort bien vite du simple examen des périodes de beau temps en été. Alors, en dépit d'un soleil brûlant et parfois même de chaleurs excessives, nul orage ne se forme, pas même un seul éclair n'apparaît. Dans le même ordre d'idées, nous avons plus d'une fois établi que les mois les plus chauds sont aussi les moins orageux.

Il faut se souvenir qu'une perturbation atmosphérique est nécessaire pour produire l'orage. Or, sauf en des cas fort rares, cette perturbation, cette dépression barométrique, ne naît point sur place dans nos régions. Elle s'avance de loin. Elle vient des régions sahariennes à travers la Méditerranée et plus souvent des Açores à travers l'Océan, ou encore, la dépression, qui doit amener sur la France les plus nombreux orages, aborde nos côtes vers la Gascogne et n'est autre qu'un mouvement cyclonique secondaire, dépendant d'une dépression des régions boréales, venant de sévir sur la Scandinavie.

Dès lors, les causes premières de l'orage apparaissent évidentes. Loin d'être en rapport uniquement avec un état atmosphérique local, sa production dépend avant tout de lointaines et vastes dépressions barométriques, impossibles à modifier, et l'on conçoit ainsi la difficulté insurmontable d'agir sur l'orage, soit pour le créer, soit pour le dissiper.

Ne pouvant l'atteindre dans sa source, on en est réduit à l'attaquer localement, mais cette agglomération glacée, que nous désignons sous le nom de *cirro-nimbus*, flotte à quelques milliers de mètres; elle présente un volume défiant presque l'imagination; elle est, par sa hauteur, bien au-dessus de la portée et des canons et des fusées de toute nature; enfin, considération plus décisive encore, *sa vitesse est en relation directe avec la propre vitesse des cirrus précurseurs qui la précèdent de un à trois jours.* Avec cirrus lents, orage lent; avec cirrus rapides, orage rapide. Par conséquent, l'orage appartient à une *succession nuageuse*, d'origine lointaine, indépendante de tout état local, et que rien ne peut détourner de sa route. Il en résulte, selon nous, que toute tentative d'arrêter ou de dissiper l'orage est vouée fatalement à un échec absolu.

Sans doute, l'orage n'est pas permanent : sa durée est fort limitée et dépasse rarement 24 heures; quelques heures en général suffisent à l'épuiser et, par conséquent, il porte en lui-même des causes de destruction, mais ces causes naturelles sont inconnues et il est difficile, dès lors, de les seconder par des moyens artificiels.

Reste la suppression de la grêle au moyen de la soustraction de l'électricité des nuages d'orage. L'établissement de paratonnerres spéciaux, dénommés *Niagara* par leur inventeur, M. de Beauchamp, obtiendrait ce résultat et transformerait la grêle la plus dure en *grêlons mous*, même en neige fondante. Les nuages d'orage s'arrêteraient eux-mêmes à une certaine distance, quelque 500 m parfois, de ces paratonnerres.

Ces résultats, qui ont été *tous* antérieurement attribués aux canons paragrêle, nous laissent sceptique. Sans doute, l'électricité est le mystère des mystères et nous pensons qu'un système qui pourrait délivrer le pays d'un fléau tel que la grêle doit être largement et longuement expérimenté; mais, comme pour les cerfs-volants électriques, comme pour les trombes stigériennes, fusées ou canons paragrêle, nous ne croyons pas à la réussite de ce dispendieux procédé. Pourquoi?

Parce que le mode de protection imaginé se réalise constamment dans la nature et n'évite ni grêle ni orages. En effet, la montagne qui s'élève jusqu'aux nuages; les forêts qui recouvrent les hauts sommets et même les arbres isolés sont autant de paratonnerres naturels, de paratonnerres vivants, qui servent de conducteurs aux larges surfaces à l'électricité atmosphérique. Artificiellement même, n'y a-t-il pas des milliers de paratonnerres élevés au-dessus de nos monuments? La Tour Eiffel, et sa masse de fer colossale, ne réalise-t-elle pas, à l'heure actuelle, l'hypothèse de M. de Beauchamp? Et le feu Saint-Elme a-t-il jamais détruit l'orage, soit qu'il se produise au sommet des montagnes, soit sur les mâts des cuirassés, soit sur les flèches des cathédrales ou de la Tour Eiffel? Et pourtant, quel *Niagara* naturel que ce feu Saint-Elme (*)!

Donc, si rien ne peut à l'heure actuelle protéger de l'orage les montagnes et les vallées, les forêts ou les plaines, nous pensons que la lutte contre la grêle est littéralement impossible. Il y a disproportion absolue entre nos moyens d'action, quels qu'ils soient, et les forces matérielles incommensurables qui entrent en jeu dans tout orage.

M. E. MARCHAND,

Directeur de l'Observatoire du Pic du Midi.

QUELQUES CONSIDÉRATIONS SUR LA PRÉVISION DU TEMPS.

551.591

4 Août.

I. Lorsqu'on veut établir chaque jour, vers 5 h ou 6 h du soir, une prévision du temps local s'appliquant à la journée entière du lendemain

---

(*) Le *Niagara*, ayant pour effet présumé de soustraire l'électricité des nuages orageux, la conséquence logique de cette action devrait être la suppression de l'orage lui-même et, par suite, du tonnerre et des éclairs, comme de la grêle.

(de minuit à minuit), la méthode la plus rationnelle, et la plus sûre, consiste à essayer tout d'abord de construire la *carte des isobares probables* du lendemain matin, en prenant pour point de départ celle du jour à 7 h du matin, et en tenant compte de la marche des phénomènes locaux survenus depuis cet instant.

Il est évident que, pour construire cette *carte probable*, on admet implicitement que les transformations survenues en 24 heures se feront à peu près conformément à la marche moyenne des phénomènes; ou mieux, on part d'un *type d'isobares* connu, et, on en prévoit les modifications d'après des exemples antérieurs qu'on a déjà étudiés et catalogués, en s'aidant d'ailleurs des mouvements des instruments de la station (baromètre, thermomètre, hygromètre, girouette, anémomètre) et des observations de l'état du ciel, des nuages, etc.

Dans certains observatoires (Puy de Dôme, Pic du Midi, par exemple), on dispose en outre des variations observées à deux altitudes différentes, ce qui permet de serrer d'un peu plus près la marche des phénomènes; au Pic du Midi, l'état des parties les plus éloignées de l'atmosphère et du ciel, et des nuages qui s'y observent, donne par exemple des renseignements précieux sur les mouvements des bourrasques éloignées.

En tous cas, quelle que soit la station où l'on opère, l'étude attentive des faits *locaux* survenus depuis le matin, combinée aux notions acquises sur les *transformations des types* d'isobares, permet par une extrapolation de 12 heures, de tracer approximativement les isobares du lendemain matin. La carte, ainsi construite sera souvent assez différente, dans son ensemble, de la carte réelle, mais elle en différera surtout pour les régions *très éloignées* de la station, et *très peu, au contraire, pour les régions voisines*, précisément parce que la transformation (en 24 heures), pour ces dernières régions, a été en partie observée.

En fait, la statistique faite à l'Observatoire du Pic du Midi, où l'on applique cette méthode depuis plusieurs années, donne les résultats suivants, pour 100 cartes probables :

Nombre de cartes sensiblement conformes à la réalité sur l'ensemble de l'Europe.. 46

Nombre de cartes exactes pour la moitié occidentale de l'Europe, et donnant suffisamment le temps du lendemain........................ 42

Nombre de cartes assez différentes de la réalité pour que le temps correspondant (temps prévu) ne soit pas assez conforme à l'observation. (Prévisions médiocres ou mauvaises)............................. 10

Nombre de cartes complètement différentes de la réalité et entraînant une erreur complète de la prévision.............................. 2

_____

100

En résumé 88 cartes sur 100 sont suffisamment exactes pour servir de bases à de bonnes prévisions.

II. L'avantage principal qu'il y a, à construire ainsi la carte probable du lendemain, est que cette construction, si imparfaite qu'elle soit, oblige le météorologiste à serrer de très près la marche des phénomènes, et à préciser les transformations qu'il prévoit, au lieu de s'en tenir à des vues plus ou moins vagues.

Il peut alors admettre comme exacte cette carte du lendemain et s'en servir, en appliquant les relations, qu'il doit connaître, entre une distribution de pressions donnée et le *temps local*, pour prévoir ce que sera celui-ci pendant la journée du lendemain.

En toute rigueur, il faudrait bien construire encore la carte probable du surlendemain matin, puisque le temps à prévoir dépend en partie des transformations qui se produiront, dans la distribution des pressions, au cours de la journée du lendemain. Mais on peut admettre, en pratique, que le temps de cette journée sera surtout déterminé par la situation, calculée pour 7 h du matin, et se borner à prévoir, *grosso-modo*, la transformation ultérieure. Les erreurs ainsi commises porteront surtout sur la soirée de la journée à pronostiquer; et c'est en effet pendant cette fin de journée que les pronostics seront le plus souvent en défaut.

Dans la construction de la carte probable, le météorologiste applique surtout les notions qu'il a acquises sur les mouvements généraux de l'atmosphère, en étudiant les traités spéciaux, en faisant des recherches personnelles, en cataloguant lui-même des types de distribution de pressions, etc.

Dans la prévision consécutive du temps local, il applique tout à la fois : 1° les relations générales *connues* qui existent entre les grands mouvements de l'atmosphère et les transformations du temps, par exemple entre la marche d'une bourrasque et la distribution des pluies sur son cercle d'action; 2° les relations particulières qu'il a découvertes entre ces grands mouvements atmosphériques et le temps *local*, relations qui varient d'une région à une autre et qui constituent une partie de la climatologie spéciale du lieu où l'on observe.

En résumé, la prévision rationnelle du temps comporte pour nous deux phases : 1° construire la carte probable des pressions du lendemain; 2° déduire de cette carte, et d'une appréciation approchée des transformations ultérieures, le temps local du lendemain.

Pour éclaircir complètement ces indications générales, il faudrait analyser un certain nombre d'exemples; cela n'est pas possible dans cette communication, et nous nous bornerons à donner les résultats obtenus à l'observatoire du Pic du Midi, où cette méthode logique est appliquée depuis longtemps. Les voici.

Prévisions pour la journée entière du lendemain :

1° *Bonnes* (temps exactement prévu).............................. 68

2° *Assez bonnes* (c'est-à-dire ayant annoncé le temps avec une précision suffisante pour le public.).............................. 22

3° *Passables* (le temps réel diffère sensiblement du temps annoncé, sans que l'erreur soit complète; par exemple, on annonce temps assez beau, et il tombe un peu de pluie, le lendemain à partir de 8 h ou 9 h du soir).. 5

4° *Mauvaises* (le temps réel est tout à fait différent du temps annoncé).. 5

_____

100

En résumé, 90 précisions sur 100 ont été suffisamment précises et, par conséquent, utiles.

Il ne faudrait pas chercher une corrélation trop intime entre cette statistique et la précédente, parce qu'il ne suffit pas d'avoir construit à peu près exactement la carte probable du lendemain pour que la prévision soit bonne. On voit cependant que la proportion des cartes suffisamment précises (83 %) diffère peu de celles des prévisions bonnes ou assez bonnes (90 %).

III. Dans un grand nombre de cas, le météorologiste peut essayer d'aller un peu plus loin. Lorsque les mouvements de l'atmosphère ne sont pas trop rapides; lorsqu'on se trouve, par exemple, dans un régime de hautes pressions, ou simplement lorsqu'il n'y a pas de grandes bourrasques à la surface de l'Europe (ce qui arrive plus particulièrement pendant les mois de mai à août), il est souvent possible de savoir à peu près ce que sera la carte des pressions du surlendemain; (cela revient à traduire graphiquement les transformations qu'on a approximativement prévues pour la journée du lendemain) et, par conséquent, d'établir une prévision du temps local pour le surlendemain (soit 50 heures d'avance environ).

La probabilité de réussite est naturellement moindre que pour le lendemain; elle est cependant encore assez grande pour être utile, surtout si l'on borne les annonces aux cas où l'on a des raisons de croire que les transformations seront lentes.

Nous nous sommes astreints, depuis assez longtemps, à pratiquer ces essais; et même à les pratiquer *tous les jours* sans nous restreindre aux situations favorables; le résultat a été le suivant :

Prévisions pour la journée du surlendemain : bonnes, 47; assez bonnes 30; passables, 13; mauvaises, 10. Ce résultat est déjà satisfaisant (77 prévisions utiles sur 100) et le serait sans doute davantage si nous avions eu tous les renseignements nécessaires sur la situation générale de chaque jour.

IV. Ces données étant posées, nous en tirerons quelques indications sur les perfectionnements qui pourraient être apportés, d'après nous, au système actuel des dépêches du Bureau central météorologique, pour favoriser la prévision du temps local dans les observatoires régionaux.

Puisqu'il s'agit d'annoncer chaque jour le temps du lendemain (de minuit à minuit) et non pas seulement le temps depuis midi du jour même jusqu'à midi du lendemain (comme le fait actuellement, pour la province, le Bureau central), il faut que le météorologiste régional ait avant tout la possibilité de construire, aussi bien que possible, *la carte probable du lendemain matin.*

Et pour cela il faut :

1° Que le Bureau central lui envoie, par dépêche, assez de renseignements pour qu'il puisse avoir, comme point de départ, une carte exacte et un peu complète (pressions et vents) du *jour même*, à 7 h du matin. La dépêche de pressions actuellement expédiée aux observatoires régionaux est *tout à fait insuffisante* à ce point de vue (*);

2° Que ces renseignements soient envoyés *plus tardivement*, vers 4 h de l'après-midi; alors que le Bureau a reçu lui-même *toutes les dépêches* des stations européennes et océaniennes, de manière à n'avoir que le moins possible de lacunes.

3° Qu'aux renseignements permettant de construire la carte du jour, à 7 h du matin, on joigne les pressions à 3 h du soir, pour 6 ou 8 stations convenablement choisies dans l'ouest de l'Europe.

S'il y avait de trop grandes difficultés à obtenir des dépêches étrangères dans l'après-midi, on pourrait toujours avoir celles de France, par exemple de Brest, Paris, Dunkerque, Nice... (Ces stations doivent naturellement faire partie du réseau adopté pour la transmission de la carte des pressions et vents de 7 h du matin, de manière qu'on puisse suivre la variation barométrique survenue, en ces points, de 7 h à 3 h du soir).

V. Nous indiquerons maintenant un système de dépêches chiffrées qui permettrait la réalisation simple du premier et du troisième de ces *desiderata* (**).

Ce système consisterait à choisir, à la surface de l'Europe, 25 ou 30 stations convenablement placées, et, pour chacune d'elles, toujours dans le même ordre fixé une fois pour toutes, à indiquer la pression barométrique, la direction et la force du vent, au moyen de 5 chiffres,

---

(*) Cette dépêche donne *grossièrement* la forme des principales isobares (de 745. 750, 755, 760, 765 mm) par l'indication de deux, trois ou quatre stations *près* desquelles elles passent. En 20 ou 25 mots, elle n'est pas assez précise pour les pressions et n'apprend rien sur les vents.

(**) Nous avons déjà indiqué ce système au Congrès de Toulouse, dont la 7ᵉ section a émis un vœu en faveur de l'adoption de la dépêche chiffrée que nous proposons.

ce qui ferait une dépêche de 25 (ou 30) groupes de chiffres, soit 25 (ou 30) mots plus l'adresse.

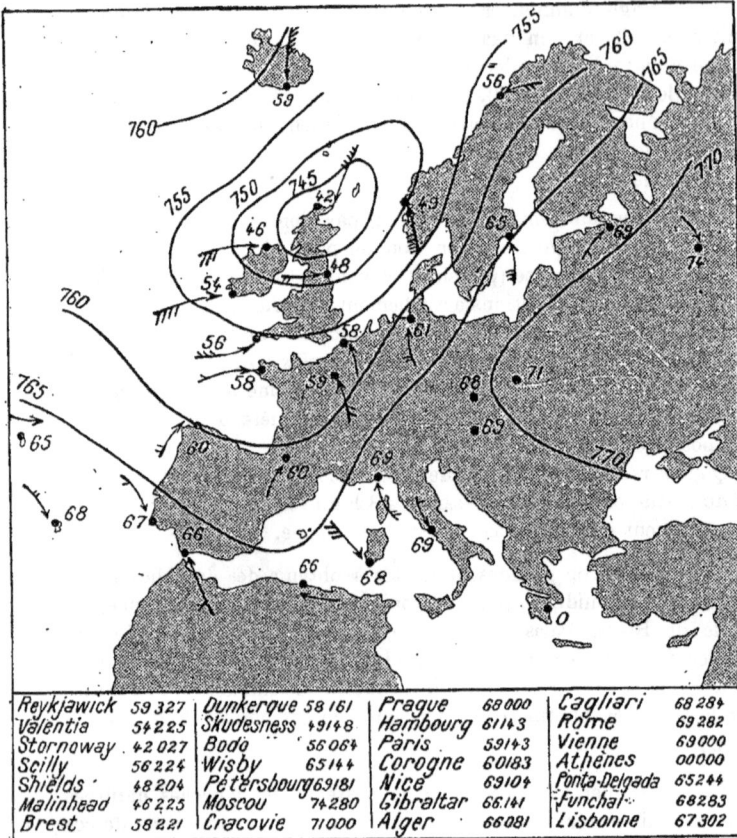

Reykjawick	59 327	Dunkerque 58 161	Prague	68 000	Cagliari	68 284
Valentia	54 225	Skudesness	49 148	Hambourg 61 143	Rome	69 282
Stornoway	42 027	Bodo	56 064	Paris	59 143	Vienne	69 000
Scilly	56 224	Wisby	65 144	Corogne	60 183	Athènes	00 000
Shields	48 204	Pétersbourg 69 181	Nice	69 104	Ponta-Delgada 65 244
Malinhead	46 225	Moscou	74 280	Gibraltar 66 141	Funchal	68 283
Brest	58 221	Cracovie	71 000	Alger	66 081	Lisbonne	67 302

Prenons, par exemple, les 28 stations suivantes : Reykjawick, Valentia, Stornoway, Scilly, Shields, Malinhead, Brest, Dunkerque, Skudesness, Bodo, Wisby, Pétersbourg, Moscou, Cracovie, Prague, Hambourg, Paris, Corogne, Nice, Gibraltar, Alger, Cagliari, Rome, Vienne, Athènes, Ponta Delgada, Funchal, Lisbonne.

La dépêche correspondante sera, par exemple :

59327 — 54225 — 42027 — 56224 — 48204 — 46225 — 58221 — 58161 — 49148 — 56064 — 65144 — 69181 — 74280 — 71000 — 68000 — 61143 — 59143 — 60183 — 69104 — 66141 — 66081 — 68284 — 69282 — 69000 — 00000 — 65244 — 68283 — 67302.

Chaque groupe contient pour une station : 1° deux chiffres pour le baro mètre réduit au niveau de la mer, en millimètres, sans dixièmes (le premier chiffre 7 est supprimé); 2° deux chiffres donnant la direction du vent d'après la convention habituelle; 3° un chiffre pour la force du vent de 0 à 9 (000 indique calme sans direction de vent). Un groupe de cinq zéros indique que la station correspondante manque : c'est le cas d'Athènes dans l'exemple ci-dessus. Les premiers groupes signifient donc : Reykjawick : barom. 759, vent Nord, force 7; Valentia : barom 754, vent WSW, force 5; Stornoway : barom. 742, vent NNE, force 7, et ainsi de suite....

On porte ces indications sur une carte ad hoc (voir page 18, la figure), et il est facile ensuite de tracer les isobares avec une exactitude suffisante (bien plus grande, en tous cas, que dans le système actuel des dépêches de pression).

Inutile d'objecter la longueur et la difficulté de transmission d'une telle dépêche : les télégraphistes transmettent plus aisément 28 groupes de chiffres que 28 mots tels que Seydisfjord, Reykjawick, Malinhead, etc., entremêlés de chiffres. Les erreurs de transmission seraient certainement plus rares que dans le système actuel (où elles ne manquent pas).

Pour les renseignements complémentaires dont il a été question précédemment, donnant la pression barométrique à 3 h, par exemple en 8 stations de l'ouest de l'Europe, 16 chiffres (soit 3 groupes de 5 et 6 chiffres) suffiraient. Au total on aurait donc, avec l'adresse, une dépêche circulaire de 35 mots qui, arrivant entre 4 et 5 h du soir, fournirait assez de renseignements précis pour établir, avant 6 h, chaque jour, une prévision s'appliquant à toute la journée du lendemain.

Les erreurs deviendraient très rares. L'analyse des cas où la prévision, telle que nous la faisons actuellement ne réussit pas du tout, ou n'est pas suffisamment précise, montre en effet que presque toutes les erreurs où imprécisions résultent surtout des causes suivantes :· 1° la carte du matin, transmise, par la dépêche des pressions du Bureau central, était incomplète et ne laissait pas voir tel ou tel mouvement atmosphérique important (cela n'est pas rare); 2° les phénomènes locaux sont indécis et faibles et l'on ne réussit pas à en déduire la transformation de la situation (ces deux cas se superposent parfois et conduisent alors à une carte très erronée pour le lendemain); 3° il s'est produit un changement brusque, rapide, que la marche des instruments locaux ne faisait pas encore prévoir à 5 h du soir (mais que les variations barométriques survenues de 7 h à 3 h dans d'autres stations auraient presque toujours permis de diagnostiquer; 4° on s'est trouvé dans un de ces cas un peu exceptionnels auxquels paraissent s'appliquer les méthodes de M. Guilbert, sans que cette application puisse être essayée, faute de renseignements précis sur les vents; 5° on a mal interprété la carte probable pour en déduire le temps local, ou bien cette carte, sensiblement bonne à 7 h du matin du lendemain, s'est ensuite transformée trop rapidement, (ce dernier cas assez rare, restera longtemps l'écueil de la prévision.)

On voit assez que le système de dépêches proposé ici supprimerait à peu près complètement ces causes d'erreur (sauf la dernière), car il permettrait : 1° de bien établir les variations barométriques survenues depuis la veille dans 25 ou 30 stations; 2° de suivre en 8 stations les variations survenues depuis le matin; 3° d'apercevoir assez bien les principales inflexions des isobares; 4° de se servir utilement des méthodes récemment proposées par M. Guilbert (anomalies des vents de surface) et par M. Durand-Gréville (rotation des couloirs de grains).

VI. Nous terminerons ces Notes par quelques considérations concernant les avertissements agricoles.

Pour annoncer le temps 30 heures d'avance (c'est-à-dire à 5 h ou 6 h du soir pour toute la journée du lendemain jusqu'à minuit) dans toutes les régions de la France, avec une probabilité de 95 % au moins, il suffirait, d'après ce qui précède, d'envoyer à 4 h aux observatoires chargés de ces avertissements la dépêche chiffrée que nous proposons.

Nous croyons que les renseignements donnés par cette dépêche (étendue, si on le peut à 35, ou 40 stations *européennes*) permettraient d'atteindre une grande précision dans les pronostics, et qu'il serait *à peu près inutile* d'établir entre les observatoires régionaux un système de *communications télégraphiques directes*. Ceux qui ont pratiqué longtemps et assidûment la prévision locale (l'auteur est dans ce cas, n'ayant jamais cessé d'en faire depuis 1879, époque à laquelle il commença à s'en occuper à Lyon, sous la direction de son maître M. ANDRÉ) savent que les phénomènes *locaux* ne peuvent être pronostiqués exactement, 36 heures d'avance, ni par de simples observations locales, ni même par des observations faites sur les régions circonvoisines jusqu'à 300 ou 400 km, mais seulement en utilisant l'ensemble des observations de l'Europe (et de l'Atlantique, quand cela sera devenu possible) et en ajoutant d'ailleurs aux observations de 7 h de ces stations celles du baromètre à 3 h du soir pour un petit nombre d'entre elles.

Nous croyons de plus que la prévision *locale* ne peut être faite utilement que par des météorologistes *localisés* dans un climat qu'ils connaissent à fond : une région donnée présente toujours des phénomènes spéciaux, importants et plus ou moins ignorés de ceux qui ne l'ont pas habitée; c'est pourquoi les météorologistes du service central, quelle que soit leur valeur, ne réussissent pas toujours à faire, de Paris, de bonnes prévisions pour les régions où ces phénomènes spéciaux ont beaucoup d'influence, comme par exemple, le versant nord des Pyrénées.

Et, en ce qui concerne l'organisation agricole projetée, nous pensons qu'il n'est pas utile de beaucoup multiplier, pour le moment, ces observatoires régionaux chargés des avertissements agricoles; car les météorologistes expérimentés, capables d'établir de bonnes prévisions locales et d'étudier leur climat au point de vue de la prévision, ne seront pas nombreux pendant un certain nombre d'années encore.

Mais il faut que ces observatoires reçoivent du Bureau central des dépêches beaucoup plus étendues que celles envoyées actuellement, par exemple les dépêches chiffrées que nous proposons, et qu'ils aient d'autre part, à leur disposition les moyens de faire parvenir rapidement tous les soirs, à tous les centres agricoles de leur région, des pronostics s'appliquant à toute la journée du lendemain, et même, avec une moindre probabilité, à celle du surlendemain.

MM. L. POULIEZ.

(Paris).

ET

ALBERT TURPAIN,

Professeur de Physique à la Faculté des Sciences (Poitiers).

OBSERVATIONS, ENREGISTREMENTS ET PRÉVISIONS D'ORAGES FAITS AU POSTE DE PARIS-LA NATION (rue de Lagny) DE MARS A AOUT 1911.

551.591.5

2 Août.

L'un de nous a installé depuis plus d'un an un poste d'observation d'orages dans l'immeuble qu'il occupe, rue de Lagny, 12 à 16, à Paris, près de la place de la Nation.

Ce poste a été successivement muni des appareils les plus aptes à permettre l'étude des orages et, en particulier, depuis le mois de mars 1911, d'un enregistreur à baromètre et à aiguilles combiné par l'un de nous, puis, depuis le 20 juillet, d'un enregistreur à milliampèremètre et à aiguilles (*) que la maison G. Richard construit sur les indications de l'un de nous.

Grâce à ces appareils, tous les orages de la saison de mars 1911 à ce jour ont pu être très complètement enregistrés. De plus, grâce à la précision de ces enregistrements, il nous a été possible de prévenir en temps utile, par téléphone, les agriculteurs de la région de Montreuil (Seine). Nous leur avons permis ainsi, soit, en cas d'orages certains de prendre les mesures préventives qu'ils jugeaient nécessaires, soit, en cas

---

(*) Voir pour la description de ces appareils : *Compte Rendu de l'Association* même Congrès, Congrès de Toulouse 1910 et Congrès de Lille 1909, p. 380 et aussi *La Nature :* Les orages et leurs observations, 1er mai 1909.

de temps orageux mais provenant d'orages certainement éloignés, de ne
pas dépenser en pure perte leurs munitions et leur temps.

Nous donnerons ci-après la description succincte du poste préviseur et
enregistreur d'orages; nous indiquerons ensuite, en un Tableau synoptique, les divers orages enregistrés.

Description du poste de la Nation. — Le poste d'observations d'orages
de la Nation, entièrement équipé aux frais de l'un de nous, comprend
une antenne unifilaire de 45 m de longueur, dont le sommet est à 60 m
d'altitude et à 20 m au-dessus du sol. Le conducteur incliné d'environ
45° sur l'horizontale présente un seul coude de 90° à l'extrémité inférieure et rentre au poste où se trouvent disposés les appareils d'observation, avec toutes les précautions comparables d'isolement.

La prise de terre est assurée de trois façons, par contact sur conduite
d'eau, par contact sur conduite de gaz, par contact avec le sol d'un
caniveau toujours humide.

A l'entrée du poste un commutateur à trois directions permet à volonté
de coupler l'antenne soit sur un cohéreur à limailles, soit sur un électrolytique muni de deux récepteurs téléphoniques, soit enfin sur les appareils enregistreurs d'orages qu'un de nous a combinés. L'antenne permet
en effet de recevoir le signal de l'heure donné à 10 h 45 m et à 23 h 45 m
par la Tour Eiffel.

Malgré la grande proximité du poste et de la tour Eiffel, les ondes
électriques envoyées par la Tour sont neutralisées d'une manière complète, grâce à un réglage convenable des appareils et ne nuisent, dès lors,
pas à l'observation des orages.

Une sonnerie qui peut être mise en circuit sur le cohéreur par l'intermédiaire d'un relais Claude, permet d'attirer l'attention des observateurs
sur les ondes électriques d'origine atmosphérique que le poste peut
recevoir. Ce dispositif était nécessaire surtout alors que le poste n'était
muni que d'un enregistreur à baromètre qui ne donnait pas, à chaque
instant, l'état de cohération du cohéreur à aiguilles. Il devient un simple
organe d'appel depuis que nous avons installé un enregistreur à milliampèremètre qui renseigne immédiatement sur l'état électrique de l'atmosphère par la position de l'aiguille milliampèremétrique.

L'un de nous, qui a fait avec grand soin toutes les observations, s'est
astreint à relever toutes les deux ou trois heures, à l'aide d'un milliampèremètre ordinaire, la valeur du courant dans le cohéreur à aiguilles
de l'enregistreur à baromètre. Grâce à ce soin constant, la prévision
de l'orage au moyen de l'enregistreur à baromètre a pu être presqu'aussi
efficace, sinon aussi commode, que par l'emploi du milliampèremètre-
enregistreur dont le poste se trouve actuellement pourvu.

*Tableau synoptique des orages et journées orageuses relevés au poste de Paris-
La Nation du 15 mars au 1ᵉʳ août 1911, à l'aide de l'enregistreur d'orages.*

L'appareil décohère pour un courant de 40 milliampères :

15 mars au 1ᵉʳ mai. Enregistrement de 4 orages ayant éclaté à l'ouest de Paris
et à Crépy-en-Valois.

10 mai. 1ᵉʳ orage de 2 h 50 m à 4 h. 5 décohérations de 2 h 30 m à 2 h 45 m.

3 décohérations de 2 h 50 m à 3 h 10 m.

— 2ᵉ orage de 9 h à 23 h. Maximum à 17 h 30 m. *Orage prévu 6 heures à
l'avance.*

13 mai. Orage signalé au milliampèremètre à 11 h 30 m. Premier coup de
tonnerre à 12 h 30 m. Coup de plus proche : 2 secondes après l'éclair. *Orage
prévu 1 heure à l'avance.*

16 mai. Orage signalé à 9 h. Orage zénithal de 11 h 50 m à 13 h 30 m, violent
de 12 h à 12 h 15 m. Coup le plus proche : 1 seconde et demie après l'éclair.
Orage prévu 3 heures à l'avance.

17 mai. Journée orageuse : de 13 h à 15 h : Une décohération; 30 μz de 15 h
à 17 h, 3 décohérations; 30 μz. Grondements très lointains à 14 h 35 m.

31 mai. Orage signalé au milliampèremètre dès 9 h du matin. Première décohération à 22 h 15 m. Orage de 22 h 45 m à 23 h 15 m : 14 décohérations.

Orage soupçonné 12 heures à l'avance et prévu 3 heures à l'avance.

Temps :	9ʰ	11ʰ	13ʰ	15ʰ	17ʰ	19ʰ	21ʰ	23ʰ
Courant :	20	15	15	20	20	25	27	37 μz

2 juin. 1ᵉʳ orage signalé au milliampèremètre de 11 h à 13 h. Première décohération 16 h 55 m, grondements lointains au SE. Premier éclair : 17 h 7 m;
derniers roulements 18 h 30 m. Coup le plus proche : 12 secondes de
l'éclair. *Orage prévu 5 heures à l'avance.*

2ᵉ Orage signalé à 19 heures, éclatant à 21 heures.

Temps :	7ʰ	9ʰ	11ʰ	13ʰ	15ʰ	17ʰ	19ʰ	21ʰ	23ʰ
Courant :	0	2	15	15	or. 20 déc.	0	30	or. 29 déc.	17 μz

3 juin. 1ᵉʳ orage signalé à 9 h 50 m. Première décohération 11 h 5 m. Orage
lointain, peu violent arrive du SSE et disparaît en nappe vers le NNO.

— 2ᵉ orage signalé à 15 h, éclate à 20 h. Coup le plus proche, 3 secondes
de l'éclair.

Temps :	7ʰ	9ʰ	11ʰ	13ʰ	15ʰ	17ʰ	19ʰ	21ʰ	23ʰ
Courant :	0	2	25 (18 déc.)	15	30	35	40	or. 15 déc.	0 μz

21 juin. Journée orageuse. — Malgré l'aspect du ciel l'enregistreur n'indique
que de faibles courants. *Le tir paragrêle est évité à Montreuil.*

23 juillet. Journée orageuse. La décroissance de l'intensité du courant à
l'enregistreur permet d'*éviter un tir à Montreuil.*

24 juillet. Orage signalé à 12 h. Premier éclair à 15 h 15 m.

26 juillet. Orage signalé à 21 h. Premier éclair à 21 h 15 m. Orage à 2 h 30 m.

Les indications de l'appareil montrent que l'éloignement du centre orageux ne fait aucun doute. *Tir évité à Montreuil.*

Résultats pratiques. — Depuis que l'un de nous observe ainsi avec soin les orages, grâce à l'emploi d'appareils à enregistrement automatique et à cohéreur à aiguilles, il a pu, en toute connaissance de cause et avec succès, éviter souvent au parc paragrêle de Montreuil la dépense d'un tir inutile lorsque l'orage était lointain et n'approchait pas la région.

Grâce à l'entente entre le poste de la Nation (téléphone 940-41) et un habitant de Montreuil (téléphone 171), le Syndicat de défense contre la grêle de la ville de Montreuil a pu faire par trois fois l'économie d'un tir paragrêle.

Chaque tir à l'aide de fusées de 900 m ou de 1200 m comportant une quarantaine de fusées à 5 fr l'une, c'est une économie de 200 fr par tir évité que le poste préviseur et enregistreur d'orages de Pari.-La Nation fait faire au syndicat de Montreuil.

Nous n'entendons pas, en indiquant ces résultats, prendre parti en ce qui concerne l'efficacité plus ou moins grande des tirs paragrêles. Quelle que soit cette efficacité, il est intéressant de pouvoir *à coup sûr* éviter la dépense d'un tir de 40 fusées.

En dehors de cette application à la prévision agricole, ces observations et enregistrements d'orages constituent des documents météorologiques dont l'importance, vu l'automatisme des instruments, ne saurait être contestée.

M. Albert TURPAIN.

LA PROTECTION DE NOS HOTELS DES POSTES CONTRE L'ORAGE.
A propos du récent incendie par la foudre de l'Hôtel des Postes de Poitiers.

725.16 : 551.594.2

4 Août.

Le 25 juillet vers 11 h du soir, au cours d'un violent ouragan, la herse dominant l'Hôtel des Postes de Poitiers fut foudroyée. A peine la foudre avait-elle atteint les nombreux fils, tant téléphoniques que télégraphiques qui dominaient et s'irradiaient de toute part autour de l'Hôtel. que la toiture prenait feu. En un clin d'œil les toits de l'immeuble étaient couverts de flammes activées par les rafales du vent, comme si le feu avait simultanément pris en plusieurs points à la fois.

Grâce au dévouement de tous, à une présence d'esprit peu commune dont firent preuve tous ceux qui organisèrent les secours et qui s'employèrent à limiter le désastre, grâce surtout au dévouement exemplaire de cet admirable personnel de notre Administrations des P. T. T., à son énergie et à son intelligence, ce lamentable accident qui, semble-t-il, aurait dû isoler Poitiers, le priver pendant de longs jours de toutes ses télécommunications, compromettre enfin profondément les relations postales, n'a eu qu'une répercussion atténuée sur la vie commerciale et administrative de la cité.

Dès le matin même, on vit sortir de l'immeuble, fumant encore et couvant quelques flammes incomplètement éteintes, les facteurs porteurs des courriers du matin qui furent régulièrement distribués. A la hâte, les principaux relais des lignes coupées à Poitiers étaient rétablis. Dès la matinée les communications télégraphiques avec Paris se trouvaient reprises et par là on assurait la transmission des télégrammes. En hâte, on aménage cabine téléphonique et standard ainsi que divers appareils télégraphiques dans une des salles de la mairie. Une tranchée déjà creusée reçoit à l'heure actuelle (28 juillet) les câbles qui relieront cette installation de fortune, si complètement et si rapidement restituée grâce au dévouement de tout le personnel, avec les fils qui, arrivant de toute part, restent encore isolés au sommet des pylones avoisinant la herse foudroyée.

Il serait injuste de signaler le déplorable accident du 25 juillet sans attirer comme il convient l'attention sur l'esprit de décision avec lequel M. le directeur départemental Pujol réorganisa les services, sur l'intelligence et la profonde connaissance technique grâce à laquelle M. l'inspecteur Forget réalisa le rétablissement presqu'immédiat des grandes relations télégraphiques de notre ville, sur le dévouement professionnel admirable de M. le receveur principal Borelli qui ne songea qu'à sauver toutes les valeurs dont il avait la garde (plus de 760 000 fr), alors que ses appartements et tous ses biens personnels mobiliers étaient ou allaient être la proie des flammes. Il faut souligner aussi le dévouement remarquable de tout le personnel accouru sur le lieu du sinistre et, en particulier, le courage et l'initiative que déployèrent chef mécanicien et ouvriers des lignes qui sauvèrent des flammes nombre d'appareils et permirent ainsi, dès le lendemain matin même, de rétablir les communications télégraphiques de première importance.

Devant un semblable sinistre, on doit se demander à quelle cause exacte il est dû. La plupart de nos centres télégraphiques sont, à l'heure actuelle, abrités dans des immeubles surmontés de herses où se pressent nombreux les conducteurs divers de télécommunication. Quels dispositifs possèdent-ils mettant à l'abri l'immeuble qu'ils dominent, d'un incendie consécutif au foudroiement direct de la herse?

On croit d'ordinaire, et cela devrait-être en effet, qu'un immeuble aussi complètement dominé par un bouquet rayonnant de fils conducteurs, c mme c'est le cas des hôtels des postes de nos villes importantes, doit être à l'abri plus que tout autre des atteintes du feu du ciel. Par la mise à la terre de chaque conducteur, et par le paratonnerre de ligne avant son arrivée à l'appareil, et par le paratonnerre de poste adjoint à tout appareil, l'immeuble en question devrait se trouver comme muni d'un immense paratonnerre de Melsens. Il est, pense-t-on, comme dans une sorte de cage de Faraday. En pratique, on le voit, il n'en est rien : le déplorable incendie de l'Hôtel des Postes de Poitiers le prouve.

C'est qu'en effet les fils nombreux qui arrivent à la herse sont tous isolés, et ce n'est qu'après de nombreux circuits trop souvent brusquement coudés que, de part et d'autre, ils se trouvent à la terre. Je sais bien, pour avoir appartenu moi-même à cette administration des P. T. T., dont je louais tout à l'heure, en connaissance de cause, le dévouement et l'intelligence professionnelle, qu'en cas d'orage les employés mettent à la terre les fils aboutissant aux appareils. Je suis bien certain qu'au poste de Poitiers, en présence des orages violents de ces temps derniers, toutes les mesures de sécurité habituellement prescrites ont été prises et qu'en aucune manière et à aucun degré de la hiérarchie le personnel ne saurait être mis en cause.

Mais, d'autre part, l'étude continue que je fais depuis plus de dix ans des phénomènes orageux et, en particulier, des coups de foudre m'autorise à dire : *La mise à la terre d'une ligne télégraphique par ses deux extrémités, l'installation actuelle et des paratonnerres de lignes et des paratonnerres de postes est illusoire. Elle ne peut obvier au foudroiement de la ligne par l'orage, foudroiement dangereux par l'incendie consécutif possible.*

Et j'apporte à l'appui de cette opinion non seulement dix années d'observation des coups de foudre et des orages, mais, ce qui est plus, ce qui vaut mieux, l'observation du foudroiement direct d'antenne de postes de prévision d'orage (voir *Journal de Physique*, mai 1911 : *Curieux effets d'un coup de foudre sur une antenne réceptrice d'ondes électriques. — La Nature*, 22 avril 1911 : *Curieux effets de la foudre*). J'invoque, à l'appui de cette opinion, les nombreuses observations de foudroiement de ligne de transport d'énergie à haute tension, aujourd'hui de plus en plus nombreuses.

Toutes ces observations indiquent que ce dont il faut surtout se préoccuper lorsqu'on envisage l'effet probable consécutif au foudroiement d'un conducteur (c'est le cas des lignes de transport d'énergie), ce sont les conditions que présente au point de vue de la self-induction ledit conducteur.

Envisageons pour l'instant le seul cas de la ligne télégraphique ou téléphonique. Isolée sur ses cloches de verre vert ou de porcelaine, elle arrive à la herse, présentant souvent au voisinage même de cette herse de nombreux coudes brusques, auxquels l'oblige le renvoi de potelets en potelets jusqu'à ceux formant la herse. En pénétrant de la herse dans l'immeuble, le plus souvent sous la forme de câbles sous plomb, elle présente de plus nombreux coudes encore, obligée qu'elle est de suivre les méandres imposés par l'esthétique ou la disposition des salles dont elle contourne les angles pour se rendre à la rosace qui permet la distribution commode des lignes sur les appareils.

Or, tout coude accroît la self-induction. Tout coude brusque sera l'occasion pour la foudre, pour la charge électrique communiquée par le nuage au fil, de s'échapper du conducteur et de produire autour les dommages et les dégâts dont son énergie la rend capable. Bien plus, chaque ligne télégraphique ou téléphonique qui émane d'une herse d'hôtel des postes réalise un conducteur isolé, rectiligne, comprise entre deux self-inductions, celle des méandres du conducteur à son entrée au poste, celles des coudes nombreux que fait le fil avant d'atteindre la herse. Par suite, la charge occasionnelle qu'un coup de foudre peut communiquer à chaque fil de la herse ne saurait, arrêtée qu'elle est par les self-inductions qui l'entourent, que tenter de s'échapper du conducteur et produire des dégâts.

Et c'est au point où la self-induction l'arrête le plus fortement, c'est-à-dire à l'entrée du poste que l'action destructive consécutive au foudroie-ment est le plus à craindre. Il n'en est pas de même dans le cas d'une antenne de télégraphie sans fil ou de poste d'observation d'orage présen-tant un seul coude brusque, comme c'est le cas de l'antenne d'un de nos postes d'observation d'orages, celui de La Rochelle (voir *Journal de Physique*, mai 1911, *loc. cit.*, et *La Nature*, *loc. cit.*). A la faveur de l'unique self-induction du coude, qui d'ailleurs est bien moindre que celles de nombreux coudes et méandres d'un fil télégraphique, les effets de la décharge sont seulement ralentis et divisés, la majeure partie échauffe l'antenne et la fond (l'antenne constitue alors un paratonnerre d'autant plus efficace qu'elle absorbe, en se volatilisant, la majeure partie de l'éner-gie du coup de foudre). Si l'énergie du coup de foudre n'est pas ainsi loca-lisée, le reste trouve passage vers la terre en surmontant le self du coude. C'est ce qui se produisit à La Rochelle où prit naissance, de plus, très vraisemblablement, un éclair globulaire susceptible de ne produire que des dégâts d'ordre mécanique et d'ailleurs peu importants.

Aussi me suis-je empressé, lors de la volatilisation de l'antenne de mon poste de La Rochelle, de faire rétablir sans délai ladite antenne, estimant qu'elle constituait pour les locaux sur lesquels elle se trouve disposée le meilleur et le plus efficace des paratonnerres. Le mieux encore et c'est ce que l'incendie de Poitiers m'engage à faire rapidement dans mes divers postes, c'est, lorsqu'une antenne offre un coude au voisinage duquel on peut craindre des irradiations d'une décharge, de disposer au voisinage de ce coude un conducteur *bien rectiligne et sans aucun coude* en relation avec une terre bonne et franche.

Cela nous amène à envisager quelles conditions doivent être réalisées *pour obvier sans retard* aux dangers auxquels sont actuellement exposés la plupart de nos hôtels des postes, avec leurs herses de fils isolés et com-pris entre des selfs assez notables, en regard des phénomènes d'électricité atmosphérique. C'est pour indiquer cette solution que nous croyons ne pas devoir différer la publication de cette étude.

Moyens de préserver les hôtels des postes des coups de foudre incendiaires. — Deux solutions se présentent et découlent immédiatement, tant des observations que j'ai faites personnellement que de celles qu'offrent le foudroiement des lignes de transport d'énergie.

Une première solution assez coûteuse et qui ne fait, en somme, que déplacer le problème, consiste évidemment à supprimer les herses et à ne faire aboutir les fils conducteurs aux hôtels des postes que sous la forme de câbles souterrains. Cette solution, d'ailleurs, n'empêchera pas d'avoir à protéger les cabanes de coupures aux lieux où le réseau cesse d'être souterrain et où les lignes aériennes peuvent être également foudroyées. On ne saurait, en effet, envisager la transformation de tout notre réseau français de télécommunication en réseau souterrain. Indépendamment du coût énorme d'une telle transformation, les capacités par trop grandes que constituent de longues ligne souterraines s'opposent à la rapidité des communications. Les lignes souterraines télégraphiques ont donné, on le sait, dans la pratique, de nombreux déboires.

La seconde solution, la plus pratique, la moins coûteuse et la plus rapide, consiste à empêcher la charge des portions rectilignes des conducteurs arrivant aux herses d'être, l'été, en temps d'orage et en cas de foudroiement direct, l'occasion d'un incendie toujours violent, vu les conditions de sa production. Il faut, pour cela, donner immédiatement passage de cette charge à la terre. On y parviendra en disposant au-dessous de chaque fil arrivant à la herse et sous la portion même où il est rectiligne, avant l'entrée au poste, une lame de cuivre assez longue, de 15 à 20 cm au moins, placée à 2 ou 3 mm au plus du fil et reliée à la terre. La relation de cette plaque de décharge à la terre doit être faite au moyen d'une bande conductrice *sans coude aucun, aussi rectiligne que possible et descendant en ligne droite de chaque potelet de la herse à la terre*, laquelle, franche et bonne, doit être réalisée au pied même de la lame de terre.

Cette réalisation de terres sans self n'est pas aussi impraticable qu'elle peut le paraître au premier abord. Chaque potelet de herse soutenant cette lame de terre sans self permettra la commode disposition des lames de décharge avoisinant chaque fil. Il suffirait pour les herses actuellement disposées d'amener les lames en droite ligne à la terre à travers les étages. On trouvera souvent, à cet effet, les colonnes de soutien des plafonds disposées au-dessous de la herse même. Lors de l'édification d'hôtels des postes il sera bon de prévoir l'emplacement des herses de manière à rendre commode la mise en droite ligne à la terre des plaques de terre de chaque fil. Dans le cas probable où, dorénavant, on opérerait l'accès souterrain des fils de télécommunication à l'hôtel, les poteaux des cabanes de coupure devront être munis de lames de terre liées directement au sol par un conducteur qui, suivant le poteau même, sera rectiligne et, dès lors, sans self. On obviera ainsi à la coupure brusque de toute une partie du réseau, coupure consécutive du foudroiement direct des lignes aériennes du réseau.

Lorsqu'on compare la protection vraiment précaire que possèdent actuellement nos si nombreuses lignes de communication à l'état actuel de nos connaissances concernant les phénomènes d'électricité atmosphérique, on est frappé de l'ignorance complète des effets de la self-induction que paraissent avoir ceux qui ont combiné les divers paratonnerres télégraphiques ou téléphoniques. Ces paratonnerres sont encore, à peu de chose près, ceux d'il y a trente ans, ou des appareils du même type Ils se trouvent liés au sol, tant chez l'abonné qu'au bureau central, par des fils nus qui, pour arriver à la conduite d'eau où souvent ils font terre, présentent les méandres et les coudes les plus brusques et les plus nombreux. En cas de foudroiement, sans nul doute, aucun d'eux, vu les self importantes qu'ils présentent, ne saurait conduire à la terre qu'une partie infime de la décharge atmosphérique.

Pourquoi les prises de terre télégraphiques n'ont-elles pas dans la pratique profité des connaissances si nouvelles et assez précises auxquelles nous a conduits la découverte et l'étude des ondes électriques? Pourquoi la technique télégraphique est-elle restée sur ce point près de vingt ans en arrière? Je ne saurais en trouver la raison que dans l'ignorance mutuelle de leurs recherches et de leurs travaux où se tiennent trop souvent techniciens et savants. Il serait peut-être bon, à cet égard, que les administrations techniques fassent pénétrer dans leurs Conseils quelques savants spécialistes qui pourraient, le cas échéant, donner d'utiles avis et mettre en accord avec les découvertes récentes l'exploitation pratique de la Science.

M. LE Dr VIDAL.

(Hyères).

LA LUTTE CONTRE LA GRÊLE.

Comment doit-on lutter contre la grêle? Quelle est l'altitude moyenne de la face inférieure des orages au-dessus du sol?

551.578

2 Août.

Peut-on lutter contre la grêle? nous demandions-nous l'année dernière au Congrès pour l'Avancement des Sciences de Toulouse. Nous pensons avoir suffisamment prouvé, par la publication des expériences qui nous sont personnelles et surtout par celles de nos dévoués collaborateurs, que, dans certaines conditions bien déterminées, cette lutte était possible. Depuis cette époque de nouvelles observations, pour le moins aussi probantes que leurs devancières, nous sont parvenues; nous les avons reproduites dans le *Progrès agricole* et dans la *Revue de Viticulture*, avec l'espoir qu'elles pourront ouvrir les yeux des hommes de bonne foi qui sont, comme nous, à la recherche de la vérité.

C'est à ces observateurs que nous nous adressons tout particulièrement

aujourd'hui, et, laissant de côté nos adversaires de parti pris, nous rai-
sonnerons comme si la possibilité de la lutte contre la grêle, dans les circonstances particulières que nous avons indiquées, était admise par notre
auditoire. On ne peut, en effet, revenir constamment sur le même sujet,
mais si la plupart de nos agriculteurs savent maintenant qu'ils peuvent
lutter contre la grêle, combien peu d'entre eux savent-ils comment il
faut s'y prendre pour combattre ce fléau et comment ils doivent se servir
des armes qui sont à leur disposition !

Une expérience, plus que décennale, nous ayant prouvé que nos artil-
leurs agricoles ont encore besoin d'être guidés dans ce combat contre
l'une des forces les plus brutales de la nature, nous allons chercher à les
éclairer aujourd'hui en traitant la question suivante :

Comment doit-on lutter contre les orages chargés de grêle?

La multiplicité des moyens employés pour défendre les récoltes contre
les ravages de la grêle prouve que cette question a de tous temps préoc-
cupé le genre humain ; il nous paraît donc opportun de faire d'abord le
rapide inventaire des armes que nous possédons actuellement et de signaler au passage leurs qualités et leurs défauts : nous indiquerons
ensuite dans quelles conditions générales les agriculteurs devront les
employer.

Les moyens de défense. — Il n'est pas nécessaire, pensons-nous, de
revenir encore une fois sur la description de ces moyens de défense que
tout le monde connaît et parmi lesquels le public, guidé par les résultats
obtenus, a déjà fait son choix ; nous nous bornerons à les énumérer et
à constater que leurs partisans, également convaincus de leurs bons effets,
se sont divisés en deux camps bien tranchés ; les uns voudraient bouleverser de fond en comble et, par conséquent, neutraliser les gigantesques
accumulateurs suspendus dans les airs, tandis que les autres préfère-
raient les décharger de leur malfaisante électricité au fur et à mesure de
leur passage au-dessus des régions menacées.

Les moyens perturbateurs. — Les moyens qui ont été successivement
employés pour bouleverser les nuages orageux, sonneries de cloches,
petits canons bourguignons, bombes et marrons d'artifice, canons-
tromblons, ballons explosibles inventés par MM. Teisserenc de Bort
et Violle, de l'Institut, fusées et pétards paragrêles, ont tous pour but
d'exercer sur les nuages une action sussaltoire (pardonnez-nous ce néolo-
gisme), action comparable à celle produite sur le sol par les fourneaux de
mine. Ils soulèvent les masses orageuses situées au-dessus d'eux, et
ils ont toujours pour résultat, quand ils sont assez puissants pour se
rapprocher suffisamment des couches inférieures des nuages, de faire
cesser, comme par enchantement, les manifestations électriques, la
foudre et la grêle entre autres, qui menacent nos existences et nos biens.
Ils font même parfois une trouée complète dans la masse orageuse et

nous découvrent alors le bleu du ciel dans le milieu même des nuages sillonnés de tous les côtés par les éclairs, spectacle grandiose et inoubliable qui est bien fait pour donner la preuve de leur puissance à leurs adversaires les plus entêtés !

Quand la défense est individuelle, cette action protectrice des moyens perturbateurs ne s'étend pas, il est vrai, au delà d'un rayon de 250 à 300 m, mais le bon marché des engins qu'on peut employer en pareil cas favorise cette défense individuelle et permet aux syndicats de multiplier, à peu de frais, leurs postes de protection-générale dont ils peuvent, en outre, changer la position suivant les indications fournies par les résultats des tirs antérieurs.

Quand, au contraire, la défense est organisée sur une grande étendue, quand, par exemple, l'entente des intéressés permet de grouper les membres des syndicats de toute une région agricole, les moyens perturbateurs peuvent donner des résultats bien autrement importants, au point de vue des surfaces protégées par chaque poste de tir. C'est ainsi que, grâce au bienveillant concours du Comité des améliorations agricoles qui est institué au Ministère de l'Agriculture et dont M. Violle est le dévoué président, nous avons pu organiser économiquement la défense de plus de 22 000 hectares des meilleures terres de la Limagne, dans la cuvette de Gannat, au moyen de quatre-vingts postes de tir, ce qui fait que, dans ces conditions, chacun de ces postes protège environ 275 hectares, c'est-à-dire quinze fois plus que s'il se trouvait isolé.

Au milieu de tous leurs avantages, les procédés perturbateurs présentent cependant certains inconvénients qui peuvent nuire à la défense; c'est ainsi que nous avons constaté leur impuissance contre des cyclones dont la violence défie toute intervention. Comment, en effet, se défendre contre des tourbillons assez puissants pour déraciner, ainsi que cela s'est vu l'année dernière à Montreuil-sous-Bois, de gros arbres qui se trouvaient sur leur trajectoire et qui emportaient horizontalement les fusées paragrêles ! C'est à peine si en pareille occurence les pétards métalliques, lancés par des mortiers, auraient eu quelques chances d'atteindre le centre du météore ; c'est ainsi qu'il faut, avant tout, que les tireurs soient rendus à leurs postes aussitôt qu'un orage est signalé; que ces postes soient assez bien installés pour les abriter convenablement et qu'ils leur permettent de manier facilement les projectiles; qu'il faut encore ne confier la défense qu'à des tireurs connaissant parfaitement la manœuvre de leurs armes et sachant qu'il faut ouvrir le feu, sans hésiter, aussitôt que l'orage devient menaçant, et qu'il vaut beaucoup mieux sacrifier inutilement quelques fusées, que de s'exposer à perdre toute une récolte; qu'il faut aussi pour les défenses en commun que les postes de tir soient échelonnés suivant une tactique basée sur l'étude de la marche ordinaire des orages dans la localité et sur la parfaite connaissance des territoires traversés; qu'il faut enfin que les projectiles dont il est fait usage s'élèvent à une altitude suffisante que de nombreuses expériences nous ont appris devoir être fixée entre 450 et 500 m au-dessus du sol.

Malgré ces causes d'insuccès, qui dans certaines circonstances peuvent devenir très sérieuses, la méthode perturbatrice voit chaque année ses partisans devenir plus nombreux; elle compte maintenant à son actif des milliers d'observations qui lui sont favorables et nous la trouvons employée depuis plus de dix ans, avec postes de fusées ou de pétards paragrêles, soit à Rabastens, dans le Tarn, par M. Jacques Tibbal, soit à Hyères par le Syndicat de Défense de cette ville, soit enfin dans la banlieue de Paris par les membres du Syndicat de protection agricole, fondé à Malakoff-Montrouge et Châtillon par le dévoué M. Curé, jardinier émérite, dont le nom est universellement connu dans le monde horticole. Depuis la fondation de ces syndicats, des tirs de défense contre la grêle ont été exécutés toutes les années et il est à remarquer qu'ils ont été constamment couronnés de succès.

Les moyens de décharge. — Jusqu'à ces derniers temps, les moyens proposés pour rendre inoffensifs les nuages orageux, en les déchargeant de leur électricité, n'étaient guère représentés que par les appareils volants dont l'emploi paraissait tout indiqué par l'expérience primordiale de l'illustre Benjamin Franklin et par les bigues si ingénieuses du Dr Clément, de Lyon. Ils ne paraissaient point appelés à sortir du domaine scientifique, quand une Communication de M. de Beauchamp, à l'Académie des Sciences, appela tout à coup l'attention des intéressés sur un appareil de son invention qui permettait de soutirer des nuages des torrents d'électricité et qu'il désignait sous le nom de *Niagaras électriques.*

Voici la description de cet appareil, telle que M. le sénateur Audiffred l'a faite, le 17 mai 1911, à la Société nationale d'Agriculture de France (*).

« M. de Beauchamp a eu l'idée d'un appareil qui est un paratonnerre d'une forme et d'une nature spéciale. Il place au sommet d'un édifice une tige de cuivre pur électrolytique, terminée par une série de six à huit lames du même métal, de 30 à 40 cm environ. La tige est reliée par une lame de cuivre de 6 cm de largeur et de 2 à 3 mm d'épaisseur, non plus au sol, mais à une pièce d'eau d'une certaine surface ou à un puits alimenté par de l'eau courante.

» Cet appareil décharge les nuages, et la quantité d'électricité dont il favorise l'écoulement est telle, d'après son auteur, qu'il a donné à son appareil le nom de *Niagara électrique.* L'abondance du fluide écoulé explique la nécessité d'immerger la tige terminale de cuivre dans une assez grande quantité d'eau. Le sol ne suffirait pas à le recevoir et à l'absorber.

» Le principe du Niagara électrique, dit M. de Beauchamp, est l'inverse du paratonnerre de Franklin. Celui-ci est défensif, le Niagara est offensif, il supprime les effets en supprimant les causes. Ainsi pratiquement, explique-t-il,

_____

(*) *Bulletin de la Société nationale d'Agriculture de France*, t. LXXI, 1911, n° 5, p. 39 et suivantes.

la protection insuffisante et douteuse de Franklin est-elle remplacée, ici, par une protection en surface *théoriquement* illimitée ».

A notre grand regret, l'espace nous manque pour reproduire la suite de la si intéressante Communication de M. Audiffred, mais ceux de nos collègues qui désireront la lire, *in-extenso*, la trouveront dans le numéro que nous avons indiqué plus haut du *Bulletin officiel de la Société nationale d'Agriculture.*

Bien que le procédé inventé par M. de Beauchamp ait été déjà expérimenté par lui, ainsi que par le général de Négrier, et qu'il ait donné des résultats favorables, ainsi que cela résulte de l'enquête faite, sur la demande du groupe agricole du Sénat, par MM. Audiffred et de Pontbriand, nous pensons que ce moyen de défense contre la grêle n'a pas encore à son actif des preuves suffisantes de son efficacité pour qu'on l'adopte immédiatement d'une manière générale; mais nous reconnaissons volontiers sa grande valeur au point de vue théorique et nous remarquons, en outre, que son action doit être à la fois permanente et automatique, deux avantages dont ne jouiront jamais, quoi qu'il arrive, les moyens perturbateurs, car ces derniers demandent le renouvellement des munitions après chaque orage et ils exigent la présence sur les lieux de tous les défenseurs.

A côté de ces avantages incontestables, le système de M. de Beauchamp présente quelques difficultés d'exécution qu'il faut prévoir et qui sont de nature à retarder son adoption. Ce sont, avant tout, les premiers frais d'installation, que peu de syndicats seront capables de supporter, parce que dans certaines localités l'érection de plusieurs pylones sera indispensable, si l'on veut se conformer à la tactique dont nous avons tracé pour la première fois les règles générales au Congrès international de Lyon, et si l'on veut mettre en état de défense tous les points stratégiques d'une même région agricole.

Il faudra donc déterminer exactement ces points stratégiques avant d'ériger les pylones, parce que, en cas d'erreur, il serait très coûteux de les transporter ailleurs.

Dans cet ordre d'idées, il faudrait aussi ne pas trop compter sur la transformation des clochers en pylones de défense contre la grêle, par cette raison que, dans bien des localités, ces monuments se trouvent éloignés des points stratégiques et que dans ce cas ils ne protégeraient que les toitures des maisons groupées autour d'eux.

A part ces réserves, nous ne saurions que faire le plus sympathique accueil aux pylones porteurs de paratonnerres à lames de cuivre électrolytique inventés par M. de Beauchamp; nous estimons qu'ils peuvent être un excellent moyen de défense contre la grêle et nous souhaitons qu'après avoir, dans le plus bref délai, constaté officiellement leur efficacité, on puisse déterminer exactement quel est leur périmètre de protection par rapport à la hauteur de leur sommet au-dessus des sols environnants.

Comme pour les moyens perturbateurs, ces preuves ne seraient pas très faciles à obtenir, si l'on n'avait eu l'heureuse idée d'armer la tour Eiffel de plaques de cuivre électrolytique. Ce merveilleux pylone, dont la cime dépasse de beaucoup les collines et les monuments les plus élevés de Paris, se trouve par hasard placé tout à côté du Bureau central météorologique de France et cela permettra, nous l'espérons, d'abréger autant que possible un stage que nous subissons depuis plus de onze ans, sans que les résultats favorables que nous avons obtenus sur presque tous les points du territoire français et notamment à Bobigny, à Malakoff-Montrouge et à Châtillon dans les environs de Paris, aient paru ébranler les convictions de nos honorables contradicteurs.

En attendant que ce résultat si désiré par tout le monde soit irrévocablement acquis et que l'installation générale des pylones nous ait mis pour toujours à l'abri des ravages, non seulement de la grêle, mais encore des autres manifestations orageuses, nous continuerons de notre côté la lutte contre ces fléaux, en engageant nos concitoyens à se munir des engins à bon marché que nous leur avons procurés. Ils devront, ainsi que nous le leur avons toujours conseillé, choisir leurs armes parmi les meilleures et apprendre à s'en servir. Sur le premier de ces deux points essentiels de la défense au moyen des agents perturbateurs, permettez-moi, Messieurs et chers Collègues, d'appeler tout spécialement l'attention du Congrès sur la corrélation qui existe entre l'altitude des nuages orageux au-dessus du sol et celle que doivent atteindre les engins perturbateurs.

Quelle est donc cette altitude moyenne des nuages ? Elle diffère essentiellement suivant qu'on considère la face supérieure ou la face inférieure de la masse orageuse : la première, dont nous n'avons pas à nous occuper en ce moment, et qui est dilatée par la chaleur solaire, peut s'élever à plusieurs kilomètres dans l'atmosphère, tandis que la seconde qui regarde la terre s'en rapproche d'autant plus qu'elle est plus condensée, et c'est pour cela que tous les orages ont la forme d'un champignon.

Ce sont, par conséquent, les couches inférieures des nuages orageux qu'il faut attaquer, qu'il faut disloquer sans toutefois les traverser, qu'il faut même bouleverser de fond en comble, parce qu'elles contiennent le foyer des éléments électriques, mystérieux générateurs de la grêle. Il faut, en un mot, soulever de bas en haut les nuages, en exerçant sur eux une action sussaltoire analogue, nous l'avons déjà dit, à celle produite sur le sol par les fourneaux de mine.

La question se réduit donc, selon nous, à la détermination de l'altitude moyenne de la face inférieure des orages au-dessus de la tête des observateurs.

A *priori*, il faut admettre que plus les couches inférieures des nuages sont condensées et plus elles doivent se rapprocher du sol; c'est en effet ce qui existe et ce qui est constaté journellement par les observateurs les plus divers, par ceux entre autres qui ont, comme nous, été surpris dans la montagne par un orage grondant sur leurs têtes et qui se sont trouvés quelques minutes après, en plein soleil, la foudre éclatant à leurs pieds, au milieu des nuages bouleversés par la tempête.

Des observateurs situés dans une plaine ont aussi pu voir de loin les sommets de certaines montagnes émerger librement au-dessus des masses orageuses qui descendaient sur leurs flancs pour tomber, c'est le cas de le dire, dans les plaines environnantes; nous avons même reproduit une de ces observations, dont nous pouvons garantir l'exactitude, dans la *Revue de Viticulture* du 12 novembre 1910.

Nous avons surtout, pour fixer vos convictions sur cette question si controversée et qui a pour nous la plus grande importance, à mentionner les nombreuses observations faites dans le Beaujolais et dans la région pyrénéenne par M. Marchand, le si consciencieux directeur de l'Observatoire du Pic du Midi. M. Marchand, dont nous sommes autorisé à citer les expériences, fixe approximativement l'altitude moyenne de la face inférieure des orages au-dessus du sol entre 400 m et 500 m, et nous sommes très heureux de nous trouver exactement d'accord avec un observateur aussi compétent en cette matière.

Voilà donc bien établi le principal côté de la question de l'altitude de la face terrestre des orages au-dessus du sol, mais il en est un autre qui demande des explications et qui nous paraît avoir été obscurci à plaisir par des intéressés. Ne prétendent-ils pas, en effet, que cette altitude est plus grande sur les plaines que dans les montagnes, comme si la pesanteur n'était pas régie partout par les mêmes lois ! Il pourrait cependant arriver que l'orage, après avoir lâché une bordée de grêlons, se relevât momentanément comme un ballon qui a jeté du lest, mais il ne tarderait pas à se rapprocher de nouveau du sol à cause de la densité considérable de ses couches inférieures qui restent toujours chargées de pluie dans les intervalles des chutes de la grêle.

Nous ne pouvons donc voir dans cette conception erronée de l'altitude des orages au-dessus des plaines qu'un moyen de provoquer le débit d'engins perturbateurs qui sont censés s'élever plus haut et qui par conséquent coûtent plus cher que les autres.

C'est dans le but d'empêcher cette exploitation de nos agriculteurs que nous avons demandé au Congrès de Toulouse que la vente de tous les engins paragrêles soit réglementée, que leurs fabricants soient tenus d'imprimer en grosses lettres sur chaque projectile l'indication de l'altitude moyenne qu'il doit atteindre au-dessus du sol, et que les prix en soient proportionnels aux altitudes moyennes qu'ils doivent atteindre et que nous avons cru devoir fixer de 450 à 500 m, c'est-à-dire au-dessous du foyer des orages dans lequel il faut éviter de pénétrer et qu'à plus forte raison il ne faut jamais dépasser.

C'est suivant ces principes, et en se servant tout aussi bien des moyens de décharge que des engins perturbateurs, que nous comprenons l'organisation et la pratique de la lutte contre la grêle, jusqu'au jour où une installation générale d'appareils permanents et automatiques permettra de priver totalement les nuages de leur électricité, ou de modifier leur constitution intérieure au moyen des ondes hertziennes.

En attendant cette heureuse solution, nous vous demandons de vouloir bien émettre les vœux suivants dont les principes ont déjà été votés l'année dernière par le Congrès de Toulouse.

1er Vœu. — Que l'État favorise non seulement les divers procédés ayant donné depuis plusieurs années des résultats favorables dans la lutte contre la grêle, mais encore celui proposé en dernier lieu par M. de Beauchamp.

2e Vœu. — Que la question de la lutte contre la grêle soit reportée au prochain Congrès pour l'avancement des Sciences.

M. LE COMMANDANT BERGEZ.
(Valenciennes).

LA PRÉVISION DU TEMPS NÉCESSAIRE A L'ACTIVITÉ HUMAINE.
EXAMEN DU CIEL.

551.591

4 Août.

L'activité humaine a toujours senti la nécessité de connaître à l'avance le temps qu'il pourra faire à un moment donné. La prévision du temps s'imposant à l'homme, celui-ci s'est adressé pour résoudre le problème à tous les phénomènes dont il était le témoin et surtout à l'observation du ciel. Les nuages ont donc été l'objet d'observations multiples et laborieuses. En effet, jouets des vents et de la lumière, les nuages changent à chaque instant de forme et de coloration. Ces observations remontent aux temps les plus reculés; tout le monde connaît la bande de Théophraste, cette raie noire qui barre les fracto-cumulus dans un ciel à averses intermittentes.

Depuis de nombreuses années, nous nous sommes attaché à l'étude des nuages de la partie supérieure de l'atmosphère, les cirrus. A la suite d'observations recueillies dans toutes les localités où la carrière militaire nous a conduit, nous avons reconnu les coïncidences suivantes :

I. L'apparition des cirrus dans le demi-cercle SE à NW par S annonce un changement de temps dans les trois jours. Cette apparition précède presque toujours la baisse barométrique, elle l'accompagne ou la suit plus rarement.

II. Quand une zone de fortes pressions s'étend sur une région, on voit souvent apparaître des cirrus dans le demi-cercle NW à SE par N. Ils sont presque toujours suivis d'une légère baisse barométrique, les maxima perdent de leur amplitude et se déplacent, la zone a un peu fléchi sous la poussée d'une dépression. La même apparition, accompagnée des mêmes effets, peut se reproduire jusqu'au changement de temps; la durée peut aller de 5 à 12 jours en moyenne. Ces coïncidences sont faciles à vérifier; seulement la direction des cirrus est assez difficile à déterminer, vu la lenteur de leur marche, leur forme souvent diffuse; il faut avoir des points de repère bien connus.

III. Quand, lors de leur apparition, les cirrus ne se présentent pas sous leur aspect ordinaire, mais sous une forme tourmentée, il y a presque toujours coïncidence entre cette figuration et l'arrivée d'une profonde perturbation atmosphérique. Exemples : le 11 mars 1911, à 14 h, venant du Sud, nous avons remarqué des cirrus en spirale avec des cirro-cumulus en demi-cercle ayant à leur centre un petit fracto-cumulus à base noire et à sommet très brillant. Du 12 au 17 mars, violentes tempêtes, pluie et neige par toute la France.

Ce 25 avril 1911, à 9 h, derrière un fracto-cumulus assez grand, venant du Sud, nous avons vu deux cirrus allongés en rayon, reliés entre eux par un autre cirrus en demi-cercle. Du 26 au 30 avril, baisse barométrique de 15 mm, tempête, 26 mm de pluie en 3 jours.

Le 15 juin, au coucher du soleil, à l'Ouest, apparaît un groupe de cirrus, projetant trois grands rayons; celui du centre a pris des proportions très étendues, il était délié, semblable à une plume frisée dont le sommet s'inclinait fortement du côté SW. On sait quel temps affreux s'est produit au début du Circuit européen d'Aviation.

Il est évident que cette forme tourmentée des cirrus est l'indice de violents remous d'air dans les couches supérieures de l'atmosphère. Cette agitation, propagée dans les couches inférieures sous l'action de dépression, aggrave et augmente l'intensité des remous formés par le relief ou les accidents du sol. Ces remous sont aussi dangereux pour les navigateurs de l'air que le sont les gouffres, sur certaines mers, pour le navire.

Ces remous existent d'une façon presque permanente et sont faciles à constater. Si l'on passe, par exemple, non loin d'un édifice important, une cathédrale, un bâtiment très élevé et d'une masse assez imposante, on ressent dans ce voisinage, même par les temps les plus calmes, un courant d'air assez vif. Il n'est même pas rare de voir souvent au pied de l'édifice des objets légers, papiers, fétus de paille, poussières, prendre un mouvement giratoire et donner le spectacle d'un cyclone minuscule.

Dans une localité, les personnes qui suivent attentivement la marche des orages ne sont pas sans remarquer que différents points, dans et autour de la localité, sont plus souvent foudroyés que d'autres. Ce sont des points où existent des accidents du sol, sièges de remous d'air, qui ont une influence considérable sur la marche des couches inférieures de l'orage, qu'ils soumettent à des mouvements d'attraction et de répulsion; l'orage arrêté rassemble toutes ses forces; pour triompher de l'obstacle de là les coups de foudre. La grêle semble également avoir une malheureuse prédilection pour certaines parties d'une région, pendant que d'autres semblent pour ainsi dire protégées.

Il est donc aujourd'hui de toute nécessité, surtout pour faciliter l'étude de la Climatologie et l'essor de l'Aviation, de reconnaître la situation exacte de ces remous, leur emplacement, la configuration topographique du terrain sur lequel ils sont établis, soit à demeure, soit sous l'influence de certaines conditions atmosphériques.

Leur report, dans chaque région d'observations, sur une Carte, permettra aux aviateurs de tracer le profil d'une route aérienne en notant la hauteur qu'ils devront atteindre, pour se trouver à l'abri de la fatale influence des remous.

M. LE Dʀ E.-J. MARQUÈS.

(Toulouse).

THÉORIE DE LA CHALEUR SOLAIRE.

52.372

2 *Août.*

Le Soleil serait le siège de courants électriques, dont la répercussion sur notre sphère aurait lieu par l'intermédiaire des variations d'un champ magnétique solaire et par diverses radiations.

Pour expliquer certains phénomènes électriques de l'astre central, je dois vous rappeler les effets de la chute d'électrons sur un miroir de platine d'un tube de Crookes : Vous savez que ce bombardement cathodique peut non seulement rougir le platine de l'anticathode, mais même provoquer sa fusion. [On (*) a même pu, par ce procédé, transformer le diamant en graphite, ce qui représente une température de 3600°.]

(*) M. Moissan,

La chute d'électrons sur le Soleil pourrait également provoquer une énorme élévation de température, et cette hypothèse nous ramènerait aux idées du créateur de la Thermodynamique, R. Mayer.

On sait que le Dr Mayer avait proposé, comme explication de l'incandescence du Soleil et des étoiles, l'idée du choc de matériaux tombant de très loin sur le Soleil et venant le heurter avec une grande vitesse.

Malheureusement, cette théorie est inacceptable : En effet, l'attraction du Soleil augmenterait peu à peu avec sa masse, et les planètes, se rapprochant de lui, auraient leurs révolutions accélérées (ce qui est inconciliable avec les observations faites depuis 2000 ans).

Mais il suffit de songer à la chute d'électrons (c'est-à-dire à la chute de matière impondérable) pour rajeunir la théorie de R. Mayer.

Ces électrons doivent obéir aux actions électromagnétiques de l'astre central : Deux forces continuellement agissantes, l'une, l'attraction électrostatique, l'autre la propulsion due au champ magnétique, peuvent faire graviter les électrons en tourbillonnant autour du Soleil. Ces corpuscules, placés dans un champ magnétique uniforme et lancés perpendiculairement à la direction de ce champ, décrivent comme trajectoire un cercle situé dans un plan normal au champ (*).

Mais si les corpuscules sont projetés dans la direction du champ magnétique, ils s'enroulent en spirales tangentes aux lignes du champ, comme un projectile lancé par un canon à rayures hélicoïdales : ces projectiles corpusculaires en heurtant le Soleil contribuent à l'entretien de sa chaleur.

[R. Mayer pensait que les corpuscules de la lumière zodiacale pouvaient tomber sur le Soleil après avoir été dérangés de leurs orbites par l'action des planètes].

En assimilant ces corpuscules aux électrons impondérables qui tombent sur le miroir de platine de l'ampoule de Crookes, ces électrons en mouvement doivent être considérés comme de véritables courants électriques. Or, on sait que ces courants sont constitués par des déplacements simultanés et, en sens inverse, de charges électriques de signe contraire; ainsi, les corpuscules négatifs tomberaient sur la surface du Soleil, alors que dans une sorte de reflux les électrons positifs seraient projetés hors de la masse solaire incandescente, en suivant, en sens inverse, les mêmes trajectoires.

Mais, en plus de leur effet calorifique, ces chutes d'électrons sur le Soleil, ces charges électriques subitement arrêtées, doivent produire des ébranlements électromagnétiques de l'éther : ces vibrations de l'éther, parties de l'astre central, se propagent de proche en proche avec la vitesse

---

(*) Ces corpuscules doivent avoir une charge électrique, et ces charges en mouvement constituent un courant électrique : les corpuscules tourbillonnant autour du Soleil augmentent le rayon d'action du champ magnétique solaire et amplifient en quelque sorte l'action magnétique du Soleil.

de la lumière, et ne sont autre chose que les diverses radiations calorifiques, lumineuses, ultraviolettes. . .

Nous devrions considérer les taches solaires comme de gigantesques cyclones de l'astre central, obéissant sans doute aux théories des rotations électromagnétiques.

Le Soleil pourrait ainsi être envisagé comme le siège de courants électriques formidables dont la répercussion sur notre sphère aurait lieu par l'intermédiaire de variations du champ magnétique solaire et par ses diverses radiations.

M. Le Dʳ E.-J. MARQUÈS.

UNE THÉORIE DU MAGNÉTISME TERRESTRE.

538.7

2 Août.

Quelle est la cause encore mystérieuse du magnétisme terrestre?

On ne saurait ressusciter la vieille théorie de Gibert qui, en 1600, croyait à l'existence d'un immense barreau aimanté coïncidant avec l'axe du globe : L'énigme du magnétisme terrestre ne peut être expliquée par une masse magnétique centrale (ou du moins par un véritable aimant, à cause de la température du milieu).

Les courants électriques doivent donc nous donner la clef du phénomène, car nous ne connaissons que deux sources de magnétisme : les courants et les aimants.

L'aiguille aimantée indique que l'ensemble des lignes de force du champ magnétique terrestre a la forme du champ magnétique d'un solénoïde : ce fait ne peut être considéré comme une simple coïncidence.

Le champ magnétique terrestre pourrait être produit par des courants électriques allant de l'Est à l'Ouest (c'est la théorie des courants thermoélectriques d'Ampère).

Mais la cause thermo-électrique serait (d'après l'auteur) simplement accessoire et surajoutée à une origine électro-motrice plus puissante : les courants principaux engendrant le magnétisme terrestre auraient comme cause génératrice le mouvement de la Terre tournant dans un champ magnétique solaire.

Théorie de l'auteur. —Admettons que le Soleil (comme tous les astres) soit entouré par un champ magnétique : La rotation d'une tranche de la sphère terrestre tournant normalement aux lignes de force de ce champ magnétique solaire, engendrera des courants induits, et ces courants induits seront *continus* comme dans l'expérience du *disque de Faraday*.

Mais la trajectoire de ces courants doit s'incurver en courants circulaires : on peut, en effet, considérer le noyau terrestre central comme un milieu où domine le fer; les lignes de force, du champ magnétique solaire, doivent donc, par ce seul fait, subir une inflexion en pénétrant dans ce noyau central, et être ainsi collectées, grâce à la perméabilité plus facile de ce noyau pour les lignes de force du champ solaire. Dans ces conditions, autour de ce faisceau central de flux de force magnétique, les courants électriques (engendrés comme on l'a vu dans une tranche de la sphère) doivent avoir la forme circulaire. (Tous les courants circulaires prendraient une certaine position d'équilibre en s'orientant de l'Est à l'Ouest.)

Ces courants seraient dans des plans perpendiculaires à une ligne qui contiendrait leurs centres : cette ligne, perçant la sphère terrestre au niveau des pôles magnétiques, serait ainsi entourée par un véritable faisceau de solénoïdes dont le champ magnétique équivaudrait à celui d'un solénoïde unique. Nous pourrions donc assimiler la Terre à un véritable solénoïde entourant le noyau central. (Les courants telluriques ne seraient que des dérivations venant du solénoïde central ou des courants thermo-électriques surajoutés.)

Cette théorie du magnétisme terrestre nous entraîne à admettre une constitution spéciale du noyau central.

Constitution du noyau central. — Nous avons déjà considéré le noyau central comme un milieu où domine le fer. Ce milieu serait d'une rigidité considérable : mais cette rigidité pourrait s'expliquer par un mouvement d'une rapidité excessive. Un fluide en mouvement peut, en effet, acquérir une rigidité incroyable : un jet d'eau sous une très forte pression peut être frappé avec un marteau et résiste même si l'on essaye de le couper avec un sabre. Notre théorie nous conduit donc à admettre que la Terre ne tourne pas comme un bloc rigide d'acier : son noyau central doit être animé d'un rapide mouvement tourbillonnaire, et plus une particule de ce noyau est rapprochée du centre, plus rapide est son mouvement.

En partant de l'atmosphère et en allant par la pensée vers le centre de la sphère, on devrait trouver les états suivants : 1º gazeux (atmosphère); 2º liquide (océan); 3º solide (écorce terrestre); 4º liquide (roches en fusion, témoignage de volcans); 5º gazeux (état spécial de dissociation-ionique où les gaz, grâce à des pressions considérables et à des mouvements giratoires d'une extrême rapidité, auraient une rigidité, une densité et une élasticité bien supérieure aux corps solides connus).

Météorologie interne et externe. — Les perturbations du régime normal de ces mouvements giratoires, ou des courants électriques (formant les solénoïdes terrestres) pourraient contribuer à la genèse de divers phénomènes de la Météorologie interne et externe.

Les principaux accidents de la Météorologie interne pourraient être considérés comme des tourbillons localisés à une région de la masse fluide interne.

Avons-nous un signe extérieur qui puisse nous avertir des déplacements anormaux des masses fluides situées sous l'écorce? Milne, Cancani, Omori ont observé que les tremblements de terre destructeurs ont eu lieu aux époques de maximum et de minimum de variation de latitude. Ces très faibles mouvements (découverts récemment) sont naturellement inverses pour les deux moitiés d'un même méridien et coïncident avec un très faible déplacement de l'axe des pôles. La masse fluide interne de notre globe ne serait-elle pas capable de subir des modifications dans ses mouvements intérieurs? Et les tremblements de terre destructeurs de certains compartiments géologiques instables ne seraient-ils pas amorcés par ces tourbillons ou cyclones de la masse fluide interne?

Météorologie interne. — En Météorologie externe, on a déjà constaté l'action des cyclones, typhons et tempêtes, comme causes provocatrices de petits tremblements de terre (microséismes).

Un élément instable de la marqueterie terrestre ne pourrait-il également être ébranlé par un cyclone situé sous l'écorce terrestre? Ce tourbillon interne (*) ne pourrait-il provoquer la rupture initiale d'équilibre amorçant le cataclysme dévastateur? L'hypothèse ne paraît pas inadmissible.

Météorologie externe. — Les perturbations des courants électriques du solénoïde terrestre causeraient les tempêtes magnétiques.

On sait que les composantes verticales indiquent que des courants électriques de l'atmosphère convergent d'une façon à peu près circulaire vers des centres d'actions qu'ils entourent. Ces courants, sous l'action du magnétisme terrestre, donnent lieu à des systèmes de rotations électromagnétiques. On pourrait considérer ces actions électro-magnétiques comme capables d'animer la matière, de la mouvoir et de l'entraîner dans de véritables mouvements tourbillonnaires : l'électromagnétisme devrait donc être considéré comme un des facteurs principaux de la genèse des ouragans, des trombes, des tornades et des cyclones (**).

Certaines radiations solaires de très courte longueur d'onde, en ionisant l'air, le rendraient conducteur de l'électricité, et certaines radiations X, à pouvoir pénétrant plus considérable, pourraient modifier les résistances électriques de l'atmosphère ou même de l'écorce terrestre.

Il devrait exister des relations étroites entre les perturbations de

---

(*) On sait que les courants induits s'opposent à la cause qui les produit : ainsi quand la roue de Foucault est lancée à toute vitesse, si on la place dans un champ magnétique intense, la roue s'arrête brusquement (on peut constater alors qu'elle est fortement échauffée). Une variation du champ inducteur solaire pourrait également éveiller des courants induits à action frénatrice : cette action engendrerait une sorte de remous dans une région de la masse fluide centrale tourbillonnante. Ces cyclones internes pourraient à leur tour servir d'amorce à de nouveaux phénomènes mécaniques (séismes) ou thermiques (fusions de roches ou éruptions volcaniques).

(**) Dans chaque hémisphère, les girations sont de sens contraire : le bonhomme d'Ampère et la loi de Laplace peuvent indiquer le sens des girations.

l'électricité ou du magnétisme terrestre et ces diverses radiations solaires. Ces divers phénomènes anormaux correspondant surtout à l'état d'activité rapide des taches solaires et des facules, nous pourrions admettre que les divers états normaux ou anormaux du magnétisme terrestre dépendent de l'état électrique ou des variations du champ magnétique solaire.

Le noyau central de notre sphère pourrait être considéré comme un organe dépendant de l'activité solaire, et le système solaire, ainsi envisagé, pourrait être comparé à un immense organisme vivant, dont les divers organes sont solidaires.

M. Le Chanoine Victor RACLOT.

Directeur de l'Observatoire météorologique (Langres).

LA VAGUE DE FROID DU 3 AU 10 AVRIL 1911 A LANGRES.

551.523

1er *Août.*

Le froid intense survenu à Langres durant cette période est une

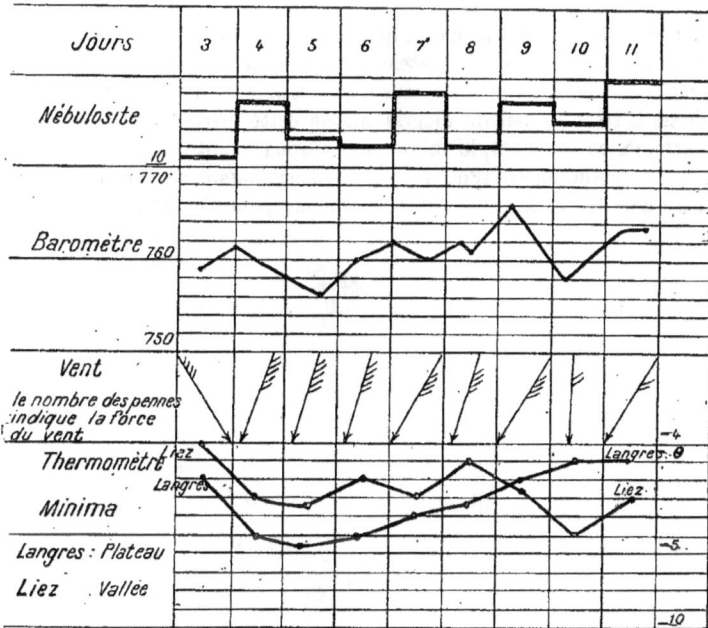

nouvelle preuve de l'influence du régime cyclonique sur le refroidissement des sommets ou sur la décroissance de la température dans la verticale.

Nous avons dit ailleurs que trois facteurs interviennent pour accentuer la décroissance normale de la température dans la verticale; le baromètre, la nébulosité et le vent. Baromètre inférieur à la normale, nébulosité et vent forts : décroissance thermique plus ou moins sensible, des vallées aux sommets, selon l'intensité des trois causes en jeu.

Or, l'examen du diagramme ci-dessus fait clairement ressortir la coïncidence, dans la période observée, du régime de faible pression par vents forts des régions Nord et ciel nuébuleux, avec le fort refroidissement du plateau.

M. LE CHANOINE RACLOT.

LA PLUIE SUR LE PLATEAU DE LANGRES :
Trente années d'observations de décembre 1877 à novembre 1907.

1er Août.

Il résulte de cette communication que la normale de la tranche d'eau qui tombe annuellement sur le plateau est d'environ 900^{mm}, dont l'inégale distribution obéit en même temps à une double loi d'équilibre et de périodicité. Il ressort aussi du diagramme de cette distribution que les deux extrêmes se touchent, le minimum en 1894, étant ainsi à courte échéance du maximum en 1896. Il y a d'ailleurs défaut de corrélation entre les quantités et les jours de pluie, même pour l'ensemble d'une année.

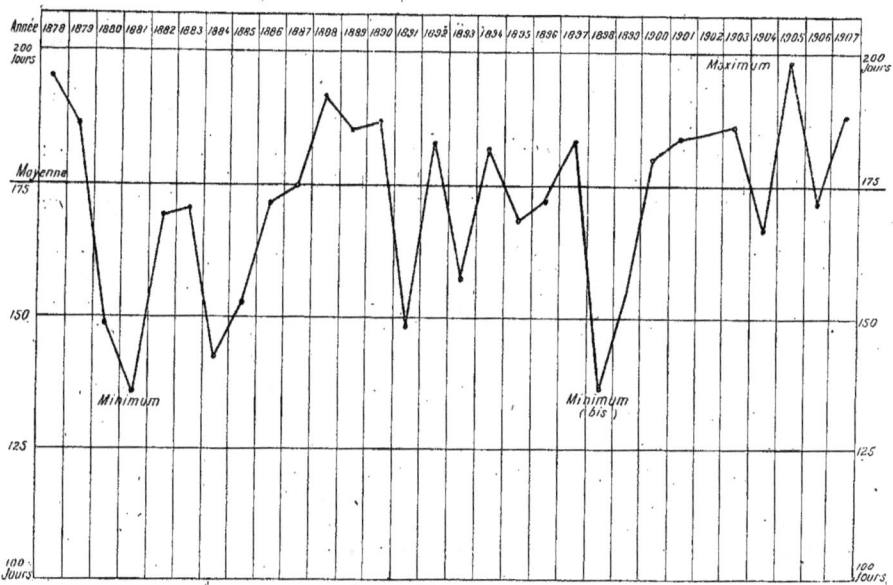

Fig. 1.

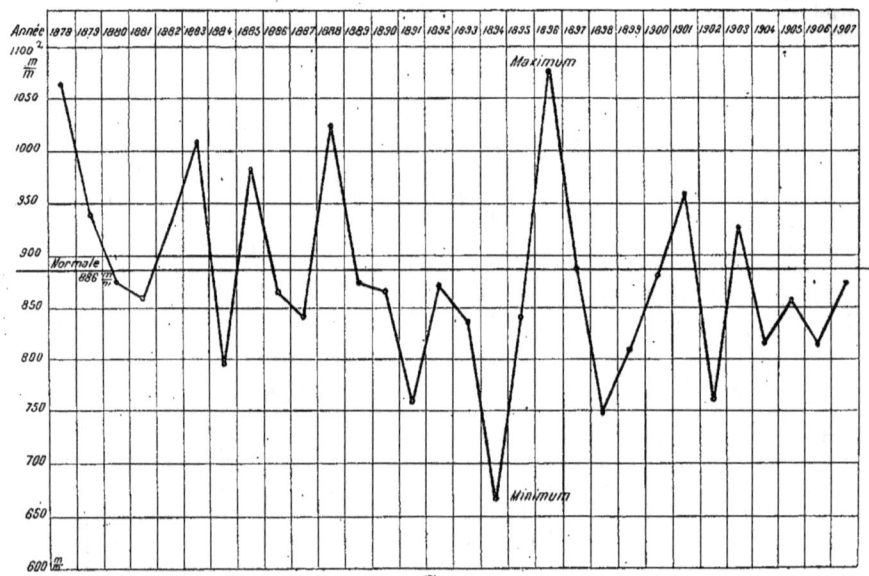

Fig. 2.

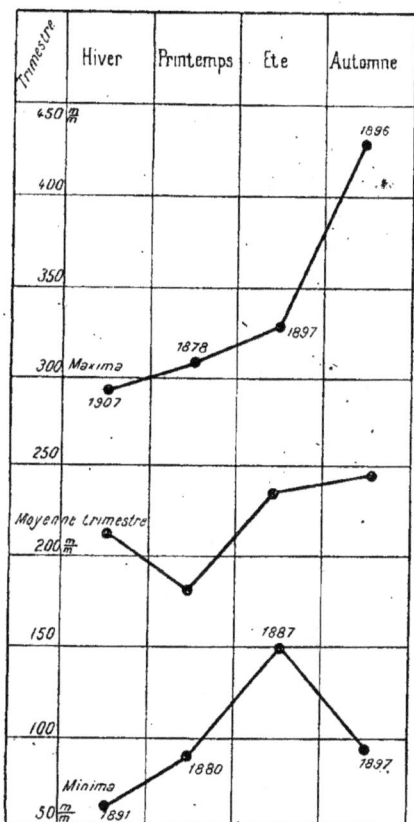

Fig. 3.

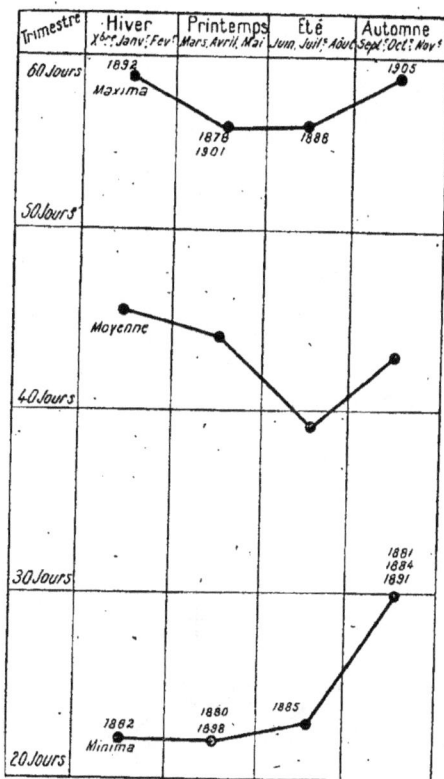

Fig. 4.

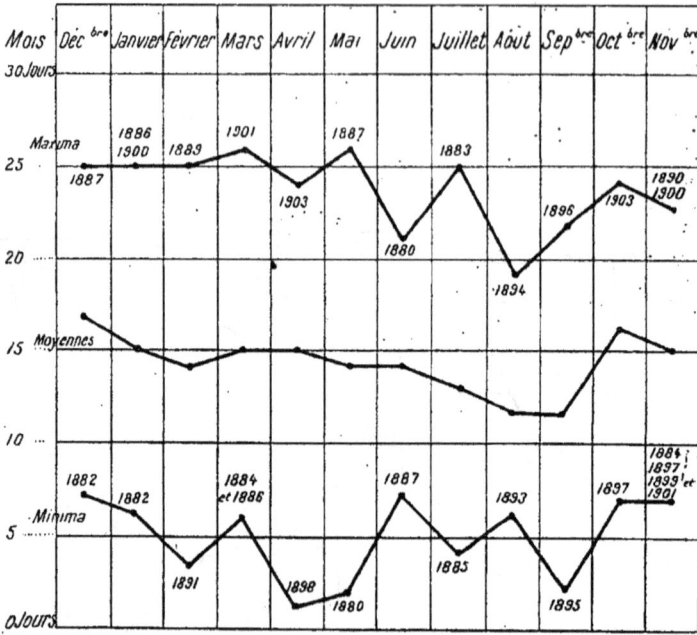

Fig. 5.

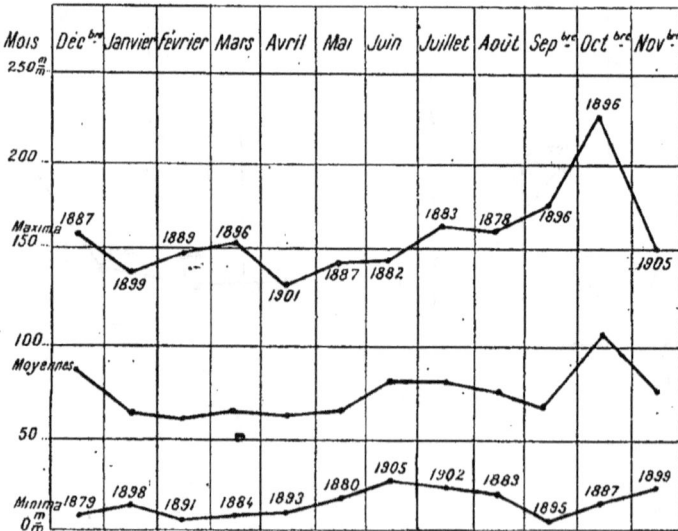

Fig. 6.

M. LE CHANOINE V. RACLOT.

ORAGES SUIVIS DE NEIGE EN MARS : RELATION DE CAUSE A EFFET SUR LE PLATEAU DE LANGRES.

551.577(44.332)

1er Août.

Les orages sont très rares en mars sur le Plateau de Langres; car on n'en compte que 9 de 1887 à 1911, c'est-à-dire dans une période de 34 ans, mars appartenant encore à la saison froide. Or, sur ces 9 orages, 7 ont été suivis de neige et à si courte échéance que la relation de cause à effet entre l'orage comme cause et la neige comme effet paraît évidente.

Le premier de ces orages en date, celui du 30 mars 1881, n'est pas, il est vrai, suivi de neige, mais peut-être parce qu'il est sur la limite d'avril.

Le deuxième, le 21 mars 1884, a produit la neige le lendemain.

Le troisième, le 4 mars 1885, fait exception.

Les quatrième et cinquième, des 27 et 28 mars 1888, ont été suivis de neige le 29.

Le sixième, le 28 mars 1892, a provoqué de la neige fondante le lendemain.

Les septième et huitième orages, des 23 et 24 mars 1911, ont été suivis de neige le 25.

Le neuvième et dernier, le 30 mars 1911, a produit la neige un peu plus tardivement, le 3 et le 4 avril, mais avec refroidissement vraiment hivernal.

En résumé, sur 9 orages en mars, 7 ont été suivis de neige à brève échéance, 1 fait une exception qu'explique sa date tardive et 1 seul reste sans explication.

D'où l'on peut conclure : Orage en mars, neige prochaine et ordinairement imminente sur le Plateau de Langres.

M. LE CHANOINE V. RACLOT.

L'INFLUENCE DES VENTS DE SURFACE A LANGRES SUR L'ÉTAT HYGROMÉTRIQUE ET LA TEMPÉRATURE DE L'AIR.

551.511.1 (44.332 Langres)

4 Août.

Cette Communication ne fait que rappeler, pour répondre à la circulaire de M. Violle, notre honorable Président, celle que j'avais faite au Congrès d'Ajaccio en 1901, sous le titre : *Rôle des vents sur le Plateau de Langres.* Elle fait ressortir l'influence des vents sur la température et sur l'humidité de l'air en toute saison. (Voir *Rôle des vents*, etc., p. 334 et suiv. des Comptes Rendus de l'Association française.)

M. LE CHANOINE RACLOT.

ESSAI DE PRÉVISION DU TEMPS A LONGUE ÉCHÉANCE : Années 1909-10 et 1910-11.

1er Août.

Se reporter pour la double méthode employée aux explications données aux Congrès antérieurs.

Cette double méthode a permis presque toutes les prévisions tant mensuelles que trimestrielles. Les succès ont sur les échecs l'avantage du nombre et de l'importance. D'ailleurs les trois premiers échecs relatifs à la pluie, dus à la persistance insolite de la sécheresse qui a précédé la période d'inondations, explique les deux échecs consécutifs de janvier et de février suivants.

TABLE DES MATIÈRES.

(Tome I.)

NOTES ET MÉMOIRES.

*19.

TABLE ANALYTIQUE.

PARIS. — IMPRIMERIE GAUTHIER-VILLARS.

47720   Quai des Grands-Augustins, 55.

www.ingramcontent.com/pod-product-compliance
Lightning Source LLC
Chambersburg PA
CBHW070234200326
41518CB00010B/1554